廃棄物処分場の最終カバー

Robert M. Koerner and David E. Daniel 共著
嘉門雅史 監訳／勝見 武・近藤三二 共訳

Final Covers for Solid Waste Landfills and Abandoned Dumps

技報堂出版

Final Covers for Solid Waste Landfills and Abandoned Dumps
by Robert M. Koerner and David E. Daniel
Copyright ©1997 by the American Society of Civil Engineers
All Rights Reserved.
Library of Congress Catalog Card No: 97–20893
ISBN 0–7844–0261–2

Translation copyright ©2004 Gihodo Shuppan Co., Ltd
Japanese translation rights arranged with the American Society of Civil Engineers
through Tuttle–Mori Agency, Inc., Tokyo

監訳者序文にかえて 今後の廃棄物処分場のあり方

　廃棄物対策は発生抑制・リサイクル・適正処分が3本柱であり，その根本は発生量を抑制することである。廃棄物の排出量は人々の生活様式と産業活動とに密接に関連しているので，近年の廃棄物減量化の推進や景気動向からすれば，廃棄物の排出量は当然減少するものと期待されるが，平成12年度のデータでは産業廃棄物で4億600万トン，一般廃棄物で5200万トンと，平成5年度以降ほとんど横這いの状態が続いており，今後いっそうの発生抑制への努力が必要であることを端的に示している。平成12年度に資源循環型社会形成推進法が成立し，関連リサイクル法の整備に伴うリサイクルや中間処理への取組によって，環境負荷としての処分量は減少しつつあるが，最終処分量はなお年間5700万トンに及んでいる。一方，平成11年度から生活環境影響評価が義務づけられたために，平成12年度以来の新規廃棄物処分場建設は前年度までとの比較で約10％程度にまで落ち込んでおり，必要な処分容量を満足できるだけの廃棄物処分場をどのようにして入手するかということは，わが国の環境保全対策上の枢要なテーマとなっている。また，近年では一般廃棄物の75％が焼却処分されており，焼却残渣中の有機物の量は1～2％になっている。焼却灰中には有害な重金属の濃縮が生じ，燃焼温度によっては猛毒のダイオキシンを合成するために，環境への漏出の危険度は増大しているといえる。したがって，焼却から溶融化へと単に焼却温度の上昇など清掃工場施設の改良だけでなく，システム全体の改善が図られている。最終処分量は漸次低減するものと期待されるが，現状ではまだ道遠しといえるだろう。

　反対のない処分場計画はまったくないことから，地域に受け入れられやすい処分場に関する安全性の高い処分場構造と管理スキームの確立が重要である。処分場からの浸出水には少なからず有害物質が含まれるので，廃棄物処分場の構造に関する地盤工学的な照査，特に適正な遮水工の設置が必要である。わが国では平成9年の廃棄物処理法の改正に伴って，平成10年「一般廃棄物の最終処分場及び産業廃棄物の最終処分場に係わる技術上の基準を定める命令」（以下平成10年省令という）が示された。しかしながら，Fail-safeの設計規範から，地盤工学的に見て必ずしも十分な安全性を確保したとはいえないことから，現状では平成12年に定められた廃棄物処分場の性能指針によって，個々に具体的な設計対応をすることになっている。周辺住民の安

心を確保しうる，よりいっそう厳密な遮水工構造形式を有する廃棄物処分場設計への多面的な検討が必要である．地盤工学的側面からすれば，廃棄物処分場へ受け入れたリスクを周辺環境からいかに隔離するか，特に浸出水や有害なガスの漏出を適切に防止する技術の開発が進展しつつある状況といえるだろう．わが国では従来一般廃棄物等の生ゴミの処理として，衛生埋立方式が主流であり，世界に先駆けてバイオリアクターとしての処分場の考え方をとってきた．そのために廃棄物処分場への雨水の浸透を特別に遮断することなく，浸出水を循環させて微生物分解を促進させることに重点が置かれてきた．したがって，カバー機能を充実して降水をできるだけ廃棄物層中に入れずに，浸出水量の削減を求めるという視点は少ないものであった．しかしながら，近年は一般廃棄物の減量のための焼却が進み，微生物分解というよりは重金属などの有害物の浸出を防止することに，より重点が置かれるべき状況に至っている．

以上のようなわが国の廃棄物処分場をめぐる観点から見て，Robert M. Koerner と David E. Daniel の本書「Final Covers for Solid Waste Landfills and Abandoned Dumps：廃棄物処分場の最終カバー」は画期的な著作といえるであろう．本書は廃棄物処分場の適正化についての経験豊富な世界の碩学が彼らの哲学を込めて著述しており，一見最終カバー機能のみに重点を置いているかのようにみられるが，カバーのみに止まらず処分場底部や斜面部など，より広範な分野を包含しており，しかもソフト的な規制のあり方や評価などといった面をも詳細に解説している．カバー機能を整備することが，むしろ廃棄物処分場の基本であるというのが本書の一貫した思想であるといえる．

本書の訳出は，近藤 三二，勝見 武 の両氏の共同作業によるものである．できるだけ原文に忠実に訳するように努めたが，日本語になりにくい箇所は一部意訳している．また，適宜読者の参考のために用語に注釈を付記した．本書が廃棄物処理にかかわる多くの技術者・研究者，これからこの分野へ取り組もうとする学生諸君の座右の書として活用いただけると幸いである．

平成 15 年 11 月

嘉門 雅史

原著序

　世界中の廃棄物処分場と放棄されたゴミ捨場の数は誰の計算によっても驚異的である。その状況は，ほとんどの工業化を達成した国々において深刻であるだけでなく，発展途上国でも多くの場合，ゴミ捨場となって同じ問題を有している。明らかに，廃棄物は適正に処理され，環境に安全で，かつ，是認されうる手段で処分されなければならない。依然として，このような状況の対策が，最も財政的に健全な国家でさえも経済的活力（および/または進取性）を矮化する。誰もが認めるように，廃棄物の処分に対して廃棄物を封じ込める以外に選択肢がない。さらに付言すれば，封じ込めに対するキーとなるのは廃棄物処分場やゴミ捨場を被覆する最終カバーであることが多い。

　著者らが最終カバーを取り上げて述べるのは，このようなカバーが明確に定義されないで敷設されることが多いからである。すべての既知の（および多くのいまだ知られていない）廃棄物処分場を処理して修復するのに，にわかに世界経済が何兆ドルもの出費を必要とされると考えることは無理のないことであろう。それゆえに，この著書の位置づけは廃棄物埋立処分場と放棄されたゴミ捨場のための最終カバーに置かれている。

　米国とドイツ規制の概要は第1章に述べるが，残りの6つの章で述べる設計はあまり規制に拘束されていない。性能ベースの設計アプローチであることの期待のなかで，著者らは最終カバーについて以下の見地から章を連ねて記述した。

- 候補となるカバーシステムの個別の構成要素。天然土質材料とジオシンセティックスの全範囲にかかわる表面，保護，排水，バリア，ガス捕集，ならびに基礎の各層について詳細に説明をしている。
- 最終カバーの断面構成の例。断面構成の9つの候補がこの章に含まれている。これらのうち3種はそれぞれ有害廃棄物，非有害廃棄物，および放棄されたゴミ捨場である。乾燥地帯と湿潤地帯に関して説明している。
- 詳細な水収支解析の方法論。第一原理に基づいた計算技術を開発し，手計算練習を通じて説明している。ついでHELPコンピューターモデルと対比している。

- 斜面安定の理論と計算事例。斜面安定性が，均等およびテーパー覆土厚さ，装置荷重，浸透力，地震，および合成層補強について解析している。各項目について練習事例を記載している。
- その他の設計と工学システム要素。キャピラリーバリア，浸出液再循環，および鉱滓処分場が新規開発材料とともに述べられている。後者のグループには侵食防止材，ジオフォーム，タイヤチップ，および代替ライナーがある。最終カバーの現場性能事例からいくつかを抽出して述べている。
- 関連事項の考察と要約。品質管理と品質保証，天然土とジオシンセティックスの耐用年数，保証能力，閉鎖後の問題，および要約を述べている。

　この著書の全体を一貫している基調は，設計は現場固有の状況に応じてなされるべきものであり，法令によってなされるものでない，ということである。法令の細目は規制の観点から理解しうるけれども，それらは理想的な現場固有の設計を一般的に創出しうるアプローチとはならない。現場に特有の最終カバーを考えるとき，設計者はその費用と対峙して固有の断面構成から得られる利益に焦点を絞り込まなければならない。これが設計の真髄，すなわち，現場固有に定まる利益/費用比を最適化することである。あえていえば，本書の中にすべての選択肢が収められており，加えて，主なるトピックスがオープンに，かつ，偏見なく扱われていると著者らは自負している。廃棄物処分場と放棄されたゴミ捨場の最終カバーについて，設計，施工，ならびに性能に携わる諸氏の現在と将来の作業がベストであることを願っている。

ロバート M. カーナー
Robert M. Koerner
ダビッド E. ダニエル
David E. Daniel

原著謝辞

　この著作は連邦政府による援助があったわけではないが，米国環境保護庁（EPA）の過去の支援に対して衷心より謝意を表さなければならない。かつてのプロジェクトオフィサーであったロバート E. ランドレス氏（Robert E. Landreth）ならびにダビッド A. カーソン氏（David A. Carson）にはこの点について多大の援助をいただいた。環境保護庁，エネルギー省，および国防省（たとえば陸軍工兵隊）は，われわれ二人が，この著書の環境地盤工学的コミュニティー全般にとって必要であり，かつ，重要であると感じた要点に対して，著者らの信念形成に資するところがあった。

　われわれと一緒になって相互協力と共同作業に尽力されたテヤング・スーング博士（Dr. Te-Yang Soong）ならびにマリリン・アシュレイ女史（Ms. Marilyn Ashley）に心からの感謝を申し上げる。

目　次

監訳者序文にかえて――今後の廃棄物処分場のあり方 i
原著序 iii
原著謝辞 v

第1章　序　論

1.1　本書の目的 5
1.2　米国とドイツにおけるライナーとカバーの規制 7
　　1.2.1　米国における一般廃棄物処分場カバー 9
　　1.2.2　米国における有害廃棄物処分場カバー 10
　　1.2.3　米国における放棄されたゴミ捨場および修復プロジェクト
　　　　　のためのカバー 13
　　1.2.4　ドイツにおける廃棄物処分場カバー 15
　　1.2.5　ドイツにおける無機廃棄物処分場カバー 16
　　1.2.6　ドイツにおける一般廃棄物処分場カバー 17
　　1.2.7　ドイツにおける有害廃棄物処分場カバー 18
　　1.2.8　ドイツにおけるカバー規制に関する一般的コメント ... 19
　　1.2.9　規制に関する短評 19
1.3　液体管理の実務 20
　　1.3.1　標準的な浸出水の回収 20
　　1.3.2　浸出水の再循環 23
　　1.3.3　放棄されたゴミ捨場内の浸出水 24
1.4　カバーシステムの一般構成要素 25
　　1.4.1　表　層 25
　　1.4.2　保護層 26
　　1.4.3　排水層 27
　　1.4.4　水理/ガス バリア層 28
　　1.4.5　ガス収集層 30
　　1.4.6　基　層 31
1.5　一般的な懸念 31

	1.5.1 沈下/陥没 32
	1.5.2 斜面の不安定 33
	1.5.3 不十分な濾過 35
	1.5.4 不適切なガス制御 36
	1.5.5 長期間の侵食 38
	1.5.6 可能な最終利用と美的感覚 39
1.6	品質管理と品質保証 40
1.7	文　献 42

第2章　最終カバーシステム構成要素各論

2.1	表　層 45
	2.1.1 設計について考慮すべき事項 45
	2.1.1.1 材　料 48
	2.1.1.1.1 表　土 48
	2.1.1.1.2 粗　石 50
	2.1.1.1.3 アスファルトコンクリート 52
	2.1.1.1.4 その他の材料 53
	2.1.1.2 厚　さ 53
	2.1.1.3 施　工 54
	2.1.1.4 植生の定着 54
	2.1.2 侵食について考慮すべき事項 55
	2.1.3 植生の選抜 57
	2.1.4 表面装着 58
	2.1.5 メンテナンス 58
2.2	保護層 59
	2.2.1 一般的に考慮すべき事項 59
	2.2.2 材　料 60
	2.2.3 厚　さ 60
	2.2.3.1 植生の生育維持 61
	2.2.3.2 凍結侵入 61
	2.2.3.3 水の貯留 62
	2.2.3.4 偶発的な人の侵入 63

                2.2.3.5 穿孔動物 63
                2.2.3.6 植物根の侵入 64
                2.2.3.7 下の層の乾燥 66
                2.2.3.8 放射能防御 67
        2.2.4 キャピラリーバリア 68
2.3 排水層 69
    2.3.1 一般的に考慮すべき事項 69
    2.3.2 材　料 70
        2.3.2.1 粒状材 70
        2.3.2.2 ジオシンセティック材 70
    2.3.3 設計の詳細 71
        2.3.3.1 粒状材 71
        2.3.3.2 ジオシンセティック材 74
        2.3.3.3 ジオテキスタイルフィルター 76
2.4 水理/ガス バリア層 78
    2.4.1 ジオメンブレン 79
        2.4.1.1 ジオメンブレン中の浸透 80
        2.4.1.2 非平面地表沈下の挙動 80
        2.4.1.3 テキスチャードジオメンブレンを用いたときの
                接触面摩擦 81
        2.4.1.4 施工性 82
        2.4.1.5 費用と入手可能性 82
    2.4.2 ジオシンセティッククレイライナー（GCL） 82
    2.4.3 締固め粘土ライナー（CCL） 86
        2.4.3.1 土質材料 87
        2.4.3.2 締固めの要件 88
        2.4.3.3 施　工 88
                2.4.3.3.1 加　工 88
                2.4.3.3.2 表面処理 89
                2.4.3.3.3 配　置 89
                2.4.3.3.4 締固め 89
                2.4.3.3.5 保　護 90
                2.4.3.3.6 品質保証 91

　　　　2.4.3.4　試験パッド 91
　　　　2.4.3.5　せん断強さ 91
　　2.4.4　複合ライナー 92
　　　　2.4.4.1　ジオメンブレン構成要素 93
　　　　2.4.4.2　ジオシンセティッククレイライナー (GCL) 構成要素 .. 95
　　　　2.4.4.3　締固め粘土ライナー（CCL）構成要素 96
　　　　2.4.4.4　完全な接触に関する懸念 98
2.5　ガス収集層 98
　　2.5.1　設　　計 99
　　2.5.2　施　　工 100
2.6　基　　層 102
2.7　文　　献 103

第3章　最終カバーシステムの断面構成

3.1　一般廃棄物カバー 107
3.2　有害廃棄物カバー 113
3.3　放棄されたゴミ捨場と廃棄物修復カバー 116
3.4　文　　献 121

第4章　水収支解析

4.1　概　　説 123
4.2　カバー内の動水径路 124
4.3　水収支解析の原理 126
　　4.3.1　植物の群葉による降水の保留 126
　　4.3.2　地表面における雪の貯蔵 127
　　4.3.3　流出水 127
　　4.3.4　土中における水の貯留 129
　　4.3.5　蒸発散 131
　　4.3.6　側方排水 131
　　4.3.7　水理バリア 132
　　　　4.3.7.1　ジオメンブレン (GM) 132

　　　　4.3.7.2　粘土ライナー 133
　　　　4.3.7.3　複合ライナー 134
　4.4　手計算による水収支解析 134
　　4.4.1　月間降水データ用のスプレッドシート 135
　　　　4.4.1.1　行A：平均月間温度 135
　　　　4.4.1.2　行B：月間熱指数 137
　　　　4.4.1.3　行C：無調整日間潜在蒸発散 137
　　　　4.4.1.4　行D：月間日照持続時間 138
　　　　4.4.1.5　行E：潜在蒸発散 138
　　　　4.4.1.6　行F：降水量 138
　　　　4.4.1.7　行G：流出係数 138
　　　　4.4.1.8　行H：流出水量 141
　　　　4.4.1.9　行I：地表面浸入量 141
　　　　4.4.1.10　行J：潜在貯留水量 (地表面浸入量と潜在蒸発散量)... 141
　　　　4.4.1.11　行K：累積水損失量 141
　　　　4.4.1.12　行L：根帯貯留水量 142
　　　　4.4.1.13　行M：保水量変化量 147
　　　　4.4.1.14　行N：実際蒸発散量 147
　　　　4.4.1.15　行O：浸透量 148
　　　　4.4.1.16　行P：計算の検定 148
　　　　4.4.1.17　行Q：浸透流量 148
　　　　4.4.1.18　事　例 150
　　4.4.2　時間平均値を求めるための解析 150
　　4.4.3　側方排水 153
　　4.4.4　水理バリアを通過する漏水量 154
　4.5　コンピューター解析による水収支 156
　　4.5.1　HELPの設計プロフィール 157
　　　　4.5.1.1　鉛直浸透層 158
　　　　4.5.1.2　側方排水層 160
　　　　4.5.1.3　低透水性のソイルバリア層 161
　　　　4.5.1.4　ジオメンブレン層 162
　　4.5.2　デフォルトプロパティ 162
　　4.5.3　解析の方法 166

4.6	設計浸透速度 168
4.7	文　献 169

第5章　最終カバーシステムの斜面安定性

5.1	概　説	 171
5.2	地盤工学的原理と課題	 173
	5.2.1	極限つり合いの概念 173
	5.2.2	接触面せん断試験 175
	5.2.3	直面するさまざまな状況 179
5.3	覆土の斜面安定問題	 180
	5.3.1	均等厚さ覆土をもった斜面 180
	5.3.2	装置荷重の組み入れ 184
	5.3.3	層厚をテーパー化した覆土の斜面 192
	5.3.4	覆土斜面の合成層補強 195
5.4	浸透力についての考察 199
5.5	地震力についての考察 205
5.6	まとめ 211
5.7	文　献 214

第6章　関連する設計と新規の概念

6.1	概　説		 217
6.2	その他の設計		 218
	6.2.1	キャピラリーバリアの概念 219
	6.2.2	浸出水の再循環 220
	6.2.3	鉱滓と土地の再生 221
6.3	新規の材料		 223
	6.3.1	天然の侵食防護材 223
	6.3.2	ジオシンセティック侵食防護材 224
		6.3.2.1	仮設の侵食防護・再植生材 226
		6.3.2.2	永久的な侵食防護・再植生材料：軟質被覆材関係 ... 226
		6.3.2.3	永久的な侵食防御・再植生材料：硬質被覆材関係 ... 228

6.3.3 ジオフォーム 229
6.3.4 破砕タイヤ片 230
6.3.5 吹付けエラストマーライナー 231
6.3.6 製紙スラッジライナー 232
6.4 新規の概念とシステム 232
6.5 一般廃棄物処分場のための最終カバー施工の時機 233
6.6 最終カバーシステムの現場性能 234
　　6.6.1 カバーの破壊 234
　　6.6.2 現地調査—ドイツ・ハンブルグ (Hamburg) 234
　　6.6.3 現地調査—メリーランド州ベルツビル (Beltsville) 236
　　6.6.4 現地調査—ワシントン州イースト・ヴェナッチー（East Wenatchee）..237
　　6.6.5 現地調査—ワシントン州リッチランド（Richland）..........237
　　6.6.6 現地調査—アイダホ州アイダホフォールス（Idaho Falls）...238
　　6.6.7 現地調査—ニューメキシコ州アルバカーキ（Albuquerque）..239
6.7 技術の評価 239
6.8 現場のモニタリング 242
6.9 文　献 243

第7章　その他の考慮すべき事項と要約

7.1 品質に関する最新の概念—ISO 9000 247
　　7.1.1 品質管理 250
　　7.1.2 品質保証 251
7.2 耐用年数 252
　　7.2.1 天然土質材料 252
　　　　7.2.1.1 締固め粘土ライナーの土 253
　　　　7.2.1.2 砂/礫 排水土材 254
　　　　7.2.1.3 サンドフィルター用土質材料 255
　　7.2.2 ジオシンセティックス 256
　　　　7.2.2.1 酸化防止剤の消耗 257
　　　　7.2.2.2 誘導時間 258
　　　　7.2.2.3 ポリマーの劣化 260

　　　　　　　7.2.2.4　予測される耐用年数 261
7.3　保証能力 262
7.4　閉鎖後の諸問題 264
7.5　要　約 265
　　7.5.1　終わりにあたって 266
　　7.5.2　研究のニーズ 267
7.6　文　献 269

索　引 271

第1章

序　論

　最終カバーに関する本書は，廃棄物処分場，放棄されたゴミ捨場，あるいは汚染された材料を被覆して配置される工学カバー（または「キャップ」ともいう）システムを対象としており，すべての種類の固形廃棄物（無害物および有害物）を取り上げている。図1.1はさまざまな適用を概括的に描いている。

　廃棄物処分場を被覆して配置されるカバーは，図1.1aに示すように，特定の構成部分や単位小区画が収容能を満たすと，速やかに廃棄物の上に直接施工される，一般には多構成要素からなるカバーシステムである。廃棄物は，低レベル放射性廃棄物，有害廃棄物，無害の産業廃棄物，一般廃棄物，焼却灰，建設/解体廃棄物などである。現代の廃棄物処理施設，いわゆる「廃棄物処分場」は，ほとんどの場合，浸出水集水層を有する底部ライナーとともに建設される。浸出水は廃棄物から流れ出た汚染液体である。最終カバーシステムは，(a) 廃棄物処分場内部への水の浸透を抑制すること，すなわち，浸出水を最小化すること，(b) 埋立処分場からガスの放出を抑制すること，および，(c) 公衆と住民の健康のために廃棄物と環境間の物理的な隔離を提供することなどを意図している。後で述べるように，廃棄物処分場に対する規則や規制は，国によって，また廃棄物の種類によって顕著に異なるが，工学概念は本質的に同じである。

　放棄されたゴミ捨場を被覆するカバーシステムは，図1.1bに示すように，新規の廃棄物処分場を被覆するカバーに類似している。それらは一般には，近年完成した廃棄物処分場を被覆して配置されるカバーと同じ機能を満足す

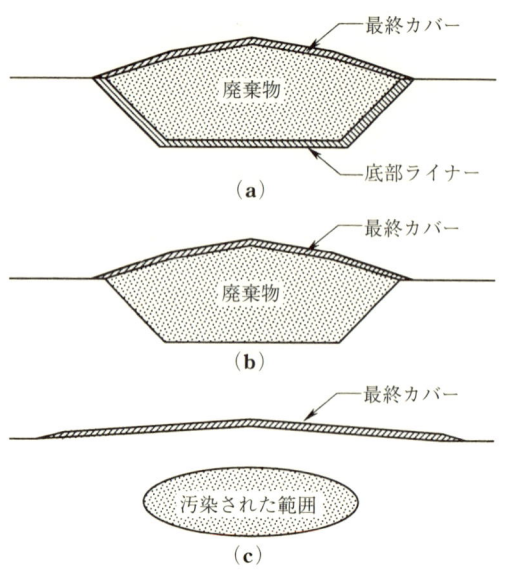

図 1.1 本書で述べる廃棄物の種類に応じた最終カバー

る多構成要素システムである。しかしながら，下層にある廃棄物の種類と状態が，通常，十分に把握されていないため，設計上の要求のいくつかが異なる。たとえば，廃棄物層の厚さ，横方向の広がりや組成がしばしば明確さを欠くし，埋設している廃棄物層が大きな空隙を含むならば，最終カバーの不同沈下が異常なものになることがある。さらに，放棄されたゴミ捨場の下には，通常，ライナーシステムが存在していないがために，カバーが正しく機能することが絶対必要な要件となる。カバーが放棄されたゴミ捨場の唯一の制御対策とされる場合もあるが，たいていの場合，カバーは，広範な修復行為の一部であり，浸出水回収井戸またはガス収集井戸や，鉛直遮水壁のような横方向に対する封じ込めシステムとともに用いられる。図1.2は最終カバーシステムが集水井戸と鉛直遮水壁とともに，どのように利用されるかを図解している。

カバーシステムは，汚染物質が地表面や地盤内浅部で発見される場所に配置されることが多い。汚染源としては，地下貯蔵タンクやパイプラインからの漏洩，排水した貯水池や沼からの排水，地表のこぼれ，ならびにさまざまな

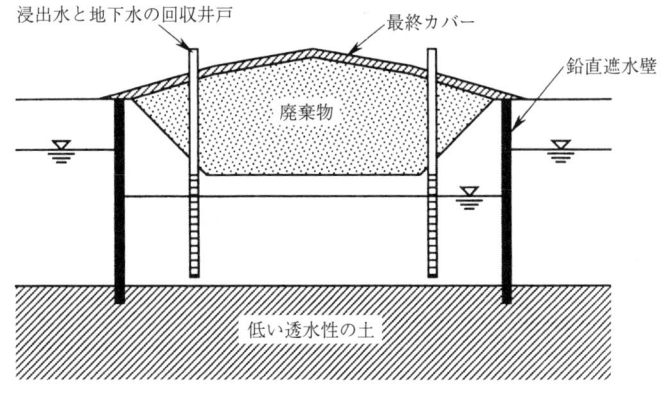

図 1.2 回収井戸を含んだ放棄されたゴミ捨場の最終カバーと鉛直遮水壁からなる完全封じ込めの例

その他の環境状況がある。汚染地の修復行為は，しばしば地下水回収井戸や，土壌ガス抽出システムの設置，および廃棄物やその浸出水を封じ込めるために設計される鉛直遮水壁のような物理バリアの設置など，さまざまな行為を含む。実際，あらゆる場合に，修復行為が行われる現場でのカバーシステムの基本目的は，地盤中へ水の浸透を阻止することである。なぜならば，このような浸透は，その修復行為プログラムの実施範囲を増加させる余分な汚染液体を発生してしまうからである。いくつかの場合で，カバーが汚染物と地表環境との間の物理的隔壁として（たとえば，動物が汚染した土を摂取しないようにするため）役立つこともある。修復行為プロジェクトのための最終カバーシステムの基本機能は，工学的廃棄物処分場と放棄されたゴミ捨場のものときわめて類似しているから，そのカバーシステムは廃棄物処分場のカバーシステムに類似することになる。しかしながら図1.1cに示すように，それらの被覆面積が非常に大きくなることがある。

　固形廃棄物を被覆するほとんどの最終カバーシステムの主目的は，下にある廃棄物や汚染土壌内へ降水が浸透するのを防止することである。したがって，的確に設計され施工されたカバーは，おそらく廃棄物処分場の閉鎖後に最も重要な役割を果たすようになる。カバーが適切に機能するためには，その下に封じ込められた廃棄物層の内部への，地表からの水の輸送を長期間にわ

たって最小化できるよう設計され施工されなければならない。廃棄物塊が地下水飽和帯より上方にある場合，的確に設計され保守されたカバーが，すべての実用的な目的に対して，下にある廃棄物層内へ水の侵入を防止でき，その結果，浸出水の生成と移動を本質的に排除できる。最終カバーシステムによって，廃棄物処分場におけるライナーや浸出水集水システムを不要とすることはありえないが，的確に設計され施工され，かつ保守されるならば，廃棄物処分場において液体を安全に制御する重要な構成要素になりうる。最終カバーシステムの二次目的は，大気汚染性ガスを捕らえて大気中に移行するのを防ぐことである。この問題は，近年，特に重要度が高まってきている。

図1.3に示したように，最終カバーシステム内の通常の構成要素層は，表層，保護層，排水層，水理/ガスバリア層，ガス収集層，および基層である。本書は廃棄物ならびに現場固有の状況に対応させて，これら個々の構成要素層の正しい使用と設計の方法について論述する。

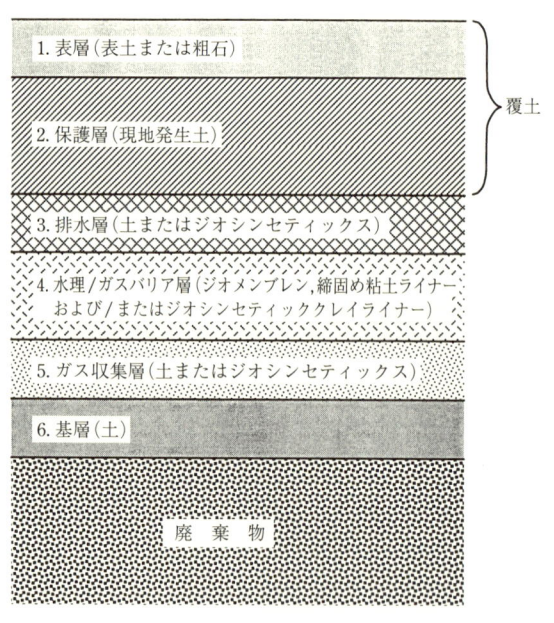

図 1.3 本書の焦点となる最終カバーシステムで
考えられる代表的な 6 構成要素の層

1.1 本書の目的

　本書の目的は，工学的廃棄物処分場，放棄されたゴミ捨場，ならびにその他の各種修復行為プロジェクトにおける最終カバーシステムの設計に関する詳細な指標を提供することである。本書は以下に述べる個人や団体に活用されることを期待する。

- カバーシステムの最低要件を決定し，主たる設計要素を確認しようとする廃棄物処分場の施主，および/または管理者ならびに修復行為プロジェクトの責任主体。
- 設計と運営にかかわる適正な基準と方法を確立しようとする最終カバーシステムの工学設計者。
- 適切な要因が検討されていること，および解析と設計の適正な使用がなされていることを確認しようとする連邦，州および地方自治体の監査機関。
- 最終カバーの目標と，それによって目標が達成される方法の全体像を理解しようとする関心をもった一般市民，たとえば廃棄物処分場あるいは修復行為プロジェクトの近隣居住者。
- 主要な設計上の検討事項と結果を確認しようとする施工品質管理 (CQC) と施工品質保証 (CQA) 要員。
- 環境地盤工学ならびに関連分野の学生に対して最終カバーシステムの設計と解析の授業を行う教育者。

　第1章の残りの部分は，最終カバー，最終カバーの個々の構成要素，およびカバーに関連したその他の事項に対する規制要求に焦点を当てている。第2章は最終カバーの個々の構成要素について詳細に述べている。第3章は固体廃棄物のいろいろな種別に対応したカバーシステムの断面の詳細な事例を与えている。第4章では最終カバーを通過する水の浸透速度――「水収支」――の計算方法が述べられている。斜面安定は最終カバーにとって必須事項であり，斜面安定を評価するための詳細が第5章で論じられている。最終カバーに関する付加的な設計と新しく出現している構想が第6章に述べられている。施工品質管理と品質保証に関するきわめて重要な考察が第7章に述べられて

いる。さらに，性能のモニタリング，認可，寄託基金が，総括とともに第7章で述べられている。

さて，カバーについて詳述するに先だって，工学的廃棄物処分場，放棄されたゴミ捨場ならびに廃棄物修復プロジェクトが，世界の多くの工業国における連邦，州，および地方規制のなかで討議されていることに注目することが大切である。現実に，施工許認可を得るためには効力を有する規制に従わなければならない。とはいえ，依然として著者らが見る限りでは，工学的廃棄物処分場とゴミ捨場にかかわるカバー規制は首尾一貫しておらず，（いくつかの事例で）論理的でもない。この不一致が国と国との間や同一国内においてさえも存在している。監督機関相互間の規制が矛盾していることがあり，決して最良の有効な技術でなかったり，相応の利益を伴わない過剰費用をもたらしたりしている。

さらに，規制が，最新式の実践はいうに及ばす，最新式の技術を取り入れることをやりにくくしている。新しい方法，新しい材料，新しい概念など，それらが適用できる機会や場所で取り入れられていなければならない。この問題は，一般に，「技術的等価性」の概念のもとで規制のなかに適用される。しかしながら，技術的等価性を確立することは，往々にして時間がかかり達成することが容易ではなく，決定に参画する規制者の側の懐疑主義や不信に遭遇することがある。

以上のような理由により，本書は意図的に規制にとらわれずに記述している。本書は，著者らの知識と経験に基づき活用される特定のシステムの利益/費用を考慮して，安全確実な最終カバー施設の達成を支援する目的で企画されている。選択したカバー設計は，現場固有の状況を考慮した最も有効な技術（BAT = Best Available Technology）として特徴づけうると期待される。

しかし，規制を意識していないことが，率直にいって現実的でないともいえる。それゆえに，アメリカとドイツの規制による構成要素を次節に記述している。これら2国は，最終カバーの適用に関して，おそらく，世界中で最も慎重に検討して練り上げた規制文書を所有している。米国環境保護庁 (EPA)[1] およびドイツ環境庁 (UBA)[2] は，何年もかけて廃棄物封じ込めの問題につい

---

[1] EPA = Environmental Protection Agency.
[2] UBA = Umweltbundesamt.

て共同で研究してきたが，いまだに相違点のあることは納得できることである。バリアシステムのジオメンブレン要素に対する米国とドイツ間の類似点と相違点に関する研究会の講演集が役立つ (Corbet ら 1997)。

1.2 米国とドイツにおけるライナーとカバーの規制

米国におけるライナーシステムにかかわる規制（閉鎖および閉鎖後の規制を含む）は 2 つの広いカテゴリーに分類されている。

- 新設の廃棄物封じ込め施設（有害廃棄物および無害廃棄物とも）。
  それらは資源保全再生法 (RCRA)[3] のもと連邦標準で規制される。
- 放棄されたゴミ捨場とその他汚染地。
  それらは修復行為を必要としスーパーファンド[4] として知られている総合環境対策補償責任法 (CERCLA)[5] のもとで規制される。

資源保全再生法 (RCRA) と総合環境対策補償責任法 (CERCLA) の規制は相互に大きく異なっている。RCRA の規制はことさら限定的で細部に及んでおり，ある場合には設計者にとってほとんど柔軟性がない。これに比較して CERCLA の規制は，最終カバーシステムに対してほとんど限定的でなく，単に一般目標を提示している。

RCRA のもとで，有害廃棄物処分場と無害廃棄物処分場は別々に規制される。有害廃棄物処分場は「サブタイトル C」で，無害廃棄物処分場は「サブタイトル D」のもとで規制される。さらに無害廃棄物は，産業廃棄物と一般廃棄物 (MSW)[6] の 2 種に分けられる。それゆえ，一般廃棄物は「RCRA サブタイトル D」廃棄物処分場として知られている。無害産業廃棄物の規制は連邦標準で両義的であり，サブタイトル C とサブタイトル D 廃棄物のいずれかに分類される。

米国では，廃棄物処分場は RCRA を通じて連邦標準で規制されるが，規制は州標準でも上乗せされる。ほとんどの州で，州規制機関が RCRA にかかわ

---

[3] RCRA = Resource Conservation and Recovery Act.
[4] Superfund Amendment and Reauthorization Act；いわゆるスーパーファンド法。
[5] CERCLA = Comprehensive Environmental Response, Compensation, and Liability Act.
[6] MSW = Municipal Solid Waste.

る廃棄物処分場の認可と準拠監視を満足させる実務権限を有する。多くが州独自の規制を有しており，いささかも連邦規制を緩和することがない。したがって，連邦規制集は「最低限の技術手引書 (MTG)[7] として位置づけられている。いくつかの州，たとえばテキサスは，連邦規制よりも厳しい廃棄物処分場規制を課す政策をいっさいとらなかった。他の州，たとえばニューヨークは，サブタイトル D 廃棄物に対して RCRA の最低要求値よりもかなり厳しく，サブタイトル C 廃棄物よりもさらに厳しい規制を課している。

ドイツにおけるライナーシステムの規制は，閉鎖および閉鎖後を含めて廃棄物法 ($AbfG$)[8] と水質法 (WHG)[9] に分類される。加えて特定の技術命令が連邦法のもとで公布されてきた。その目的は，ドイツのすべての州における廃棄物の封じ込め，処分，および管理の安全性を同程度に達成する技術的枠組みを確立することである。地下水の保全に対して，「1. 水の貯蔵と埋蔵のための地下水保全に関する一般管理命令[10]」がある。有害廃棄物および一般廃棄物処分場については「廃棄物の貯蔵，化学，物理，および生物学的処理，焼却，および埋め立てに関する技術命令[11]」，および「一般廃棄物のリサイクル，処理，およびその他の取扱いに関する技術命令 [12]」が公布された。補足の方法として米国と同じようにドイツのいくつかの州は，州が独自の規制によって連邦規制に上乗せしている。廃棄物管理に関して，関連した特定州の直轄委員会によって発行された廃棄物管理に関する多数の特定規制がある。

さらに，ドイツでは技術的指標を確立するための政府任命の専門委員会がある。たとえば廃棄物処分場の地盤工学的解釈が，ドイツ地盤工学会[13] の専門委員会によって編集されており，ドイツ語の表題「*Empfehlungen des Arbeitskreises "Geotechnik der Deponien und Altlasten"* 」すなわち GDA の名のもとで技術的勧告書として配布されている。この GDA 勧告書の内容は国際的にも，ヨーロッパの環境条件にも適合するものであり，「廃棄物処分場設計と修復事業の地盤工学：技術指針（Geotechnics of Landfill Design

---

[7] MTG = Minimum Technology Guidance.
[8] AbfG = Abfallgesetz.
[9] WHG = Wasserhaushaltsgesetz.
[10] 1. Allgemeine Verwaltungsvorschrift zum Schutz des Grundwassers bei der Lagerung ung Ablagerung von Abfällen vom 31.01.1990, GMB1.S.74.
[11] TA Abfall 10.04.1990, GMB1.S.170 ; TA-A と略される。
[12] TA Siedlungsabfall, 01.06.1993, Bundesanzeiger ; TA-SI と略される。
[13] Deutsche Gesellschaft für Geotechnik.

and Remedial Works : Technical Recommendations)」として出版されている。廃棄物処分場工学におけるジオメンブレンの適用のための技術標準が，連邦材料試験研究所[14]の指導のもとで詳述されて，当該機関によって出版されている。

表 1.1 米国とドイツにおける規制分類の比較

国	建設廃材屑/無機固形廃棄物	一般廃棄物	有害廃棄物	放棄されたゴミ捨場
米国	資源保全再生法(RCRA)サブタイトル D	資源保全再生法(RCRA)サブタイトル D	資源保全再生法(RCRA)サブタイトル C	総合環境対策補償責任法(CERCLA)
ドイツ	第1種	第2種	第3種	第2種（通常）

表1.1に米国とドイツにおける規制間の比較を示す。相違点は後の章節の説明でよりいっそう明確になるであろう。

米国およびドイツ以外の国々における廃棄物処分場ライナーシステム（新しい廃棄物処分場および既存の廃棄物処分場を含む）に対する規制は，まったく存在しない国から，米国やドイツのレベルに至るまでさまざまである。現実には世界中のほとんどの国が，廃棄物封じ込めシステムを必要としており，あるいは廃棄物封じ込めシステムに関心をもっている。たとえば，タイ国の状況を記述した Mackey (1996) を参照されることを薦める。

なお，規制要求を本書で述べているけれども，規制要求の全貌を述べることが著者らの意図するところではないことを理解していただきたい。規制は時間の経過とともに変化するから，最新の規制要求を決定するためにはいかなるプロジェクトに関しても，常に関係官庁と相談しなければならないことを読者に助言する。米国およびドイツにおける規制要求の一般知識を読者に提供するために，本書では規制要求が簡潔に述べられている。そして，それらは米国，ヨーロッパおよびその他世界の多くの地域で，それぞれ最新の設計の実際に重要な影響を持ち，かつ将来も持ち続けるであろう。

1.2.1 米国における一般廃棄物処分場カバー

米国における一般廃棄物処分場に対する最終カバーシステムにかかわる規制は，連邦規制コード (CFR) のタイトル 40，パート 258，サブパート F（閉

---

[14] *Bundesanstalt für Materialforschung und-prüfung ; BAM* と略される。

鎖および閉鎖後の管理）に示されている。適用規制にかかわる引用すなわち 40 CFR 258 である。

258.60 (a) の規制要求の概要は以下のとおりである。

> 「すべての一般廃棄物処分場施設の施主または操業者は，浸透と侵食を最小化するために設計された最終カバーシステムを設置しなければならない。最終カバーシステムは次のとおり設計され施工されなければならない。
> 1. いかなる底部ライナーシステムあるいは下層土の透水性よりも小さいか同等の透水性を有すること，または，1×10^{-5} cm/s 以下の透水係数を有すること，のいずれか小さい方を有すること。
> 2. 最小厚さ 450 mm の土質材料を含む浸透層の使用によって閉鎖した一般廃棄物処分場を通過する浸透を最小化すること。
> 3. 土着植物の生育が維持できるための最小厚さ 150 mm の土質材料を含む侵食層の使用によって最終カバーの侵食を最小化すること。」

258.60 (b) は，同等の浸透層と侵食層を含む代替材の最終カバー設計を認可することの権限を認可州の長官に与えている。258.61 は，認可州の長官によって異なった期間が認可されている場合を除いて，閉鎖後，少なくとも 30 年間の管理と保守を要求している。

1.2.2 米国における有害廃棄物処分場カバー

米国における有害廃棄物処分場ならびに地表貯蔵池カバーの必要条件を取り扱う規制は，連邦規制コードのタイトル 40，パート 264 と 265 (40 CFR 264 および 40 CFR 265) である。パート 264 は認可済み施設を収録しており，パート 265 は暫定扱い施設を収録している。一般に，暫定扱い施設は 1980 年 11 月 19 日に存在した施設である。パート 264 と 265 それぞれの 3 つのサブパートは，一般的な閉鎖要件を取り扱っている。すなわち，サブパート G：閉鎖および閉鎖後；サブパート K：地表貯蔵池；サブパート N：廃棄物処分場である。これらサブパートは，最終カバーの計画立案，設計，および施工にとって重要な条項を含んでいる。最終カバーシステムにかかわる設計目的が以下の各号に収録されている。

264.228 (a) (2) (iii)： 認可済み地表貯蔵池
264.310 (a)： 　　　　認可済み廃棄物処分場
265.228 (a) (2) (iii)： 暫定扱い地表貯蔵池
265.310 (a)： 　　　　暫定扱い廃棄物処分場

これらの各号は，最終カバーが以下の目的を達成するために設計され施工されることを要求している。

1. 閉鎖地表貯蔵池または廃棄物処分場を通過する液体の輸送を長期間にわたって最小化すること。
2. 最小限の保守管理で機能すること。
3. 排水を促進し，カバーの侵食または磨耗剥離が最小化していること。
4. カバーの機能が維持するように沈下に追随すること。
5. いかなる底部ライナーシステムあるいは存在している下層土の透水係数よりも小さいか同等の透水性を有すること。

パート264と265のサブパートGの閉鎖/閉鎖後規制には，認可済み施設と暫定扱い施設とで二三の相違がある。主な相違点は，暫定扱い施設では認可済み閉鎖ならびに閉鎖後の計画変更について公示を必要としない。一方，認可済み施設にかかわる計画の変更には認可修正を要求している，つまり公示とパブリックコメントを必要とする。

パート264と265のサブパートKとNの最終カバー規制には，認可済み施設と暫定扱い施設とで3つの重要な相違点がある。パート264.303は，カバーに用いられるジオシンセティックスと土質材料が防水性かつ構造的均一であることを確実にするために，監視と立ち入り検査を要求している。このような規制は，暫定扱い施設にかかわるパート265には含まれていない。EPAは認可済み施設および暫定扱い施設でカバーが施工される際に適用されるべき施工品質保証（CQA）プログラムを推奨している。EPAは，カバーの設計規格が適合されていることを確認するために，現場固有の施工品質保証検査プログラムが必要であると考えている。

要求事項における第2の相違点は，認可済み施設に関する40 CFR 264.310には，浸出水集水と除去が要求されているのに対して，暫定扱い施設に関す

るパート 265 ではそれらが要求されていない。公式の閉鎖後の浸出水集水と除去の要求のないことが，暫定扱い施設に対するカバー性能をいっそう重要なものにしている。40 CFR 265.111 の広範な性能標準のもとで，EPA が暫定扱い現場では，閉鎖後も浸出水集水を要求していることに留意しなければならない。

第 3 の，そしておそらく最も重要な相違点が 40 CFR 264.310 (a) (5) と 40 CFR 265.310 (a) (5) の要求項のなかにある。これらの細目は，カバーがいかなる底部ライナーあるいは存在している自然下層土よりも低いか等しい透水係数を有することを要求している。工学ライナーを有していない暫定扱い施設に関して，カバーが比較的透水性のある材料からなっていたとしても，EPA は 40 CFR 265.111 の標準を課して，さらに不透水性カバーを要求することがありうる。

認可済み廃棄物処分場を 40 CFR 264.310 の要求項に合致させるためには，カバーは 40 CFR 264.301 で要求されるダブルライナーの透水性よりも小さい透水性を有しなければならない。EPA は，このことを認可済み施設用の最終カバーが，ダブルライナーを実際に有しなければならないという意味ではないと解釈している。むしろ最終カバーは，液体遮蔽性能がダブルライナーシステムからなる底部複合ライナー（すなわち，低透水性締固め粘土または同等の粘土バリアに完全接触しているジオメンブレン）と同等かそれ以上の層を含めるべきである。ジオメンブレンが底部ライナーに使用されているすべての事例では，ジオメンブレンまたは同等のライナーがカバーにも使用されなければならない。同様に，透水係数 1×10^{-7} cm/s 以下で最低厚さ 900 mm の締固め粘土層が底部ライナーシステムとしてジオメンブレンの下に敷設されているならば，このような層と水理的に等価の材料が最終カバーシステムに要求される。しかしながら，このことは正確には同一のバリア材がライナーとカバーの両方に用いられるべきであるということを意味するものでない。実際には，まさに正反対のことが現実である。たとえば，等価性能の異なるジオメンブレン材が用いられる。つまり，底部ライナー用には高い耐化学特性を有するジオメンブレンが，カバーシステム用には柔軟性と伸び特性の優れたジオメンブレンが選択される。また，ジオシンセティッククレイライナー (GCL) が，透水係数 1×10^{-7} cm/s 以下で厚さ 900 mm の締固め粘土層と水

理性能が等価であることを明らかにできれば，締固め粘土ライナーの代わりに用いられることもある。

EPA は，また，暫定扱い施設のカバーにジオメンブレン/粘土の複合バリアの使用を推奨している。40 CFR 265.310 (a) (5) が効果的でない設計を承認することがあったとしても，浸透が長期間にわたって複合バリアによって防止されるならば，すべての有害廃棄物施設への適応に十分な根拠を与えることとなる。

1.2.3 米国における放棄されたゴミ捨場および修復プロジェクトのためのカバー

放棄されているゴミ捨場やその他の修復プロジェクト（しばしばスーパーファンドと呼ばれる）を取り扱う米国規制は，連邦規制コードのタイトル 40, パート 300 (40 CFR 300) に示されている。サブパート E（有害物質対応）は，修復現場評価（40 CFR 300.420），修復優先順位の確立（40 CFR 300.425），修復調査/フィージビリティスタディと修復方法の選定（40 CFR 300.430）および修復の設計/修復行為，操作および保守（40 CFR 300.435）に関する情報を提供している。

40 CFR 300.430 (a) に述べられているような修復の最終目標は，人の健康と環境に対する危険を排除，軽減または制御し，時間をこえて保護を維持するような修復を満たすことである。40 CFR 300.430 (a) (iii) に述べられているとおり，EPA は，可能な場合には必ず現場が直面している主な脅威を対象とする処理方法を用いることを求めている。処理することが適切であると思われる主な脅威としては，液体，高濃度の有毒化合物で汚染された区域，および高い移動性をもった物質である。EPA は，脅威が比較的短期である廃棄物や，浄化処理が非現実的となる現場に対しては，封じ込めのような工学制御の活用を求めている。スーパーファンド対策を必要とするような大規模放棄されたゴミ捨場（廃棄物処分場）は，完全な処理が一般に非現実的であり，最終カバーシステムのような工学的制御が修復行為の一要素となっている現場の例である。手段の組合せ——たとえば，液体の除去と処理や廃棄物とその他の残渣または未処理廃棄物の封じ込め——を活用することが適している場合もある。40 CFR 300.430 (a) (iii) (E) に述べられているように，革

新的な技術が，その他の利用可能な手段と比較して同等かいっそう優れた処理の性能または実行性をもち，悪影響を減少する場合や，あるいは立証済みの技術よりも同等レベルの性能では低コストとなる可能性を提供する場合には，EPA はその活用を考慮するであろう。

　スーパーファンドには最終カバーシステム向けの特定要求が確立されていない。その代わりに処理または封じ込めのための代替案を評価する基準が確立されている (40 CFR 300.430 (a) (2) (e) (9))。EPA は，スクリーニング段階における評価の後で，修復行為への可能な取り組みを示す限られた数の代替案に対して詳細な分析を行うことを要求している。もしも，最終カバーシステムが封じ込め案（単独または他の封じ込め活動との組合せ，および/あるいは処理との組合せ）を考慮しているならば，カバーシステムは EPA 基準に照らして検討されるべきである。EPA は，審査下にある代替案の解析は，現場の問題の展望と複雑さ，ならびに評価されようとしている代替案を反映すべきことを要求している。以下の 9 ヶ条の基準が検討されるべきである。

1. 人の健康と環境の全般的な保護。── 代替案が短期ならびに長期にわたって，曝露をなくしたり減らしたりして制御することにより，許容限度をこえたリスクから人間の健康と環境を適切に保護できるかどうかを裁定するために，代替案を評価しなければならない。最終カバーシステムに関して，リスクマネジメントと全般的修復目標とを結び付けることができるならば，特定の性能基準（たとえば、カバーを通過する許容透水量）が開発されるであろう。
2. 「適切適用の原則 (ARARs)」の遵守。── 代替案が州または連邦環境法あるいは規制にかかわる「適切適用の原則 (ARARs)[15]」を達成できるかどうかを裁定するために評価されなければならない。
3. 長期の有効性と耐久性。── 代替案が成功を収める確実性の程度に加えて，提供している長期の有効性と耐久性を評価しなければならない。
4. 処理による毒性，移動性，または量の低減。── 代替案によって活用される処理が，毒性，移動性，または量を低減させる程度を評価されなければならない。

---

[15] ARARs = Applicable or Relevant and Appropriate Requirements.

5. 短期の有効性。—— 実行を通じて地域社会に提示できる短期の危険,修復行為中の作業者に及ぼす潜在的悪影響および保護が達成されるまでの時間など,代替案の短期間の効力が評価されなければならない。
6. 充足能。—— 技術上の実行可能性,管理上の実行可能性,ならびに利用可能なサービスと材料の実行可能性を考慮して,要求をどれだけ充足しうるかが評価されなければならない。
7. 費用。—— 資本,運転ならびに保守費用を含めて総費用が評価されなければならない。
8. 州の受け入れ。—— 州の意見が考慮されなければならない。
9. 地域社会の受け入れ。—— 修復代替案のさまざまな構成要素の地域社会の受け入れが考慮されなければならない。

1.2.4 ドイツにおける廃棄物処分場カバー

ドイツでは,第1種,第2種および第3種の廃棄物処分場が以下のように区別されている。

- 第1種廃棄物処分場は低公害性を有する無機廃棄物からなる。このような廃棄物処分場は,化学的または生物学的反応を受けることはない。
- 第2種廃棄物処分場は一般廃棄物処分場であり,現在のところ分解性物質を受け入れている。しかしながら連邦命令(*TA-SI*)に従えば,2005年時点で廃棄物の最大許容炭素分は5%をこえてはならない。したがって,その時点で廃棄物処分場にて受理される廃棄物は主に焼却灰になるであろう。その時点まで第2種廃棄物処分場は本質的にバイオリアクターであり,沈下やガスの発生がカバーシステムに考慮されなければならない。
- 第3種廃棄物処分場は有害廃棄物からなる。有害廃棄物は全期間にわたって,大きな容積変化が発生しないように堆積されなければならない。したがってカバーシステムの長期の沈下が最小化されなければならない。

上記3分類の廃棄物処分場に関するドイツのカバー規制は,表層/保護層,排水層,バリア層,ならびにガス抜き層/基層に焦点を当てている。各最終カ

バーシステムの究極の目的が以下に与えられており，それらに関係付けて説明する．

- 下層にある廃棄物中への水の浸透防止．
- 下層にある廃棄物からのガス放出の防止．
- 上部表面での草木の成育の促進．
- 穏やかな景観を提供するための，現場の造園の促進．

1.2.5 ドイツにおける無機廃棄物処分場カバー

これらの廃棄物塊は低公害性を有し，そのカバーシステムは重大な長期沈下をもたらさないと考えられる．

表層/保護層は長期間の保守と信頼性に耐えなければならない．

バリアの上に設けられる排水層は，ドイツ規制 (TA-A と TA-SI) によれば透水係数 $0.1\,\mathrm{cm/s}$ 以上，厚さ $300\,\mathrm{mm}$ 以上の粒状土の層である．多くの現場で浸出水集水システムに要求される $16/32\,\mathrm{mm}$ の丸石が，カバーシステムにも同様に使用されている．その場合，そしてもしジオメンブレンがその下層のバリアシステムとして配置されるならば，ジオメンブレンの破損に対する保護がなされなければならない．結果としてジオシンセティック排水材がおおいに使用されるようになっている．ジオネットは，米国で広く使用されているほどにはドイツでは一般的でない．代わりに，硬質短繊維，排水芯，およびその他の変種からつくられた排水ジオコンポジットが用いられている．米国とドイツで用いられている材料の相違は，基本的に技術的性能上の問題というよりも，むしろ製造方法における歴史的経過の相違の結果である．排水層はドイツ規制に基づいて設計されなければならない．最低勾配は 5％であり，最高勾配が $1V:3H$ よりも急であってはならない．しかしながら，この値は現場固有の基準によってこえることができるが，その場合，安定性が重要な懸念となる．ジオグリッドがいくつかの古いドイツ廃棄物処分場で斜面補強に用いられてきた．それらは $1V:2H$ の急勾配であった．排水層の主たる設計基準としては，透水容量，ジオコンポジットであれば材料中の安定性およびすべての接触面のせん断強さである．

第1種廃棄物処分場カバーにおける水理バリア層は，ドイツ規制に従えば，

5×10^{-7} cm/s 以下の透水係数をもつ厚さ 250 mm の施工層を 2 層配置した締固め粘土からなる．代替案として，技術的に等価を示すのであれば GCL が使用できる．技術的等価の評価を促進するためにドイツ建設技術研究所が，専門技術者の独立グループと共同で基準を確立したが，これに関する決定はペンディングとなっている．

第 1 種廃棄物処分場はガス発生が予期されていないため，ガス抜き層は不要である．

廃棄物を覆う基層は，その上に配置されるカバーの各層すべての等級を決める重大要因である．というのは各層が基層の上に順次施工されるからである．

1.2.6 ドイツにおける一般廃棄物処分場カバー

前述したとおり，この分類に属するドイツ廃棄物処分場は，分解性の一般廃棄物の受け入れから，結局，主に焼却した家庭ゴミからなる焼却灰に移行する過渡期（2005 年までに完了）にある．これら 2 種類の廃棄物間の主な相違点は，時間の経過に伴って生成するガスの量とそれに付随して生じる沈下である．

バリア層上の表層，保護層および排水層については，その態様は第 1 種廃棄物処分場についてと同様である．

古い第 2 種廃棄物処分場カバーの水理バリア層に対する要求事項について，ドイツの規制（*TA-SI*）は詳細を示していない．したがって，ほとんどのバリア層は第 1 種と同様，すなわち厚さ 500 mm，透水係数 5×10^{-7} cm/s 以下の締固め粘土層である．これらの処分場には GCL も考慮される．

第 2 種廃棄物処分場向けの水理バリア層は，結局，締固め粘土上のジオメンブレンからなるであろうが，締固め粘土については上述されている．ドイツ *TA-SI* 規制によれば，ジオメンブレンは厚さ 2.5 mm 以上の高密度ポリエチレン（HDPE）でなければならない．ドイツ規制は再生ポリマーの使用を許可しているが，現在のところ認可されたものはない．ジオメンブレンは連邦材料試験研究所（*BAM*）[16] によって認可されなければならない．テキスチャード（表面を粗く処理した）ジオメンブレンが用いられてきたが，それらも連邦材料試験研究所で認可されなければならない．長期間の強度と応力クラッ

---

[16] *Bundesanstalt für Materialforschung und-prüfung*; *BAM* と略される．

クに対する抵抗性に特別な注意が払われてきた。斜面安定解析が懸念を示唆するならば，ジオグリッドを用いてすべりに対する安全率を高めることができる。

　分解性一般廃棄物を受け入れている現在の第2種廃棄物処分場には，ガス抜き層の付設が必要である。天然土質材料を利用する場合，10％以下の炭酸カルシウム分と，少なくとも100mm直径の収集パイプからなるネットワークによって適当な通気性が提供されなければならない。代替として，ガス収集用のジオシンセティック材を用いることもできる。廃棄物の分解によって発生するガスは収集されて適当な容器に送られるか，エネルギー発生用に活用されなければならない。ガス発生がない将来の第2種廃棄物処分場にはガス抜き層が不要となるであろう。

　廃棄物上に直接配置される土質基層については前述したとおりである。

1.2.7　ドイツにおける有害廃棄物処分場カバー

　第3種の廃棄物処分場は，ドイツ規制 TA-A と TA-SI の範疇の有害廃棄物処分場であると考えられる。

　バリア層の上に配置される表層，保護層，および排水層に関して，その態様は第1種と第2種の廃棄物処分場で述べたのと同じである。

　水理バリア層は，ジオメンブレン/締固め粘土ライナーの複合システムでなければならない。これら両構成要素材の詳細は，焼却された一般廃棄物からなる将来の等級を述べた第2種のところで説明した。特に注目すべき相違点は，ジオメンブレン下の締固め粘土ライナーの透水係数が一段と厳しいことであり，その透水係数は 5×10^{-8} cm/s 以下でなければならない。TA-A 規制が漏水検知システムを要求していることに注目することが重要である。いくつかの事例において，中間漏水検知層をもったダブルジオメンブレンライナーが施工されてきた。しかしながら，これは水理バリアシステムによってのみ低透水層を達成するというドイツの哲学とは相容れないものである。代替案として，ある種の連続モニタリングシステムが可能であり，それらの多くのシステムが開発されている (Stief 1996)。

　ガス抜き層はドイツ規制のもとでは不要であり，基層は現場固有条件に従う。基層の締固めと配置は，真上の締固め粘土ライナーの配置が容易となる

ように適切になされなければならない。

1.2.8 ドイツにおけるカバー規制に関する一般的コメント

ドイツ規制（*TA-A* と *TA-SI*）は，代替材料に対して十分な根拠が示されるという条件で，たとえば締固め粘土ライナーをジオシンセティッククレイライナーに置換するごとく，材料の代替使用を承認している。加えてドイツ規制は，その規制のなかで明記された材料よりも新しい（あるいは異なった）材料を導入するために，大規模な試験区を提案している。

放棄されたゴミ捨場用カバーの設計ならびに施工に対する特別なドイツ規制はない。州規制に基づいたアセスメントに従い，放棄されたゴミ捨場のカバーシステムが工学的廃棄物処分場の規則に準じて施工される。

ドイツ規制のなかで，製造品質保証（MQA）と施工品質保証（CQA）の2つが強調されている。今日すべての種類のジオシンセティックス（ジオメンブレン，ジオコンポジット排水材，ジオテキスタイル，ジオシンセティッククレイライナー，およびジオグリッド）が，廃棄物処分場のキャップシステムに天然土質材料とともに使用されつつある。したがって，製造品質保証と施工品質保証の両者が，まさに米国におけると同じように重要視されている。ドイツ規制と米国規制間には相違があるとはいえ，これら2国が共同作業をなして独自に開発した規則や規制を共有することが促進されている。ドイツの廃棄物処分場用ライナーとカバーシステムの両者に関して，さらなる詳細は Stief (1986) および Gartung (1995, 1996) を参照することができる。

1.2.9 規制に関する短評

ドイツ規制と米国規制は類似点と相違点をもっている。主な類似点は，多重層カバーシステムを構成する同種の構成要素と，それら構成要素に対する類似の要求のスペックである。また，主な相違点はドイツにおける固有の要求の細目と，より厳密な規格に対する取り組みに見ることができる（たとえば材料の必修承認と製造品質規格に対する厳密な要求）。多くの人々が米国の規制はあまりにも限定的であり，細分化しすぎていると批判しているが，世界のなかで最も厳しい規制ではない。最も厳しいのはドイツ規制である。現在までのところ，極端に規範的な規制はイノベーションと創造性を窒息させ

る傾向があるといわれた懸念が，ドイツにおいて真実となっている。

　エンジニアや監督者にとっての挑戦は，規制について不平を述べることにエネルギーを集中させることでなく，代わって望ましい状況になるように別な取り組み方でコンセンサスを構築することに集中することである。すべての規制は，代替案を許しており，その解決の鍵は，より優れた代替案の探索を継続することである。

1.3 液体管理の実務

　搬入廃棄物とともに侵入する液体は，降雨や融雪水の形で降水によって増量し，廃棄物の構成要素が崩壊してできた生成物と混ざり合って「浸出水」を生成する。浸出水は，廃棄物処分場の下部に向かって重力作用により流れるにつれ，廃棄物に含まれる化学物質を少しずつ取り込んでいく。現代の処分場では，浸出水は底部ライナーシステムのバリアによって地域の地下水や地表水中への漏洩が抑止されることになる。底部ライナーの直上には，浸出水集水・除去システムが設けられている。

　浸出水発生を管理するためによく行われる取り組みには，2つの方法がある。1つはカバーを通過して下層の廃棄物中へ浸透する液体の量を最小化する方法である（dry tomb landfill「乾いた墓の廃棄物処分場」とも呼ばれる）。もう1つは廃棄物の生物分解が促進されるように，意図的に水の浸透を促進させることである。これらの取り組み方は，以下の節で簡単に説明する。いうまでもなく，浸出水集水・除去システムを有していない旧式あるいは放棄された廃棄物処分場については，浸出水抽出井戸あるいはトレンチを施工する以外に液体管理の方法はない。

1.3.1 標準的な浸出水の回収

　1980年代初頭以来，ライナーを有する廃棄物処分場における標準的な浸出水制御の考え方は，浸出水が廃棄物を通過して流れ，最終的に下がり勾配のマンホールあるいは排水溜区画に到達するようにして浸出水を回収することであった。多くの規制では，ライナーシステム上に許される最大浸出水水頭は300 mmであり，それに対応して浸出水集水システムが設計されなければ

ならない．浸出水の除去は，一般に，廃棄物内の鉛直マンホールまたは傾斜した側壁竪管によっている．両機構の概略を図1.4に図解している．集水された浸出水は，環境的に安全で確実な方法によって処理され排出される．完全に重力流に任せた浸出水の処理——それによって底部ライナーに凹部をつくることが必要とされる——が技術的に容認されているが，廃棄物処分場の最も不安定な場所で漏れのない凹部をつくることは困難である．

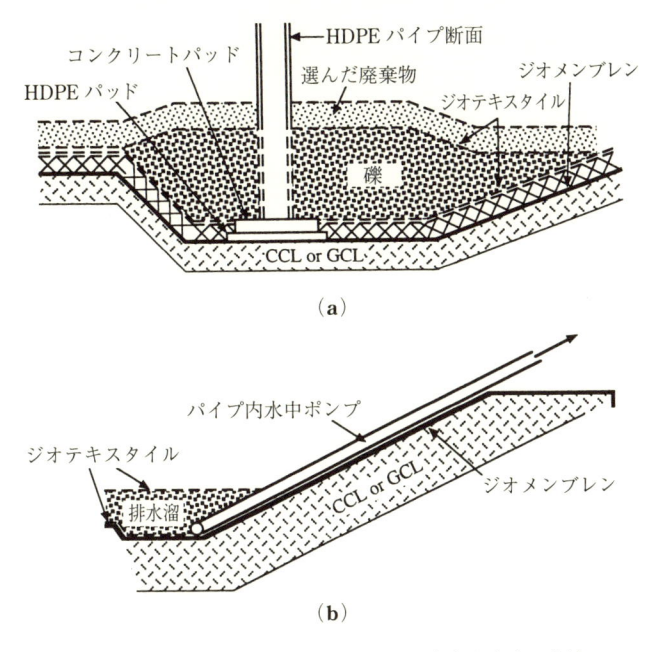

図1.4 廃棄物処分場底部から浸出水を除去する方法

発生する浸出水の量は，現場固有かつ廃棄物固有のものとなる．この量は第4章で述べられる水収支予測解析から見積ることができる．また，この浸出水の量は以下の多くのファクターに依存する．

- 地域的場所的水文状況．
- 廃棄物処分場固有の幾何特性と地表流のパターン．
- 廃棄物の種類．
- 廃棄物の年代．
- 廃棄物の含水比．

- 廃棄物の厚さ。

含有されてもよい量の理念を示すため，ニューヨーク州は廃棄物処分場の調査を行い，平均 25 000〜30 000 L/ha-day の浸出水が除去されなければならないことを示している。この点の十分な論説は第 4 章にて示される。

廃棄物処分場が許容高さに達するとき，暫定的または恒久的カバーが廃棄物の上に配置される。廃棄物がいったんカバーにより覆われると，発生する浸出水の量はおおいに減少する。多年の期間にわたって浸出水流は最終的に減量し，無視できる量に達することもある。

廃棄物処分場で廃棄物の埋め立てとカバーの施工が終わると，廃棄物は（腐敗しやすければ）分解して沈下する。この分解と付随する表面沈下は，次のような現象として表現される。

- 浸出水の特性の変化（高い懸濁固形分と高い微生物含有量によって特徴づけられることがある）。
- ガスの解放（空気より軽いものもあり，重いものもある）。
- 最終カバーをその上に設けているか，最終的に設けられるべき廃棄物の表面の沈下。

この沈下は，カバー全体の全沈下と局所的不同沈下の証拠となる。カバーシステムは，予期される全沈下と不同沈下を克服できるように設計されなければならない。Edgers ら (1990), König ら (1996) および Spikula (1996) は，廃棄物処分場の高さの 30 % まで全沈下を示した一般廃棄物処分場の 20 年間に及ぶデータを集めている（図1.5）。これらの事例において（もしあるとすれば）液体制御戦略は，おそらく標準的な浸出水の回収であった。このデータを用い，さらに他の一般廃棄物浸出水制御戦略がどのように沈下に影響を及ぼしたかを見積もることにより，著者らは表1.2を示している。不同沈下の推定範囲が表1.2 に示されていることに注目されたい。明らかに，不同沈下が最終カバーシステム中のバリア層の設計における主要な課題となっていることから，ここに示したものは過去になされた推定値よりも精度の高い調査に値する。

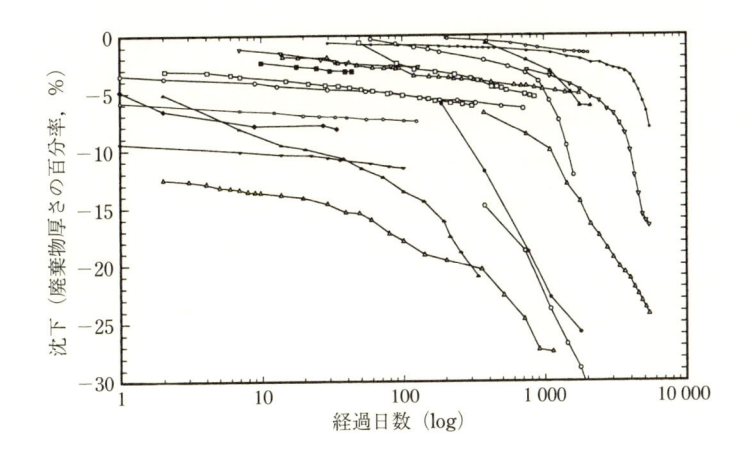

図 1.5 多くの一般廃棄物処分場からの全沈下データ (Edgers ら 1990, König ら 1996, Spikula 1996 による)

表 1.2 一般廃棄物処分場におけるカバーの沈下に及ぼす液体制御実施の影響 [1,2]

浸出水制御の実施	全 沈 下		不 同 沈 下 [3]	
	沈下量	時 間	沈下量 [4]	時 間
標準的な浸出水回収	10～20 %	≤ 30 年	微小～中	≤ 20 年
浸出水の循環	10～20 %	≤ 15 年	中～大	≤ 10 年
不明（放棄廃棄物処分場またはゴミ捨場）	30 %まで	> 30 年	不 明	> 20 年

[1] 有害廃棄物処分場，産業廃棄物処分場および焼却灰単独処分場はこの表に示されたよりも著しく小さい。
[2] 廃棄物処分場カバーの沈下に及ぼす液体制御の実施の影響に関するこの表の推定値は乏しいデータに基づいている。それらは単に指針であることを意味しており，現場固有の推定値が特定の最終カバープロジェクトにより現実的な値を開発するために必要である。
[3] 不同沈下の総量と時間に関するこの表の推定値も，また乏しいデータに基づいている。このことについては一般に現場監視データが必要である。
[4] これらの定性的評価期間は，また廃棄物の密度によって影響される。すなわち十分に締め固められた廃棄物は貧弱に締め固められた廃棄物よりも小さい不同沈下を生じる。

1.3.2 浸出水の再循環

1993 年に公布された米国における規制は，一般廃棄物処分場における浸出水を制御するために記載された方法に限って 1 つの代替法を認めている。それは「浸出水再循環」と称されている。浸出水は排水溜またはマンホールで

回収され，次いで廃棄物の上あるいは内部に戻るように再導入される。

　浸出水再循環の概念は，連続的に固形廃棄物の生物分解を促進させることである。浸出水は輸送されて廃棄物中に繰り返し再注入されるように処理される。浸出水再循環に関する EPA ワークショップが，内包されるメカニズムを解説し，さまざまな実務戦略の詳細を提供している。

　浸出水再循環は，回収，処理および用地外の排出により構成される標準的な浸出水制御よりも，おそらくは全沈下が速やかに起こるとともに，その総量も大きくなる可能性があるだろう。浸出水の循環は，不同沈下を大きくする可能性もあるが，事実としては知られていない。表1.2 は不同沈下に対する暗示的な推定値を与えている。1997 年現在，米国において浸出水再循環を実施している約 30 ヶ所の廃棄物処分場が存在しており，モニタリングが行われている。しかしながら浸出水再循環は少しも新しいことではないのである。世界中の廃棄物処分場の事業主体は，貯留容量が不十分であったり，処理プラントが運転停止したり，および/あるいは過負荷であったりしている期間，一時的に浸出水を貯留するのに廃棄物処分場そのものを利用してきた。イタリアでは，この方法が多年にわたって慣例的に実施されてきたのである。

1.3.3 放棄されたゴミ捨場内の浸出水

　放棄されたゴミ捨場は本質的に非工学的な施設であり，いかなる液体制御をも実施されていないものとみなされる。事実，ほとんどの放棄されたゴミ捨場は浸出水集水システムも，浸出水除去用の付属排水溜やマンホールのいずれも有していない。したがって，これら放棄されたゴミ捨場は，通常，工学的底部ライナーを有していないから，浸出水は周辺環境中に流出することが可能であるが，そうでなければ廃棄物中に包含されることになる。いうまでもなく，このことは放棄されたゴミ捨場や周囲環境に対する処理全体にかかわる懸念が明らかで，通常，止水壁，揚水処理システム，およびその他の修復対策が実施される（Rumer と Mitchell 1996）。

　放棄された廃棄物処分場では，廃棄物層の性状や厚さがほとんどの場合未知であるから，カバーシステムの潜在的な沈下は不確実である。沈下は全沈下および不同沈下ともに予測することが困難であるから，カバー設計に関心がもたれる限り慎重な見積りがなされなければならない。

1.4　カバーシステムの一般構成要素

　一般廃棄物や有害廃棄物の廃棄物処分場ならびに修復プロジェクト（放棄されたゴミ捨場を含む）の最終カバーシステムは，多くのきわめて類似した構成要素をもっている。図1.3 に示したとおり，最終カバーシステムの6基本構成要素：(1) 表層；(2) 保護層；(3) 排水層；(4) 水理/ガス バリア層；(5) ガス収集層；および (6) 基層 がある。すべての最終カバーにすべての構成要素が必要であるとは限らない。たとえば，乾燥地帯に位置するカバーシステムには排水層を求めなくてもよい。同様に，廃棄物や汚染物が，収集・管理の必要なガスを発生するかどうかによって，ガス収集層が必要なカバーがあり，不要なカバーもある。加えて上記に示した層のいくつかは結合できることがある。たとえば，表層と保護層を一緒にして「覆土」を形成し土の単一層とする場合が多い。また，ガス収集層（砂から形成されている場合）が基層と一緒になってあたかも単一層となることがある。各種の構成要素に用いられる材料は図1.3 に示した。多くの場合，決定的に重要な水理バリア層は2構成要素からなるコンポジットであり，たとえば粘土ライナーとそれを被覆するジオメンブレンで，粘土は締固め粘土ライナーかジオシンセティッククレイライナーのいずれかである。

1.4.1　表　層

　表層として最も一般的に使用されている材料は肥沃な表土である。このような植生表土は，侵食を最小化し大気中に戻る水の蒸発散を促進する。さらに，植生は表土上に群葉カバーを生成して土壌表面に与える降雨の影響を減じ，風速を弱める働きがある。土の表層に対する主な障害は，植物の成育初期（特に植物成長に対する条件が不適当な年間のある時期），および/たとえば渇水期の後で成育が好ましい厚さになるまでは，風食や水食に対する脆弱性が問題となる。多くの場合，表土は需要が高く供給が比較的引き締まっているためにカバーシステムのなかで最も費用がかさむ構成要素となっている。

　表面にジオシンセティック侵食防止材を配置することによって，一時的に侵食を抑えることができる。このような材料は，通常，道路に隣接した剥き出しの斜面に適用されて，植生が完成するに至るまでその場所の土を保持す

る。いくつかの現場では，表層として粗石が用いられてきた。しかしながら，粗石に付随する問題は，粗石は水の侵入を許すが，大気中への水の蒸発散戻しを促進することがほとんどないことである。したがって，粗石からなる表層は，植生表土よりもカバーシステム中へ水の浸透をはるかに大きくすることがある。

舗装材，たとえばアスファルトコンクリートが表層に用いられることもあるが，舗装材は沈下によってひき起こされる亀裂の可能性があることや，紫外線放射が曝露された材料を最終的に酸化して劣化させることから，永久カバー用としては推奨できない。そのほか各種の柔軟性のある「硬質防御」材料，たとえば連接ブロックやジオテキスタイルマットレスを充填したコンクリートが有望であり，これらについては後述する。

1.4.2 保護層

保護層は以下に述べる機能の1つまたはそれ以上を提供しうる。

1. 蒸発散によって後で除去されるまで，カバーに浸透した水を貯留する。
2. その下にある排水層とバリア層の構成要素および埋め立てた廃棄物を穿孔動物や植物根から物理的に隔離する。
3. 汚染物中に人間が入り込む可能性を最小化する。
4. 下の層を過度の濡れや乾燥（細粒土に亀裂を生じさせる）から保護する。
5. バリア中の下の層を凍結（下敷き土の凍上あるいは細粒土の亀裂発生）から保護する。

地域的に入手可能な現地発生土は，保護層用として最も一般的に使用される材料である。表層や保護層は同一の土質材料から施工されることがあり，単一の「覆土」層に結合される。土は後の蒸発散に備えて水を貯蔵するのにきわめて効果的であり，この保護層の厚さが十分であれば下に敷かれた材料の凍結に対して保護となる。

保護層中の粗石が植物根や穿孔動物に対するバリアとして時には考えられてきた。粗石からなる層は，放射性廃棄物処分場のための生物侵入保護層として考えられてきた。粗石層が他の種類の廃棄物封じ込め（たとえば一般または有害廃棄物処分場）用に通常考慮されない理由は，植物根や穿孔動物に

よる有害物質の生体への取り込みが，それらの施設で問題であることが知られていなかったということである。

保護層がバリア層に直接配置されるならば，潜在的すべり面がそれら接触面に存在することになる。保護層の下に排水層が備えられなければ，長雨の後に不安定性の危険がきわめて深刻になるであろう。設計技術者は，この場合や最終カバーシステム中のすべての接触面に対し，すべりに対する的確な安全率が満たされることを確認しなければならない。もし独自に設計されたカバーが，的確な安全率を有していないならば，安全を増大させるために一般に採られる手段としては，異種材料の使用（高強度の土あるいは接触面に接して高い強度をもったテキスチャードジオメンブレンのような材料），排水層の追加，勾配の平坦化，中間小段による斜面長の短縮，あるいはジオグリッドまたは高強度ジオテキスタイルによる覆土の補強などがある。斜面安定性は第5章で取り扱う。

1.4.3 排水層

多くの場合，排水層は保護層の下，かつバリア層の上に配置される。排水層が望ましいとされる3つの理由がある。

1. バリア層上の水頭を減少させること。── すなわち水の浸透を最小化させる。
2. 上の保護層を排水すること。── それによってその貯水容量を増大させる。しかしながら，植生の生育がうまくいっていない箇所の上の土壌を乾燥させるならば，かえって有害効果をもつ。
3. 覆土中の間隙水圧を低下させ制御すること。── したがって斜面安定性を向上させる。

多くの場合で，上記のうち第3の理由が最も重要である。十分な量の降雨があってかなりの深度の保護層を浸水させうる地方では，斜面の安定性を確保するのに排水層が必須となる。もし，覆土が飽和するようになり，地下水面[17]がカバーシステムの表面にまで上昇するならば，斜面破壊に抗する安全

---

[17] 地下水面 [water table]　飽水帯と通気帯の間にある平面状の水面。（マグローヒル科学技術用語大辞典）

率が，不飽和覆土に対する値の約 1/2 にまで低下する。乾燥地帯や，あるいは最終カバーシステムが比較的平坦な区域では，現場固有の要件に依存して排水層が必要であってもよく，あるいはなくてもよい。

　排水材の種類の選定は，一般に地域材料の入手のしやすさ，経済性，および設計耐用年数に基づいてなされる。高い透水量係数[18]が必要であるか，あるいはその地方で砂利が豊富であるならば，排水材として時には砂利が使用されるけれども，最も汎用的な材料は砂である。ジオシンセティックス（ジオネットおよびジオコンポジット）もしばしば用いられるし，破砕タイヤ片のような代替材料も時には使用されている。

　排水層は，通常，土質系保護層の下に配置される。この上層の保護層から微粒子物質が排水層中に移動することにより，著しい目詰まりが生じることがないよう，適当な濾過性能が具備されなければならない。濾過層は土でつくることができるが，多くの場合，ジオテキスタイルが供される。

　もし排水層が大きな物体（たとえば石）あるいは鋭利な物体（たとえば破砕タイヤ片中の補強性ワイヤ）を含んでいるならば，下のジオメンブレンが破損する危険性がある。破損が問題であれば，排水層とバリア層間にクッション層が必要となる。このクッション層は土であってもよいが，多くの場合，比較的厚いニードルパンチ不織布のジオテキスタイルである。

　排水層からの水の排出制御は重要な項目である。水はカバーシステムの最も低いところで排水層から自由に排出が許されなければならなず，これはしばしば「斜面先排水（toe drain）」と呼ばれる。もし斜面先排水が著しい目詰まり，凍結，あるいは容量不足を起こせば不安定となる。斜面先内の排水パイプは適当な容量と凍結保護性を有しなければならない。斜面先排水まわりの適正な濾過が必須要件となる。

1.4.4 水理/ガス バリア層

　バリア層（水理バリア層ともいう）は，工学的最終カバーシステムの最も重要な構成要素として一般に考えられている。バリア層は，直接的には水を封鎖することにより，また間接的には上層（そこで水は表面流出，蒸発散，あ

---

[18] 透水量係数 [transmissivity]　透水係数と透（帯）水層の厚さの積。すなわち，$T = kD$，ここに T は透水量係数（$L^2 T^{-1}$），D は透水層の厚さである。透水層の地下水の流動性を判断する指標となる。（土木用語大辞典）

るいは内部排水によって最終的に除去される）中の水の貯蔵あるいは排水を促進することにより，カバーシステムを通過する水の浸透を最小化する。さらにバリア層は廃棄物処分場から発生するガスが大気中に逸散するのを防止する。このようなガスが大気汚染公害やオゾン消耗の主たる源泉であることが示されてきた。しかしながらバリア層は，その下にガスを強制移動させて水平方向にガス輸送を制御するために，効果的な廃棄物処分場ガス通気または収集システムと一緒に使用しなければならないことを認識する必要がある。

有害廃棄物処分施設のバリア層は，一般的には締固め粘土ライナー（CCL）と，その上に敷設したジオメンブレンとで構成される複合ライナーからなっている。この締固め粘土ライナーは600 mmの厚さと1×10^{-7} cm/s以下の透水係数を有する。ドイツ規制は，第1種および第2種廃棄物処分場カバーでは$k \leq 5 \times 10^{-7}$ cm/s，第3種廃棄物処分場カバーでは$k \leq 5 \times 10^{-8}$ cm/sが要求されていることを思い出して欲しい。近年では締固め粘土ライナーに対する代替材，すなわち，ジオシンセティッククレイライナー（GCL）がとりあげられるようになり，多くの事例で技術的に等価であることが見出されて次第に使用されるようになった。

その他の種類の材料が使用されることもある。現場修復プロジェクトでのジオメンブレンの代替材として，いくつかのカバーシステムにおいて，吹付けアスファルトメンブレンが用いられている。また，アスファルトコンクリートも締固め粘土ライナーの代替材として用いられている。アスファルトコンクリートは乾燥割れに対して脆弱でないことから，乾燥地帯処分場施設では魅力的な代替材になっている。しかしながらアスファルトの酸化が，最終的に脆性化とカバーシステムの沈下に対する敏感性をもたらしうる。バリア層材料の相対的な利点と欠点は第2章に詳しく述べている。

バリア層に関する最も重要な点は，おそらくその保護であろう。上に述べたバリア材のすべては，それらが正しく敷設されるならば，水の下方への移動に対してきわめて高い抑止力を提供することができる。同時にそれらのすべては，乾燥，破損，あるいはその他の損傷によって脅威を受ける。締固め粘土ライナー（CCL）は，特に湿潤乾燥サイクル（乾燥割れを生じる），凍結融解サイクル（透水係数を増大させる），ならびに不同沈下によって生じる「ひずみ」（引張割れを生じる）に対する抵抗性が低いから特に損傷を受けや

すい。ジオメンブレン，ジオシンセティッククレイライナー，および吹付けアスファルトのような薄層ライナーは，不測の破損を受けやすいが，最終カバーにおける偶発的な損傷は，底部ライナーの排水溜のような決定的な箇所で起こるほどには損害を受けることがない。

バリア層は，ガスが存在していればガスの上方への移動を抑止しようとする。ガスの移動に対して優れたバリア層となるいくつかの材料がある。たとえば，ジオメンブレンのある種のものはガスに対して高度に不透過性である。一方，締固め粘土ライナーのガス透過性は，締固め粘土ライナー中の含水比や亀裂の影響をきわめて受けやすい。飽和で亀裂のない締固め粘土ライナーは，ガス輸送に対する優れたバリアを形成するが，比較的乾燥し無視できない亀裂をもった締固め粘土ライナーは貧弱なバリアとなるであろう。

ジオメンブレン，ジオシンセティッククレイライナーあるいは吹付けアスファルトのような薄層ライナーの使用は，これら薄層ライナーとその下および上の両構成要素間との接触面せん断に伴う潜在的な懸念をもたらす。接触面せん断の可能性は，現場固有の材料の接触面せん断強度パラメーターを決定し，適切な斜面安定解析の方法を採用することによって，設計プロセスのなかで取り扱われなければならない。設計や施工段階においてプロジェクト固有の材料について確認作業をしないで，安易に接触面せん断強度の公表値を適用することは，ジオシンセティックスにとっても天然材料にとっても，両者ともにその内在する変化性のために当を得ていないのである。第5章で斜面安定について詳しく述べる。

1.4.5 ガス収集層

ガス収集層の目的は，腐敗性廃棄物の分解によって生成するガスあるいは有機化学物質を含んでいる廃棄物から揮発性有機物を収集することである。ガス収集層は，砂，礫，ジオネット，ジオテキスタイル，ジオコンポジットあるいはその他のガス透過性材料を用いて施工される。ガス収集層中で捕捉されたガスは，そこから格子状に配置した収集パイプあるいは通気口内に流れる。ガスの流れは密閉した廃棄物処分場内の自然発生圧力下で受動的に生じさせてもよく，あるいは地表に配置した真空システムによって能動的に流してもよい。管理された手段で，逐次処理されたり解放されたりする必要の

あるガスや揮発性物質を生成する固形廃棄物に対して，ガス収集層が必要となる。通常，一般廃棄物処分場，放棄された廃棄物処分場，およびいくつかの各種廃棄物処分場でガス収集層が必要である。

ガス収集層は，高い面内透水量係数を有していなければならない。また，微粒子物質による著しい目詰まりを起こしてはならない。ガス収集層の上および/または下の隣接層からの微粒子物質によるガス収集層の著しい目詰まりを防ぐ目的で，フィルターが必要になることがある。

ガスの鉛直移動を妨げる特徴をもつ廃棄物の場合には，廃棄物層の底部にまで達する全深度通気構造物が必要になることがある。これらの構造物は，廃棄物処分場外の周縁土中へガスが水平移動するのを防ぐように設計される。貯留ガスを十分に除去するためには，いくつかの事例で，受動システムよりもむしろ能動システムが要求されることがある。実際にはベント（適正に設計した場合）が完全なガス収集層に対する代替物として活用されることがある。

1.4.6 基　層

多構成要素からなる最終カバーシステムの断面の最下位にある層が基層である。この基層は最終カバーの施工に先行してすでに配置された暫定カバーに追加の締固めを施した場合が多い。暫定カバーがないか薄すぎるか，あるいは不同沈下が不規則な表面をつくりだしていたならば，基層を形成させるために，通常，土が追加して運び込まれ広げられて締固めがなされる。基層が砂または礫であればガス収集層とみなしてもよいが，それは現場固有の条件次第である。

1.5　一般的な懸念

この節では最終カバーに関する今日までの問題点につながった重要な懸念のいくつかを評論する。著者らが調査した貧弱な性能の最終カバーの主なる原因は次のとおりである。

1. 沈下/陥没。
2. 斜面の不安定。
3. 不十分な濾過。

4. 不適切なガス制御。
5. 長期の侵食。
6. 容認できない最終利用と美的感覚。

ここに掲げた項目の各々について以下に詳述しよう。

1.5.1 沈下/陥没

すべての廃棄物層は，その上部表面の陥没と，さらにそれによって工学カバーにも陥没を生じながら，全期間にわたって沈下するであろう（表1.2参照）。特定の廃棄物処分場で実施されている液体制御を含めて，多くの要因が沈下の大きさに影響を及ぼす（**1.3**を参照）。最終カバーの長期性能と安定性を解析するためには，全沈下と不同沈下の両方を見積ることが要求される。

一般に廃棄物層の上部表面は，廃棄物を覆って配置される土の層を有するが，これはカバー材の最終配置にかかわる基層となる。この基層は，通常，コンパクターで転圧される。いくつかの例で，下層にある廃棄物層の施工後の沈下を減少させるために深層動的締固め工法が利用できる（Galenti 1991）。

基層の最終整地はカバー配置後における予測全沈下量を考慮しなければならない。表1.2 に示したとおり，一般廃棄物処分場では，予測全沈下量は廃棄物厚さの 10〜20 ％に達する。産業廃棄物処分場や単一の廃棄物を充填した場合では，通常，沈下は著しく小さい。放棄された廃棄物処分場の場合では，過去に実施された廃棄物処分がどのような性格のものか未知であるために，沈下予測はきわめて慎重になされるべきである。全沈下および/または不同沈下の予測に伴う不確実性のため，修復閉鎖後の監視と保守が強くすすめられる。

全沈下に適応した土質基層の整地は多様な形態とすることができる。たとえば過去の設計としては以下のものがあげられる。

- 現場の外縁に排水するようにした連続クラウン（凸型）表面。
- 現場の1側面または2側面に排水するようにした均等勾配または漸増勾配の表面。
- 現場の1側面に排水するようにした波形（アコーディオン）表面。
- 表面流水のための間断降下溝によって排水螺旋(らせん)を形成するように小段

(ベンチ)を付設した非均等クラウン表面。

現場固有の制約条件と全沈下の予測に対して,上記の各種整地レイアウトは最高水準の手段として採用しうる。一方,不同沈下は最も厄介となる。固形廃棄物の不同沈下を懸念する多くの論点がある。最も多い疑問点は:

1. 不同沈下が発生するか?
2. 発生するとすれば,不同沈下の空隙あるいはトラフ(波の谷)の範囲と大きさは?
3. 覆土を通過して浸透する水が,バリアシステム内部で「浴槽」を形成しないように表面整地を提供できるのか?

不同沈下が発生しそうであり,かつ局所的な陥没が相応の整地によっても避けられないような状況では,選択肢としては, (a) 現場を絶え間なく整地し維持管理すること,あるいは (b) 覆土を補強することがあげられる。この補強は,バリアシステムの真下にジオグリッドや高強度ジオテキスタイルを配置することによってなされる。決定的な設計パラメーターは,予想不同沈下による空隙またはトラフの大きさである。概してこのような不同沈下がどこで発生するかを予測することは困難であるから,一般に補強は廃棄物処分場全体にわたって配置される。このような補強の費用は相当額となるが,それにもかかわらず,補強は継続的な維持管理の費用と比べるとコスト効果がある。当然,すべての形式の閉鎖した廃棄物処分場で不同沈下が生じるかどうか,生じるとすればどこでどの程度の大きさとなるのかを予測するために,廃棄物カバーの至近距離での調査が必須となる。

1.5.2 斜面の不安定

最終カバーは,廃棄物容量を最大化するためと表面流水を促進するために,ほとんどの場合傾斜している。傾斜は 50% 勾配に至るほど急勾配の場合もある(「勾配」は水平距離で垂直距離を除した値として定義されており,傾斜角の正接 tan に等しい)。5〜10% 勾配よりも急勾配の廃棄物処分場カバー斜面上に,ジオメンブレン,ジオシンセティッククレイライナー,締固め粘土ライナーを設ける際には,最大級の注意をもってなされなければならない。斜

面の設計は最高水準の技術手段の範疇で行うことができるが，今日なお，すべりの発生が継続していて，多くの状況の困難さと，ときには設計者の誤りをも立証している。Boschuk (1991) は多数のこのようなすべりを研究した。

斜面の不安定を誘発する3つの支配的な駆動力には，重力，浸透力，および地震力がある。建設機械の活荷重を含めて，重力は一般に極限つり合い法を用いて評価される。さまざまな設計チャートやコンピューターコードが用いられている。覆土の造成は斜面の上方へ向かって進め，下方に進めてはならない。もし斜面の下方に向かって造成しなければならない場合は，建設機械の動的な力を安定解析で考慮しなければならない。斜面安定に及ぼす浸透の悪影響は，一般に，バリア層の上に適当な排水システムを用いることによって最小化または排除できる。この排水システムは，斜面の小段（ベンチ）あるいはカバー斜面先流出口に排水を導く。しかし不幸なことに，この目的は常に達成されるとは限らない。なぜならば，カバー斜面のすべり崩壊の多くは（少なくとも部分的に）浸透によって誘発されているからである。原因のいくつかは次のとおりである。

1. 斜面先の排水容量が不十分なため水が溜まる。
2. 排水物質からの微粒子沈殿物が斜面先で溜まり，粒状排水材の排水能を低下させる。
3. 微細な粘着性のない土粒子がフィルター（もしあれば）と，排水層を通過して斜面先で溜まり，その結果排水を妨げる。
4. 斜面先の排水層が凍結しているときに，斜面上部が融解することにより排水が阻止される。

地震活動度は一般に2段階で評価する。まずはじめに，震度法による解析が行われ，対象断面の安全率が1以下であれば変形解析が行われ，最終カバーシステムの要求性能に対して，最大変形の予測が評価される。

安全率が低過ぎる（重力，浸透力および地震力に関して）ような場合は再設計が要求される。一般に，少なくとも1.5の安全率が最終カバーの静荷重に対する推奨最小値である。安全率を増大させるためよく用いられている方法は以下のとおりである。

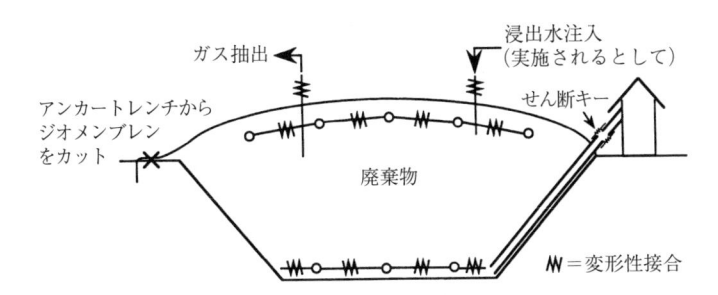

図 1.6 廃棄物処分場において地震動を考慮すべき部位と問題を回避するための可能な予防策

1. 傾斜を水平になるようにする。
2. 小段（ベンチ）によって長い斜面を区切る。
3. 斜面先に補強した余盛部または控え壁を施工する。
4. 覆土中に薄層補強（ジオグリッドやジオテキスタイル）を行う。

最後に，地震動の可能性によってもたらされる大きな沈下に対し，最終カバーへの根入れ構造物や付帯構造物が変形追随性をもつことがすすめられる。図1.6は考えられうる配管施設の適合形式を示している。

1.5.3 不十分な濾過

排水層のテーマを論述してきたほとんどの研究者が，付随する濾過層の重要性にほとんど言及してこなかったことは不幸なことである。図1.3に示した断面はそれと同じ仮定を表わしており，著者らも同罪といえる。明らかに，排水層が保護層に対しての濾過基準を満たしていなければ，保護層は排水層上に濾過層なしで直接に配置することはできない。天然土質を用いた排水層に対して，濾過層としては土（一般的に粒度のよく揃った砂）またはジオテキスタイルのいずれかを用いることができる。ジオシンセティック排水材に対しては，濾過層は分離材および濾過材（濾材ともいう）として作用しなければならないことから，ジオテキスタイルが用いられるべきである。

天然土あるいはジオテキスタイルのいずれの場合であっても，フィルターは的確に設計されなければならない。濾過の法則とガイドラインは，地盤工学やジオシンセティックス工学のさまざまな文献に，最高水準の技術手段で十分に示されている。的確な設計と，それに基づく正しい施工なくしては，ま

していかなる濾過材もなければ，排水層がいかにあろうとも著しい目詰まりが発生し，前述したように不安定性が高まることになる。

1.5.4 不適切なガス制御

一般廃棄物処分場の内容物の分解は多くのガスを生成するが，なかでもメタンと二酸化炭素が主要なガスである。これらのガスはほぼ等量の割合で生成し，それぞれ分解ガスの 40～50 % を構成している。メタンのように空気より軽い発生ガスは，廃棄物中を上昇してカバーシステム中のバリア層の下に達する。EPA（1981）の推定によれば，メタンは廃棄物処分場中で長期間にわたって発生し，2 年間で 30 %，80 年で 90 %，160 年で 99 % が生成される。ある設計者はガス収集層なしで，鉛直の穴あき収集パイプ（通常，5 本/2 ha）を用いてカバーシステムから排気させている。この方法は廃棄物が発生ガスに対して高い通気性をもつ場合のみに適応する。このような場合には，廃棄物内に通気口を導入した深いガス収集システムを用いることができる。しかしながら通常は，比較的浅部にベントパイプを設けることによるガス収集層が推奨される。

したがって，図 1.7a に示すように，適当に勾配をつけ，かつ，カバーの構成材料を貫通する通気口とつながったガス収集層を設置することが一般に必要となる。ガス通気口には受動態型式（大気圧に向かって排気されるか燃焼される）あるいは能動態型式（真空ポンプを用いて収集され，しばしばエネルギーに利用される）がある。このような通気システムがなければ，図 1.7bに示されたような気泡ドームの発生が予想される。少量のガスでさえも，カバーシステム中のジオメンブレンに，隆起を生じるような厄介なことになりうる。ジオメンブレンがたとえ物理的に隆起しなかったとしても，ジオメンブレン真下のガスの正圧が，ジオメンブレンとその下の材料（たとえば締固め粘土ライナー）の間の接触面における直応力を低下させ，その結果，接触面せん断強さが減じて斜面安定破壊を高めうることになる。

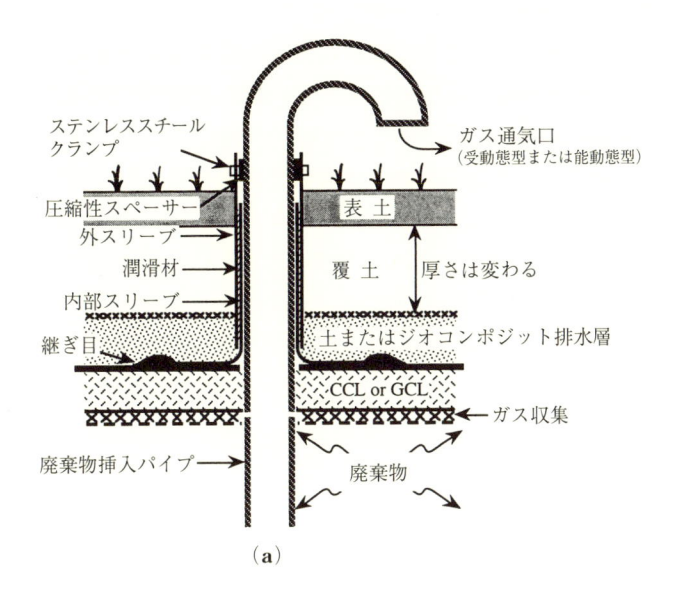

図 1.7 一般廃棄物処分場におけるガス制御通気口と気泡ドーム：
(a) 廃棄物の沈下に追随する変形性スリーブを装備した受動態型式または能動態型式システムで用いられるガスベント
(b) 一般廃棄物のカバーにおける気泡ドーム

1.5.5 長期間の侵食

最終カバーの表層を動く水や空気は，土粒子の輸送や下方勾配への堆積を含めて深刻な侵食を生じる原因となる。Mitchell (1976) は図1.8のなかでこの現象を図解している。この事象の続行は，面状侵食[19]，リル侵食[20]，そして遂にはガリ侵食[21]となってきわめて深刻な結果を与える。廃棄物処分場の著しい侵食事例が発生した。ある現場では厚さ1m以上の覆土が4ヶ月以内で数haにわたって侵食され，侵食はその下の締固め粘土ライナーに至った。このような影響を防止するため，土の表面は水や風による侵食から守られねばならない。このような侵食防止は，高湿地帯における局所的な 植生から乾

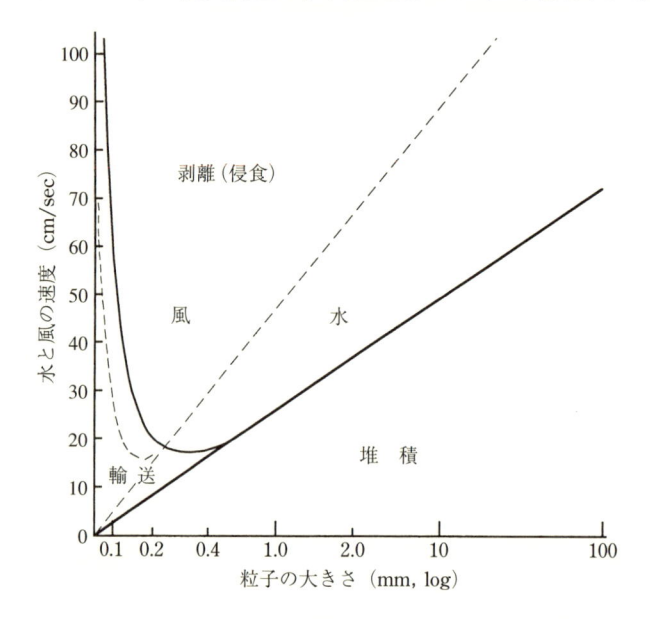

図 1.8　侵食メカニズム（水または風）と土粒子の挙動の関係 (Garrel 1951) （著者らにより外挿）

---

[19] 面状侵食 [sheet erosion]　雨滴が地表面を打ち土壌粒子の結合を緩めるとともに降水量が土壌の浸透能よりも大きいと，雨水は表流水となって流下する。この流水により，広範囲の裸地表面が少しずつ削り取られる現象を面状侵食，あるいは層状侵食，シートエロージョンという。流水は時間とともに集中してリル（雨裂）やガリ（雨溝）に発展することが多い。
[20] リル [rill]　はげ地や崩壊地で水の集まる処が侵食されてできる溝の比較的初期のもの。
[21] ガリ [gully]　降雨等による表面流が集まって生じた細流（および浸透湧出流）の侵食作用によって，地表深く刻み込まれたV字形またはU字形の横断面をもつ小谷。これに対して浅い溝のことをリルという。雨刻，雨裂，雨溝ともいう。（土木用語大辞典）

燥地帯におけるロックアーマー（岩の鎧，rock armor）までさまざまである。数種のジオシンセティック侵食防止材が役立っており，仮設的あるいは永久的な防止システムとして用いることができる。このような材料は以下のように3分類される。さらに詳しい情報は第2章で述べる。

- 一時的な侵食防止と再植生のための材料（TERM = Temporary Erosion and Revegetative Material）。
- ソフトアーマーに分類される永久的な侵食防止と再植生のための材料（PERM = Permanent Erosion and Revegetative Material）。
- ハードアーマーに分類される永久的な侵食防止と再植生のための材料。

1.5.6 可能な最終利用と美的感覚

閉鎖した廃棄物処分場は実在している大規模人工構造物の象徴となる。加えて，それらは公衆による注目度が高い居住区近くに位置していることが多く，閉鎖した現場の有効な利用が好結果をもたらすことにもなるであろう。後者に関して，最終カバー中のジオメンブレンによって，メタンガスの不快な臭気が本質的に排除されることを理解することが重要である。いうまでもなく閉鎖した廃棄物処分場は準安定状態であり，いまだ沈下が進行中であるが，それにもかかわらず活用方法を見出しうる。

Mackey (1996) は閉鎖した廃棄物処分場が，ゴルフコース，運動場/散歩/ジョキング/自転車道としてうまく利用されている事例を報告している。さらに，施工される最終カバーを広大な芸術作品として，おおいに目立つように

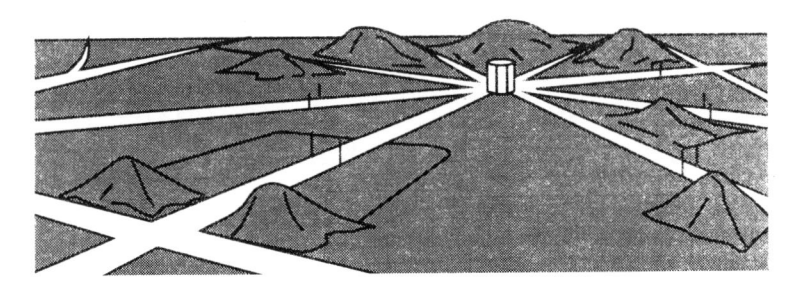

図 1.9 最終カバーの地形の彫刻的表現（牧草地再開発局 Pinyon 1987）

構想できる。ニュージャージー牧草地委員会は図1.9に示すように閉鎖廃棄物処分場を野外彫刻風につくる計画を立てている。それは全体が占星術的なモチーフによって統一され，フレア（朝顔形の開き）と視覚的に印象深い小道を完備している。

1.6 品質管理と品質保証

第2章以降では，廃棄物処分場の多重層最終カバーが，施工するのが比較的難しい複雑な構造であることが示される。建設業にとっては，困難なプロジェクトにはすばやく応答するけれども技術が比較的未熟であり，施工品質管理 (CQC) はなお新興の領域である。したがって，建設業が履行できるような建設行為に向けた付加的なモニタリング基準をもつことが必要である。これは施工品質保証（CQA）として知られている。これら2つの活動は Daniel と Koerner (1995) によって以下のとおりに定義されている。

- 施工品質管理（Construction Quality Control, CQC）── 施工プロジェクトの品質を直接に監視して管理するために用いられる検査計画システム。施工品質管理は，ジオシンセティックスの施工業者あるいは天然土質材料にかかわる土工業者によって標準的に実行され，施工または据付けの品質を達成するために必要となる。施工品質管理 (CQC) は，そのプロジェクトのかかわる計画と仕様に記される材料と技量によって決定される基準をいう。ジオシンセティックス業界には CQC の長い歴史があるけれども，土工業界は，彼らの作業を管理するため，施行品質保証 (CQA) によって提供される情報に頼ってきた歴史的背景があり，確固とした CQC プログラムを所有していなかった。

- 施工品質保証（Construction Quality Assurance, CQA）── 施設が設計の仕様どおりに施工されたことを施主および認可機関保証に示す行為計画システム。施工品質保証 (CQA) は，据付け業者または建設業者が，そのプロジェクトにかかわる計画と仕様に準拠しているかどうかを検査するため CQA 機構によって採用される基準をいう。

これら2つの行為が全施工過程を管理し，計画され設計されたとおりに最終

1.6 品質管理と品質保証 / 41

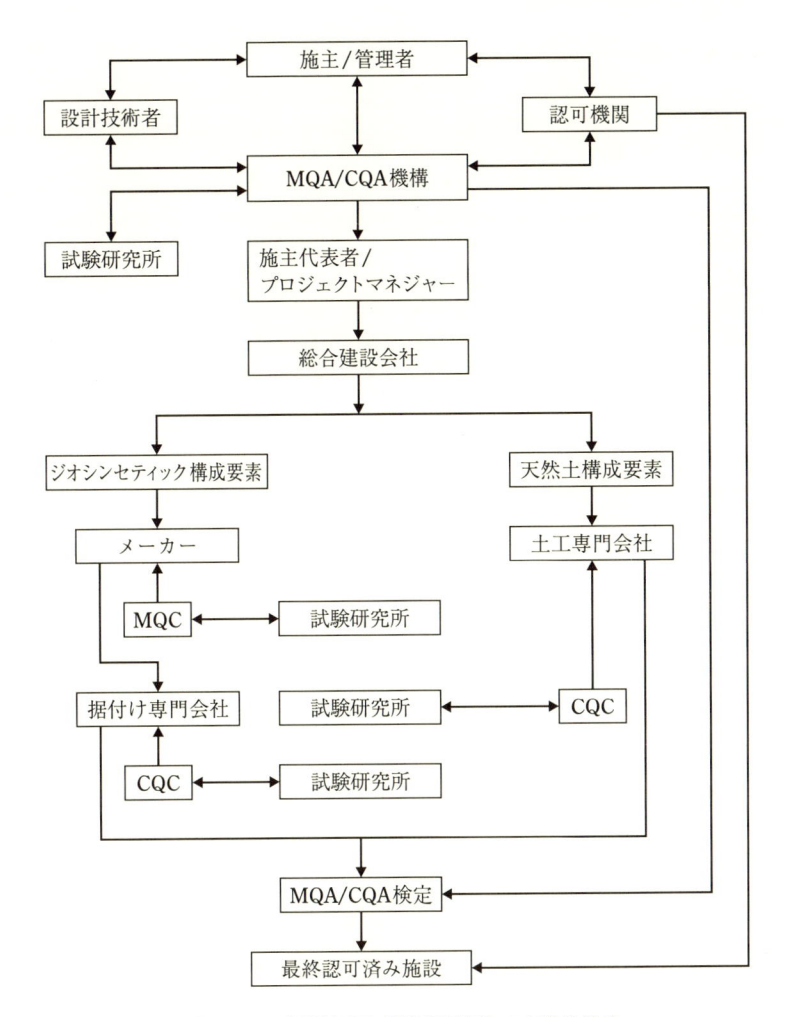

図 1.10 品質管理と品質保証行為の有機的構造

カバーシステムを達成することに寄与するものである。ジオシンセティック材に関しては，工場製造品質管理（Manufacturing Quality Control, MQC）と製造品質保証（Manufacturing Quality Assurance, MQA）がさらに必要となる。代表的プロジェクトに対する有機的構造関係におけるこれらの行為すべての相互関係を図1.10に示した。第7章でさらに詳しく述べる。

1.7 文　献

Boschuk, J. J. (1991). "Landfill Covers: An Engineering Perspective," GFR, Vol.9, No.2, IFAI, March, pp. 23 – 34.

Corbet, S., et al. (1997). "Overview of USA and German Practices in Geosynthetic Aspects of Waste Containment Systems," Jour. Geotextiles and Geomembranes, (to appear).

Daniel, D. E., and Koerner, R. M. (1995). *Waste Containment Facilities: Guidance for Construction Quality Assurance and Quality Control of Liner and Cover Systems*, ASCE Press, New York, NY.

Edgers, L., Noble, J. J., and Williams, E. (1990). *A Biologic Model for Long Term Settlement in Landfills*, Tufts University, Medford, MA.

Galenti, V., Eith, A. E., Leonard, M. S. M., and Fenn, P. S. (1991). "An Assessment of Deep Dynamic Compaction as a Means to Increase Refuse Density for an Operating Municipal Waste Landfill," Proc. on the Planning and Engineering of Landfills, Midland Geotechnical Society, UK, July, pp. 183 – 193.

Garrels, R. M. (1951). *A Textbook of Geology*, Harper Brothers, New York, NY.

Gartung, E. (1996). "Landfill Liners and Covers," Proc. Geosynthetics: Applications, Design and Construction, A. A. Balkema, Maastricht, The Netherlands, pp. 55 – 70.

Gartung, E. (1995). "German Practice for Landfills," Proc. 1st Landfill Containment Seminar, Glasgow, Scotland, November 28, pp. 8 – 24.

König, D., Kockel, R., and Jessberger, H. L. (1996). "Zur Beurteilung der Standsicherhert und zur Prognose der Setzungen von Mischabfalldeponien," Proc. 12th Nürnberg Deponieseminer, Vol. 75, Eigenverlag LGA, Nürnberg, Germany, pp. 95 – 117.

Mackey, R. E. (1996). "Is Thailand Ready for Lined Landfills ?" Geotechnical Fabrics Report, Vol. 14, No. 7, September, IFAI, pp. 20 – 25.

Mackey, R. E. (1996). "Three End-Uses for Closed Landfills and Their Impacts to the Geosynthetic Design," Proc. GRI-9 Conference on Geosynthetics in Infrastructure Enhancement and Remediation, R. M. Koerner and G. R. Koerner, Eds., GlI Publ., Philadelphia, PA, pp. 226 – 244.

Pinyan, C. (1987). "Sky Mound to Raise from Dump," ENR, June 11, pp. 28 – 29.

Rumer, R., and Mitchell, J. K., Eds. (1996). *Assessment of Barrier Containment Technologies*, Publ. PB96-180583, National Technical Information Services (NTIS), Springfield, VA, 437 pgs.

Schroeder, P. R., Lloyd, C. M., and Zappi, P. A. (1994a). "The Hydrologic Evaluation of Landfill Performance (HELP) Model User's Guide for Version 3," U.S. Environmental Protection Agency, Office of Research and

Development, Washington, DC, EPA/600/R – 94/168a.

Schroeder, P. R., Dozier, T. S., Zappi, P. A., McEnroe, B. M., Sjostrom, J. W., and Peyton, R. L. (1994b). "The Hydrologic Evaluation of Landfill Performance (HELP) Model Engineering Documentation for Version 3," U.S. Environmental Protection Agency, Office of Research and Development, Washington, DC, EPA/600/R-94/168b, 116 pgs.

Spikula, D. (1996). "Subsidence Performance of Landfills: A 7-Year Review," Proc. GRI-10 Conference on Field Performance of Geosynthetics and Geosynthetic Related Systems, Geosynthetic Information Institute, Philadelphia, PA, pp. 237 – 244.

Stief, K. (1996). "Factors For and Against Final Covers in Landfills," Proc. VDI Seminar on Final Covers in Landfills, Karlsruhe, Germany, Oct. 9–10, pp. 1 – 1 to 1 – 18 (in German).

Stief, K. (1986). "The Multibarrier Concept in Landfill Construction," Müll und Abfall 1, pp. 15 – 20 (in German).

TA Abfall: Second General Administrative Provision to the Waste Avoidance and Waste Management Act, Part 1: Technical Instructions on the Storage, Chemical, Physical and Biological Treatment, Incineration and Disposal of Waste Requiring Particular Supervision of 12.3.1991, Müll-Handbuch, E. Schmidt, Berlin, Vol. 1, 0670, pp. 1 – 136 (in German).

TA Siedlungssabfall: Third General Administrative Provision to the Waste Avoidance and Waste Management Act: Technical Instructions on Recycling, Treatment and Storage of Municipal Waste of 14.51993, Müll-Handbuch, E. Schmidt, Berlin, Vol. 1, 0675, pp. 1 – 52 (in German).

U.S. Environmental Protection Agency (EPA) (1981). Workshop Report on Landfill Gas Utilization, Los Angeles, CA.

U.S EPA (1996). *Landfill Bioreactor Design and Operation*, EPA/600/R-95/146, September, 230 pgs.

第2章

最終カバーシステム構成要素各論

　最終カバーシステムの基本的な6つの構成要素を図1.3に示した。本章では，個々の構成要素の各々の，材料の選択と設計について議論している。特定のカバーの設計例は第3章で述べる。

2.1 表　層

　表層の基本機能は，その下の構成要素と地表面環境とを隔離することである。表層として植生土が最も一般的に用いられる材料であるが，植生被覆を維持することが難しい乾燥立地では粗石が用いられてきた。そのほか，天然および合成の材料がときおり使用されてきた。

2.1.1 設計について考慮すべき事項

　設計者は表土層の設計に当たって，少なくとも最も重要な次の7項目の決定を行う。その上に現場固有の条件に基づいて，その他の事項を決定することも必要となる。

1. 表層の施工に供する材料は何か？
2. 表層の厚さをどれくらいにすればよいか？
3. 表層をどのように施工するか？
4. 植生土用にどのような植物を定着させるか？
5. ジオシンセティック侵食防護層を表面に使用するか？

(a)

%勾配 $= \left(\dfrac{V}{H}\right) \times 100\%$

例：33％

(b)

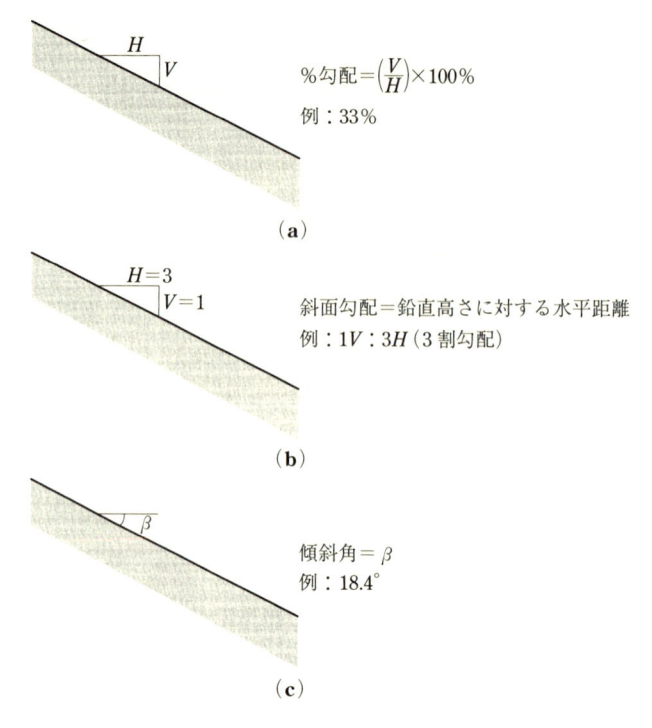

斜面勾配＝鉛直高さに対する水平距離

例：$1V : 3H$（3割勾配）

(c)

傾斜角＝β

例：18.4°

図 2.1　覆土の傾斜を説明するために用いられる定義

6. 表層のメンテナンスをどのようにするか？
7. 侵食が生じるなら，その速さは許容できるのか？

　上記の設計上のいくつかは最終カバーの勾配によって，また，適用される地表水制御対策によっておおいに影響を受ける。地表水の流出を促進するために（沈下を計上した後で）2～5％の勾配を保つことが良好な工学的実践であると考えられる。斜面勾配の定義が図2.1に示される。多くの最終カバーは図2.2に示されるように，頂上で相対的に平らな傾斜区画を有し，側面に急傾斜区画をもっている。侵食の可能性は相対的に急勾配の斜面上で大きい。5％よりも急な勾配の長い均一な斜面上では，地表水の流路を変えることが重要な侵食制御の方法として必要となる実践である。図2.3に示されるこのような流路変換は，一般に，傾斜に対して直角の小段からなり，斜面に沿った面方向流れを遮断する。流れが小段に溜ると，それは斜面滑降水路へ向けら

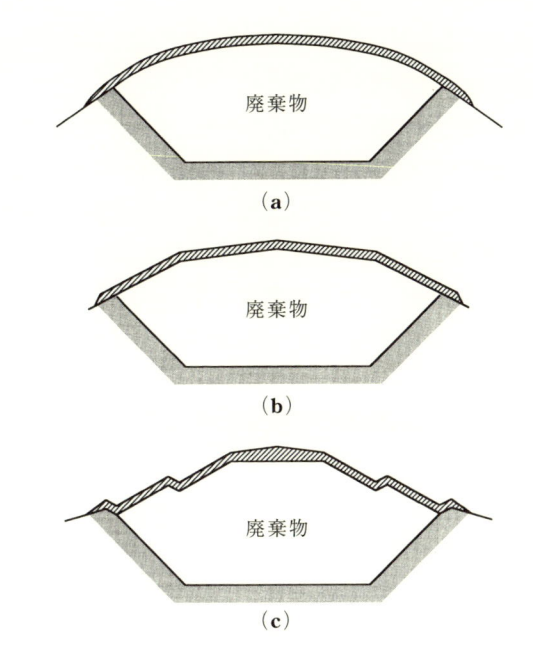

図 2.2 最終カバーの各種の形態

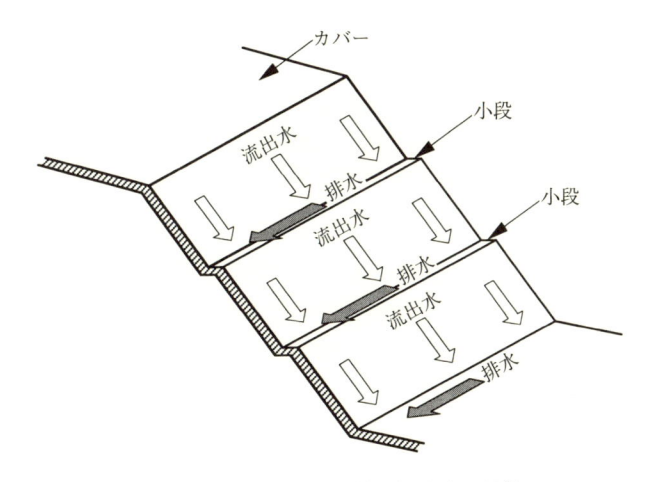

図 2.3 小段施工した定傾斜角斜面をもつ最終カバーからの可能な流出パターンの等測図

れる。この斜面滑降水路は下位の小段に向かって、あるいはカバーから完全に離れて小川、溜池、または下水溝へ水を運ぶ。必要な小段と斜面滑降水路との間隔は、設計雨水流出係数[1] によって支配される。一般に、かなりの降水がある地域では、高度が 10 m ごとか、斜面に沿って 30 m ごとに小段が施工される。しかしながら、これらの距離は現場固有の要因に基づいて決定されなければならず、自由裁量でなされるべきでない。表土表層をもった長大斜面（斜面に沿って約 30〜50 m 以上の長さ）上に小段をまったく設けないことは、著しい侵食条件をつくりだす。侵食は 1 m の深さにも及ぶガリを発現させる雨裂を生じ、2、3 日で何百 m^3 の土が洗い流されることになる.

2.1.1.1 材　料.　土は表層用の卓抜した最汎用材料であるとはいえ、個々の環境下ではその他の材料の可能性もある。

2.1.1.1.1 表 土.　—— 土は工学または農学分類法にて分類される。米国農務省 (USDA = U.S. Department of Agriculture) によって開発された土の農学的分類システムは図2.4 に要約される。土は砂、シルト、粘土の相対量に基づいて分類される。砂、シルトおよび粘土からなる混合物が「ローム, loam」と呼ばれる。

地域植物の生育維持用に好ましい土は、地元で入手可能な土であるが、一般に植物の生育を促進し維持する土は、代表的にローム質の土である（図2.4 参照）。ローム中の砂は、乾燥時の収縮やクラックを防ぎ、良好な排水機能を付与する安定な基質を提供する。細粒分（シルトや粘土）は水分保持のための本質的な構成要素である。したがってローム質の土が総じて理想的である。

表土が適量の有機物や植物栄養素を含んでいれば重宝なことであるが、そうでなかったならば、補助剤（肥料）を添加してやればよい。

表層が 2 種の土質材料——表土と表土下の別の土質——からなっている場合がある。設計と施工のバランス的見地から、単一材料を用いることが簡素であるが、表土が欠乏しているならば、経済的に表土層真下に異なった土を配置することによって表土の所要量を最小化することが求められる。

---

[1] 雨水流出係数 [storm and runoff coefficient]　地表面に降った降雨のうちで、地表で蒸発したり、地中への浸透、くぼ地への貯留、樹木による遮断等されなかったものが水路や河川、下水管渠に流入することを雨水流出といい、降雨量に対する、流出した雨水量の比率を雨水流出係数または単に流出係数という。（土木用語大辞典）

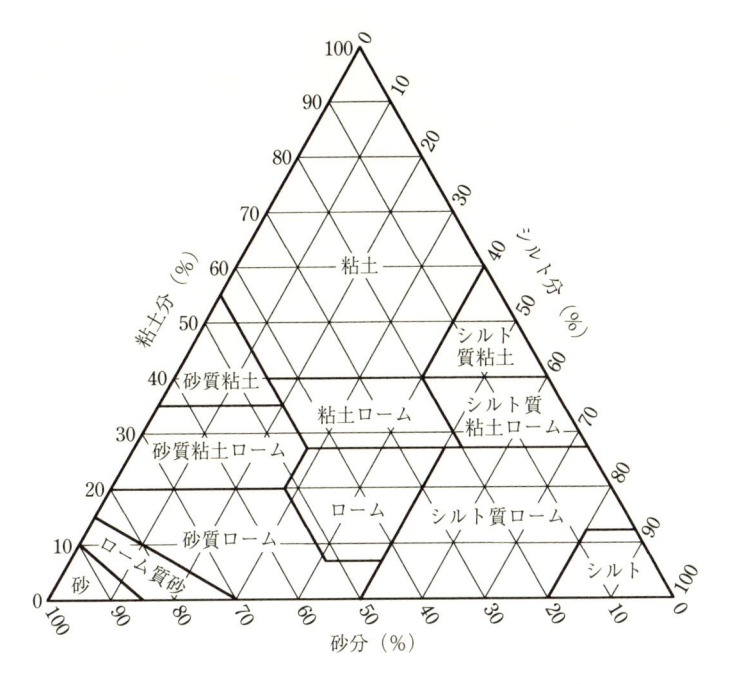

図 2.4 農学の分野での土の分類（米国農務省）

　下層の廃棄物や土の沈下を最小化するために，カバーは軽量であることが求められる場合がある．軽量の農業用土および建築用土が入手可能である．これらの軽量土は，粘土や頁岩をキルン中で（軽量骨材を製造するため）焼成し生成物をふるい分け，所定の粒度にすることによって製造される．

　地域の農業専門家に，表層に供する土の評価について相談すべきである．使用すべき土の種類は播種される植生の種類に依存するであろう．

　侵食を受けやすい土の特性も考慮されなければならない．表層の侵食は，最終カバーの共通の問題となっていた．約 100～200 mm の深さにまで成長するガリはめずらしいものでない．Swope (1975) は米国内の 24 ヶ所の廃棄物処分場カバーを調査し，33 ％が弱侵食，40 ％が中侵食，20 ％以上が強侵食であったと報告している．Johnson と Urie (1985) は，廃棄物処分場カバー内に水理バリアを敷設し，しかもその上に排水層を設けていない場合，上の層の土が浸水する原因となって，侵食がいっそう深刻になりうることを報告した．この現象はとりわけカバーの表面を車両が運行する場合，激しい降雨

の後で流出を増大することとなる。侵食問題は多くの場合，明らかに副次的であって，通常，定形的なメンテナンスによって処理しうるけれども，的確に保護されていない廃棄物処分場カバーから何百 m^3 の土を流出させたという重大な侵食の事例もある。侵食の可能性については十分に考慮されなければならない。

いろいろな土の侵食の可能性が図1.8に要約されている。一般に，個々の土粒子径が大きくなればなるほど，その土は侵食に対して攻撃されにくくなる。しかしながら，粘土は粒子径が小さく，凝集力を発揮する傾向がある。すなわち，粘土は互いに粘結しあって侵食を防止するのを助ける。それにもかかわらず，いくつかのナトリウムに富んだ粘土は互いに粘結し合うことがなく，それゆえに受食性が高い。このような粘土は「分散性粘土」と呼ばれる。シルトは微小粒子径を有するが粘結力に欠ける。したがってシルトのほとんどは受食性が高い。分散性粘土ならびにシルトは，侵食が問題にならないことが明らかに立証されないのであれば，表層に使用すべきでない。侵食速度の解析は本章で後述する。

2.1.1.1.2 粗　石. —— 乾燥地帯では，表層に堅実な植生を定着させ，かつ，維持することがきわめて困難である。活力のある植生なしに土を用いる場合，風，水あるいは両者からの著しい侵食に対して脆弱である。乾燥地帯における解決方法は礫あるいは粗石で表面を覆うことであり，「被覆石」と称される。

被覆石に用いられるべき石材は地域的に入手可能な石材である。土木工事プロジェクトにおいて，被覆石はそのプロジェクトに用いられる最も費用のかさむ材料となることが多い。これはきれいな礫や粗石の供給源が限られていて，多くの場合，岩石から採石されなばならないためである。したがって，被覆石が表層として選定されるに先立って材料コストが決められなければならない。

水に接する斜面上の被覆石の平均重量を求める伝統的な設計方法はHudson (1959) によって与えられている。

$$W = \frac{\gamma_s H^3 \tan\alpha}{\lambda_D (G_s - 1)^3} \tag{2.1}$$

ここに

$W =$ 石の平均重量

$H =$ 波高

$\alpha =$ 傾斜角

$\lambda_D = 2.73$（代表的に）

$G_s =$ 石の比重

$\gamma_s =$ 石の単位体積重量

また
$$D = \sqrt[3]{0.699\,W} \qquad (2.2)$$

ここに

$D =$ 平均直径（m）

$W =$ 石の質量（トン，$1\,000$ kg）

　式 (2.1) は波が被覆石を襲うような斜面設計に対して適用できる。最終カバーが波に襲われることはめったにないが，式 (2.1) に伴った経験は広範囲に及んでいるので，それも考慮されなければならない。たとえば，$1V : 3H$ 斜面について，もしも波高が約 0.305 m で $G_s = 2.7$ であれば，求められた石の平均質量は約 2 kg である。代りに図1.8 を参照できる。たとえば，水の速度が 0.5 m/s であるならば，水食を防ぐための最小粒子径は約 10 mm である。さらに，比較しうるような類似の斜面の被覆石に関する地方特有の経験情報が得られるのであれば，経験的な取り組みも有用である。

　被覆石による表層の設置に伴う問題の1つとして，最終カバーシステムの水収支に好ましくない影響を与えることがあげられる。この被覆石設置は，水分の一方通行の移動を許す。すなわち，降水は被覆石を通過して下方に浸透するが，下層土から水分を除去して大気中に蒸発還元させる植物が存在しないため，水分の蒸発が促進されないのである。このように挙動する粒状体の性質は，裸の土壌にマルチ[2] を用いている庭師によって利用されている。マルチは水分を下の土に向かって下方に浸透することを許すけれども，土からの水分の蒸発損失に対しては盾となって防御する。

　礫による表層カバーは，礫の真下に水分の貯留を許すこと（Kemperら1994）

---

[2] マルチ [mulching]　播種，植栽物の養生方法の1つ。土壌水分の蒸発抑制，地温保持，雑草侵入抑制，土壌侵食防止等を目的として根元まわりの土壌表面を覆う方法をいう。目的に合わせ，ワラ，落葉，樹皮，砕石，ポリエチレンフィルム，不織布，紙，板等の材料を使用する。（土木用語大辞典）

と，深部排水を促進することが知られている（Geeら1992）。ワシントン州ハンフォートで開発されたシルト－礫混合材のような微粒と粗粒からなる混合材（LigotkeとKlopfer 1990）は，好ましい水収支を保持すると同時に，侵食を抑制する手段を提供できる。シルト－礫混合材についていえば，風食が表面のシルトの薄層を除去するが，礫粒子は風によって侵食されるには大きすぎるのである。シルトが侵食されるのは表面からせいぜい1～2cmの深さまでであり，その下には乱されていないシルト－礫混合材が残留する（いわゆる砂漠舗石，desert pavement，である）。シルトは植物の生育を下支えし（礫は植物の生育を妨げない），表面に自然に残る薄い礫層が風食を停止させる。シルト－礫混合材は放射性汚染物質廃棄物処分場の最終カバーに使用されている（WingとGee 1994）が，水食が無関係な比較的平坦な地域に限定されていた。ロック（岩石）被覆材が急勾配の側斜面に用いられている。

2.1.1.1.3 アスファルトコンクリート．

—— 混合作業や使用にあたって気孔を排除することに特別な注意が払われなければ，アスファルトはきわめて高い透水性をもつ（Repaら1987）。低い透水性を達成するためには，道路舗装に用いられる量よりも，もっと多量のアスファルトが使用される（通常の1.5～2.0倍）。著者らは表層にアスファルトコンクリートが使用された3事例のカバーシステムを知っている。第1の使用例は，放射線で汚染された現場を閉鎖するために用いられた。この最終カバーシステムは，ジオメンブレン/粘土の複合水理バリア層，排水砂層，および保護土層からなっていた。1haの現場は平地に建つオフィスビルに隣接しており，最終カバーを舗装して駐車場として活用することが決定された。第2の使用例は，メンテナンス車両のため舗装区画が必要となった廃棄物処分場であった。第3のプロジェクトは，侵食を最小化するか排除することに特別な懸念があったスーパーファンド修復プロジェクトの現場であった。後の2つの事例では，アスファルトは透水係数1×10^{-7} cm/s以下とするため通常よりも高含量アスファルトを含んだ「水理アスファルト，hydraulic asphalt」とされた。

しかしながら，著者らは表層で低透水性アスファルトコンクリートを永久的に使用することを推奨しない。アスファルトは紫外線（UV）照射と酸素に曝露される結果，劣化する。もしアスファルトが水理バリアとして使用されるのであれば，地表に露出させないで保護層の下に埋設するか，あるいは地

表に敷設するのであれば，あくまで仮設の水理バリア層として考えるべきである。

2.1.1.1.4 その他の材料．—— 実用的にどんな材料も，幾種かの建設廃材を含めて，表層に材料として利用できる可能性がある。しかしながら，土あるいは被覆石以外のなにかを考えるのであれば，そのような特殊材料を利用することの特別な要望，あるいは動機といったものがあるのが普通であり，これらの特殊事情が設計者に知らされるであろう。代替材料は，安全，安定で，しかも最終カバーの性能目的を満足するかどうかが考慮されなければならない。

2.1.1.2 厚　さ．表層の最小厚さは通常の施工許容誤差によって確立される。土工機械を用いて約 150 mm よりも薄い層を施工しようとすることは，一般に現実的でない。表土が用いられるのであれば，それは植物の健全な成育を配慮した十分な厚さでなければならない。牧草のような浅根性植物に対しては，150 mm 厚さの表土層が一般に適当な定着深さを提供する。したがって，表土はほとんど常に 150 mm の最小厚さを必要とする。

表層の設計厚さは多くの要因に依存して 150 mm よりも大きくされることがある。もし，150 mm よりも深く貫入する根をもった植物をカバーに定着させるのであれば，植物の成長に適した土層の厚さが推奨される。下の保護層（もしあれば）も植物根を受け入れることができる場合は，150 mm を表層の必要厚さとしてよい。多くの場合，表層と保護層は同一種の材料が用いられ，1 つの層をもう 1 つの層から区別することは困難である。このような場合には，2 つの層をまとめて「覆土」または「カバー材」ということもできる。もしも，表層と保護層が覆土にまとめられるなら，覆土の最小厚さは必要な植物の根の深さによって決めることができる。覆土の代表的厚さは 450～600 mm である。

もし，被覆石あるいはその他の粒材が表層に用いられるならば，一般に，層厚は最小 150 mm あるいは被覆石の最大粒径のいずれかの大きい方となる。もしもアスファルトコンクリートが表層に用いられるのであれば，最小厚さは車両荷重に対する解析から決定されるが，通常は 75～150 mm の範囲になるであろう。

2.1.1.3 施　工.　表層の施工は簡単である。表土が使用されるのであれば，締固めは名ばかりの程度であって，たとえ締固めを行うとしても，最大でも植物が成育できる緩やかなものである。ロック被覆材は，通常，ほとんど締固めなしで緩く配置される。礫－ソイル混合材はある程度の締固めが求められるが，重締固めは必要もなく要求もされない。アスファルトコンクリートが表層として使用されるのであれば，通常の道路建設用機械が使用される。

2.1.1.4 植生の定着.　植物の種類の選定は，植物が表層の上部構成要素として選定される場合には，植生の定着にかかわる重要な検討事項である。潅木（低木）や樹木（高木）の利用は，低透水性の土であるならば，排水層，あるいはバリア層に侵害する深さまで根の組織が伸びるから一般に不適当である。また，樹木は暴風に吹かれると多量の土を根こそぎにしてしまうような問題を生み出す。

　たいていのカバーシステムでは牧草が播種される。牧草や背丈の低い植物のような望ましい植物種群がさまざまな気象条件に対して有効である。播種の時機も，また，植生を定着させる上で大切である。いくつかの文献が選定基準の要点を述べている（Lee ら 1984, Thornburg 1979, Wright 1976）。これらの文献は植物の種類，播種比率，播種の季節，および適用地域について必須の情報を提供している。植生表層は下記の項目を満たさなければならない。

- 地域に適合した多年生植物からなっていること。
- 異常日照や温度に対して抵抗性があること。
- 根が排水層やバリア層を損傷しないこと。
- 最小の栄養素の添加と低栄養土中で繁茂できること。
- 覆土の侵食を最小化するため十分な植物密度を発達させうること。
- メンテナンスがほとんどなくても生き残って機能できること。

　環境その他の考慮すべき条件が，十分に密生した植生の維持を不適当にするような廃棄物処分場の状況では，表層のために装着材が必要になる。下記の明細を可能とする装着材が推奨される。

- 装着材自体が現場に停留し，降雨や風の厳しい気象現象に対し，それ自

体ならびに下層土構成要素の侵食を最小化すること。
- 構成要素の目的を損なわずに，下部材料の沈下に追随すること。
- カバーからの土壌侵食の速さを許容水準に抑制すること（後に説明する汎用土壌流亡式を用いた計算で代表的に 4.5×10^3 kg/ha/yr 以下）。

表土層の厚さは，気候，カバーに成育されるべき植物種，および使用されるべき土を含めて多くの現場特有の要因に依存する。最低条件として，表層は少なくとも 150 mm の厚さでなければならない。なぜならばこの厚さは，ほとんどの植物種の根が貫入する代表的な最小深さであるからである。追加の推奨事項は次のとおりである。

- 種子の発芽と植物根の発育を促進するための中肌理土 (medium textured soil)（たとえばローム）。
- 根の発育を促進するための土の最小締固め。
- 水の流出を促進し同時に侵食を最小化するため，許容沈下や沈没の後，最終頂部勾配は少なくとも 3 ％，ただし 5 ％をこえないこと。

良好な生育媒体をつくることがわかっている地元の土が一般には選定される。粒径が大きすぎる粗粒土（たとえば，きれいな砂）は渇水期を通じて水分がほとんど保留されなくなり，表面植生の維持が危うくなるから，このような土を選定しないように注意すべきである。

ジオシンセティックスや天然の侵食防護材，表土と下水スラッジなどの添加物との混合材料など，表土層には多くの材料が利用される。代替材の利用は，通常の材料と同等あるいはより優れた性能を発揮することが立証されうる場合に推奨される。

2.1.2 侵食について考慮すべき事項

著しい侵食が多くの廃棄物処分場最終カバーにおいて重要な問題となっていた。設計は短期間の，たとえば植生が良好になるまでの侵食のポテンシャルを考慮しなければならず，一時的な侵食制御の施策の使用を図ることが必要となる。侵食は最終カバーだけでなく，侵食された土が堆積される区域にも損害を与える。最終カバーに植え付けられる牧草の生育シーズンと，最終

カバーシステム施工の終了時機との関係がきわめて重要である。年間のある時期には，植生カバーの生育を開始することが不可能になる場合がある。多くの場合，生育シーズンの終わりに施工が完了し，植生が定着するまでに何ヶ月も過ぎてしまう。このような場合にジオシンセティックスや天然の侵食防護材が推奨される。不幸にも，ジオシンセティック侵食防護材が予算に含まれないがゆえに用いられなかったため，重大な侵食問題をひき起こし修復が必要となった例もある。一時的な侵食防護を考慮することを怠れば，それは全体的な手落ちとなる。

シルトフェンスが，道路や小川に及ぼす堆積物の影響を最小化するために廃棄物処分場カバーの斜面先に配置されることがある。シルトフェンスは隣接区域への侵食のインパクトを最小化しようとするものであり，それ自体が侵食を防止するための適切な予防的施策ではない。また，放棄されたゴミ捨場におけるカバーシステム，および新設の廃棄物処分場でさえも，ガス通気口からガス収集ができるようにキャップ表面にガス収集パイプが配置されることがある。これらのパイプは特定の場所に表面流出の水路をつくることになり，そこで雨裂やガリ侵食が始まることになる。このような場合には，さらなる侵食防護策，たとえばジオシンセティックスや天然の侵食防護材料が必要となることがある。

長期間の侵食は表層の設計において考慮すべき重要事項である。プロジェクト固有の基準に基づいて土壌侵食の許容速さを決めることが適切であるが，ほとんどの設計者は，侵食速さが 5.5×10^3 kg/ha/yr をこえないという一般的ガイドラインに従っている。短期および長期侵食を制御するためには，一般に最終斜面に表面水捕集と水路変換の機能をもった小段が必要である（図2.3 参照）。流水による侵食が最小となるよう設計された斜面滑降水路に表流水を導くことにより，小段についても適切な侵食防護が維持されなければならない。降水パターンは地域によって大きく異なるから，小段間の距離は標準化されていない。しかしながら無保護の最終カバーあるいは斜面で，侵食が日常的に経験されてきた地域では，鉛直に 10 m ごと，あるいは斜面に沿って 30 m ごとに小段を設けることが共通の設計の実践となる。

侵食による土壌流亡に対して最もよく使用されているモデルは汎用土壌流亡式（USLE = Universal Soil Loss Equation）である。この式は次のとおり

である。

$$E = RK(LS)CP \tag{2.3}$$

ここに
E = 土壌損失（用いられる定数によって tons/acre/yr または tons/km^2/yr）
R = 降水係数（無次元）
K = 土の受食性係数（無次元）
LS = 斜面長または勾配係数（無次元）
C = 植生カバー係数（無次元）
P = 保存実務係数（無次元）

以上の係数はチャートと表によって示されている (Wischmeier と Smith 1960 を参照されたい)。

上式には多くの制約がある。たとえば，雨裂またはガリ型の流出水，局所的な現場，急勾配，季節的変動，あるいは短期の洪水などから侵食を予測することには適用できない。この式は広域，たとえば大規模な農用地からの土壌流亡の予測には有用だが，現場特有の土壌流亡を数量化するための有意義な指標を与えるものではない。このため，侵食による点源土壌流亡に対して，この式を修正するための多くの研究が現在なされている。

傾斜地形では，最終カバー上での地表水の表面流を防ぐために，必要ならば分水路構造物が設置されなければならない。

雨水が溜らないよう，最終表面は沈下や沈没の許容後に，少なくとも3％の一様な斜面勾配としなければならない。しかしながら5％以上の勾配とした場合は，設計に侵食防護対策がなければ侵食を促進しやすくなる。

2.1.3　植生の選抜

最上層の上側の構成要素として植生が選ばれる場合，植生が定着するように植物種を選定することが重要事項となる。潅木や樹木は，排水層あるいは低透水層を侵害するような深さまで植物根組織が成長するから概して不適当である。また，樹木が暴風に襲われると大量の土を根こそぎにするような問題を生じる。牧草や背丈の低い植物のような適した植物が，地方の環境に合わせて選定されなければならない。植生の定着を成功させるために播種の時

期もまた重要である。いくつかの文献が選定基準の要点を述べている（Leeら 1984; Thornburg 1979; Wright 1976）。これらの文献は，植物の種類，播種比，播種時期ならびに適合地域について必要な情報を提供している。

2.1.4 表面装着

植生を定着維持することが不適当あるいは困難な地域では，最上層の上側の構成要素に植生以外の材料を選ぶことができる。植生に頼ることなく，風や豪雨，あるいは極端な温度変化による覆土の劣化を防ぐ目的で材料を選定しなければならない。カバーの侵食を防止しつつ表面排水を可能にする材料を選ぶべきである。

植生に代わって，ロック被覆材，粗石，および多様なデザインのコンクリートブロックなど数種の材料が提案されており，いくつかの事例で使用されてきた。流出水を促進することが主目的であれば，アスファルト，コンクリート，あるいはコンクリート充填した特殊侵食防護材が使用できるが，それらは，たとえば温度の影響や沈下変形に伴う亀裂発生によって劣化されやすく，結果的に長期性能に対する懸念を生み出すこととなる。

2.1.5 メンテナンス

最終カバー表面のメンテナンス自体は明らかに簡単なことであるけれども，閉鎖後とりわけ閉鎖後の責任期限の完了後にも首尾一貫して行うことは難しい。

植生のない乾燥地帯では，状態観察が侵食徴候の視覚調査の1つとなる。雨裂やガリ侵食は容易に観察できるが，風食は面状侵食となることが多く，観察はいっそう微妙となる。おそらく風下への土の堆積が最良の指標である。

最終カバー上に十分な植生を伴った多湿地域では，評価がいっそう困難である。最低でも植生の高さが雨裂やガリ侵食を観察でき，補修できるように管理されなければならない。このため牧草や雑草を定期的に刈り込むことが必要となる。樹木は小さくとも根の組織が成長しないように，そして保護層真下の排水層を直撃しないように切り取らねばならない。

もしも最終カバーが営利的なやり方で利用されるのであれば，メンテナンス上の種々の問題は，土地利用計画のなかに織り込むことができる。もしも

そうでなかったならば（それが普通であるが），不断の用心が求められ，必要とされるときには処置がとられなければならない。

2.2 保護層

保護層は表層下に直接配置され，場合によっては表層と一緒にすることができる。以下の論説で保護層は独立層として取り扱われている。

2.2.1 一般的に考慮すべき事項

保護層は表層の下に敷設され，それより下の構成要素を保護することと，表層を通過浸透した水を蓄えることの両方の役割をもつ。カバーのほとんどは保護層をもっているが，そうでないものもある。保護層がない場合は，表層を排水層あるいはバリア層上に直接配置してもよい。この設計のやり方は，たいていの場合，侵食性ガリが表層（もしもそれが比較的薄ければ）を切り裂いて下の層を曝露することになるから適切な方法とはいえない。ジオシンセティックスなど多くの材料は長期曝露によって損傷を受けるであろう。たとえば，有害廃棄物のための最終カバーシステムを通過する浸透を最小化することが求められるのであれば，通常，保護層が必要となる。カバーの設計上，植生表層を要求するのであれば，保護層は侵食を最小化する植物種の成育を恒常的に持続することができなければならない。

保護層の所要厚さは，保護されるべきものが何であるか，およびどの程度の保護が必要なのかによって決まる。植生表層の下に敷設するのであれば，保護層は下記を満たすべく，適当な厚さをもたなければならない。

- 表層で成長が予想される植物根組織を受け入れられること。
- カバーシステム中の下の構成要素中に植物根が貫入するのを最小化すること。
- たいていの地方で，排水層への雨水の浸透を減衰させるためと，乾季に植生を持続させるための十分な保水容量をもつこと。
- 穿孔動物から最終カバーシステムの下にある構成要素の損傷を防止すること。
- 必要に応じて乾燥−湿潤および凍結−融解サイクルの影響によって起

こりうる損傷から下の構成要素を保護すること。
- 予想される長期侵食による土壌流失を許すだけの十分な厚さの土を提供すること。

植物根あるいは穿孔動物（まとめて侵入生物，biointruder，と記述）は，排水層やバリア層の無欠性を崩壊しうる。排水層は特に植物根の侵入を許しやすく，その材料の排水能を損なう。植物の侵入によるジオメンブレン貫入の危険性は検証されていないし，ほとんどのジオメンブレン材料に関して起こりそうもないと考えられている[3]。穿孔動物は実際にその脅威が存在するならジオメンブレンにとって大きな脅威となりうるし，ジオメンブレンがない場合は，低透水性の土の層（GCL または CCL）は，植物根や動物の侵入の両方にさらされることになる。

2.2.2 材　料

その地域で入手可能かどうかによって，さまざまな種類の土質材料が用いられている。ロームのような中粒土は，種子発芽ならびに植物根組織の発育に対して最良の全般的な特性を有している。粘土のような細粒土のほとんどは肥沃性であるが，雨期の間，表面に泥濘をつくったり，植物被覆の初期定着が難しかったりなど，取扱いの点で悩まされることがある。砂質土は保水性が低く，栄養分が溶脱されやすいという問題がある。土取場から最初に取り除いた表土を備蓄しておき，後で表層材料として使用することは費用効果をもたらす。

その他の材料，たとえば粗石は，次節で述べるような特殊な適用が必要ならば，保護層の中で利用できる。

2.2.3 厚　さ

保護層の最小必要厚さはさまざまな現場特有の要因に依存する。それらは

- 植生の成育を持続する必要性。

---

[3] 植物根がジオメンブレンを貫入しうることが Manassero ら（2000）により示されている。Manassero, M., Benson, C.H., and Bouazza, A. (2000): Solid waste containment systems, GeoEng2000, Technomic Publishing Company, Inc. Vol. 1, pp. 520–642.

- 凍結侵入の最大深さ。
- 保護層中の保水の必要性。
- 下の材料へ，人が偶然に接触することや，穿孔動物による侵入，あるいは植物根の貫入を防ぐ必要性。
- 下の層を乾燥から保護する必要性。
- 特定の廃棄物に対する固有な防御の必要性（たとえば廃棄物が放射性であれば，放射能を減衰させること）。

2.2.3.1 植生の生育維持. 植生の生育維持のためには，渇水期中でも土に適量の水分を保留しなければならない。保護層材料として砂質土の利用は危険になることがある——砂質土は乾燥して，植物の生育を維持するのに必要十分な水を含有しえなくなる。牧草の生育に適量な土壌水分を保持するために，保守管理者がカバー表面に潅水しなければならなかったほどに，表面土壌が乾燥したという報告がある（植生被覆からなる閉鎖後メンテナンスが当該施設を許可する上で要求されていた）。カバーの目的が，下層にある廃棄物内へ水が浸透するのを阻止したり厳しく制限したりすることであるから，カバー表面への潅水は，避けられるならば避けた方がよい。保護層真下の排水層は，保護層を排水して乾燥するのを助長する働きをし，この問題を起こりやすくする。この問題に対する解決策としては，渇水期でも植物の生育に十分な水分を保持できるよう保護層に適量のシルト分と粘土分をもった土を用いることであり，ロームが推奨される。

2.2.3.2 凍結侵入. 下位層が凍結しないように保護層が設計されることがある。後で述べるとおり，凍結－融解サイクルはたいていの締固め粘土材料を劣化させる。したがって締固め粘土ライナーは，通常，最大凍結侵入深さよりも下に配置される。排水層も（もしもそれが存在するならば）凍結から防御することが賢明であろう。多くの最終カバーシステムのなかで，排水層の主要な機能は，間隙水圧を消散させ斜面不安定性を増大させないことである。排水層によって斜面から排水することにより斜面の安定性が高められる。排水が斜面の安定化に及ぼす影響は劇的であり，安全率に顕著な差をもたらしている（すなわち，排水が制御されるか否かによって安全率が倍増す

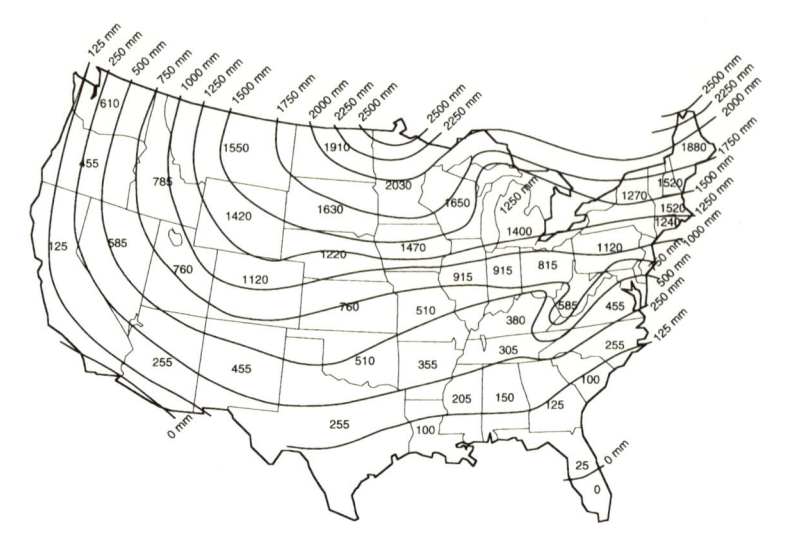

図 2.5 米大陸部における最大凍結深さの等深線 (mm) と州平均値 (mm)
(U.S. Department of Commerce Weather Bureau Data より)

るか半減する)。もし排水層が凍結するならば，年間のある期間にその機能を失うことになる。融解の期間中，排水層の機能が適正で，そして保護層が要求される保護を満足する十分な厚さであることが特に重要となる。

凍結侵入の深さを見積もるためにいくつかの技術が役立っている。1つの方法は，標準凍結侵入地図（図2.5参照）を利用することである。ときには地域の経験も利用され，同じくコンピューターシミュレーションも用いられる。

2.2.3.3 水の貯留. 最終カバーシステムの表面と接触する天水のほとんどは下層土中に浸透し，そしてそこで毛管力によって保持される。この水の大部分は最終的には蒸発散される。最終カバーシステム中の地表面に近いところの土は，十分な水分を保持しうることが重要である。そうすれば水分は保持され，後ほど（天候や植生の条件が適したときに）蒸発散によって大気中に還元されるからである。

土の中の細粒分が多くなればなるほど水分の保持容量は大きくなる。しかしながら，粘性土は砂質分の多い土よりも作業性が悪く，また，粘土は乾燥

亀裂を生じて水を通しやすくするため，通常は保護層には使用されない。ただし，テキサス州・メキシコ湾沿岸のような地域では，地表近くに可塑性粘土以外になにも存在していない。このような場合では，重粘土[4]の利用以外に実用的な代替策がないであろう。もし入手可能ならば，ローム質の土が良好な保水性と作業性，乾燥割れ抵抗のある最良の土である。

2.2.3.4 偶発的な人の侵入． 一般廃棄物，有害廃棄物，あるいは修復活動が求められる放棄されたゴミ捨場に対して偶発的な人の侵入は，一般に設計要件にはなっていない。偶発的な人の侵入が必須の設計要件であった唯一の廃棄物は放射性廃棄物である。放射性廃棄物が，偶発的な人の侵入を設計要件とした唯一の廃棄物とされた理由は明らかでない。一般廃棄物あるいは有害廃棄物への人の侵入も，侵入者にとってきわめて危険（致命的な可能性も）でありうる。おそらく，核廃棄物にかかわる懸念は，健康に及ぼす影響の症候が侵入者にすぐに発症しない——放射線被曝による健康上の悪影響が，多くの場合に慢性的であり多年にわたって表面化することがなく，ある種の人体あるいは動物体組織が生物蓄積因子たとえば骨組織内蓄積を有する——ためであろう。さらに，正しいか正しくないかは別にして，人類が放射性廃棄物に対して他の廃棄物よりもいっそう大きな恐怖をもつ傾向があることである。

人の侵入を考えたとき，主要な懸念は，地中にパイプラインを埋設するためのルーチン化された掘削や，家屋の地下室のための掘削など偶発的である。これらのようなルーチン化された掘削を考慮して，カバーは約 5 m またはそれ以上に厚くされることがある。

2.2.3.5 穿孔動物． 放射性廃棄物の穿孔動物全般に関する高い懸念のために，いくつかの可能なシナリオが考え出された。たとえば Sutter ら (1993) は穿孔動物が最終カバーに及ぼしうる影響を次のように要約している。

- 穿孔動物はカバーを通過して巣穴をつくり，水，蒸気，植物根やその他

---

[4] 重粘土 [heavy clay; heavy clay soil]　強く硬く団結していて，掘削が容易でない粘土分の多い土壌。重粘土の排水不良農地の対策として，暗渠排水，砂客土，下層土破砕耕等が実施されている。（土木用語大辞典）

- 動物のための直接的な通路をつくる結果となる。
- 穿孔動物が廃棄物に侵入しないとしても，巣穴は土壌の間隙率を増大し，それによって浸透速度を高める。
- 逆に，自然換気用の巣穴をつくり，それが土を乾燥させ水の浸透を減少させる。
- 動物は外部的に汚れたり廃棄物を消費したりして，それによって糞尿や体内に廃棄物を広げ，また廃棄物の分解を促進する。
- 穿孔動物は土掘りを通じて地表に廃棄物を直接運び出す。
- 穿孔動物は土を耕し種子を運搬することによって，カバーに深根性植物の定着を早める。
- 穿孔動物は土を掘り起こし，それによってカバーの侵食を増大する。

Cline (1979) ならびに Hokanson (1986) による研究は，穿孔動物の通路に配置される物体が粗石のように十分に大きく，あるいは密に充填されるならば，穿孔動物による穿孔の進行が効果的に阻止されることを見出した。

放射性廃棄物中の巣穴が原因で，地表に放射能が拡散された事例があったことから，穿孔動物を阻止させる物理バリアが放射性物質で汚染された区域を閉鎖するに当たって検討された。残念ながら，廃棄物処分場の条件で生物バリアの有効性を証明するのに役立つフルスケールの適用例はなく，設計指針の確立の助けとなるものさえもない。したがって，このようなバリアの設計は小規模な現場経験の結果に頼らざるをえない。粗石からなるバリア層を用いた実験が，乾燥地あるいは半乾燥地において，そのような生育環境に適した植物を用いて遂行された (Cline 1979, Cline ら 1982)。いくつかの研究では，900 mm の粗石層，または 750 mm の粗石層上に 150 mm の礫層を設けることが，いくつかの深根性植物根の侵入を阻止することに有効なことを示している (DePoorter 1982)。このような材料とその厚さは穿孔動物の侵入を阻止するのにも有効である。生物バリア層は，表層の土構成要素の下に，濾過・分離層として機能するジオテキスタイルによって分離されて直接配置される。

2.2.3.6 植物根の侵入. さまざまの植物が異なった深さにまで侵入する

根組織を発達させる。浅根性の草の根組織は，地中に 100～150 mm よりも浅いところまで根を侵入する。深根性の根組織をもった草は 300～500 mm の深さまで侵入する根を有する。潅木（低木）の根組織は 1 m 以上の深さまで侵入することができる。樹木（高木）も地表下に何 m も深く侵入することができる根組織を有し，地盤は定期的なメンテナンスによって保護されなければならない。

気候や土質材料も根の侵入深さにおおいに影響を及ぼす。根は一般に水分を含んでいる土を捜し出す。一般則として，根は乾燥土中へは侵入しえない。粗粒土（たとえば礫）の上層に細粒土をもった土を側面から描いてみると，根は比較的湿った細粒土中にとどまり，乾燥している限り粗粒土の中へは侵入しえないであろう。もし粗粒土が浸水されると，根はこの粗粒土中に水分を求めるようになる。

植生が表層に植え付けられるのであれば，表層と保護層の合計厚さが，植物の生育を助長するのに十分でなければならない。理論的には，浅根性の草に対しては 150 mm の合計厚さで十分であろう。しかしながら時間が経つと，深根性の草が定着することは避けられないことが多く，植生を十分に助長するためには 150 mm は薄すぎると考えられる。一般に，表層と保護層の合計厚さは，ほとんどの環境で 450～600 mm である。しかしながら，この厚さは，土，植物，および気候の地域性に基づいて決定されるべきである。

Sutter ら（1993）は植物根が与えうる損傷として以下のように要約している。

- 植物根はバリア層をも侵入する。
- 腐敗した根は水と水蒸気の移動通路を残す。
- 植物根は粘土層を乾燥させ，収縮とクラッキングを生じる原因となる。
- 根こそぎとなった樹木は，キャップに陥没をもたらす。
- 植物根は廃棄物に侵入し，廃棄物成分の化学物質を吸収し，上方の地盤構成要素へ輸送する。
- 植物根は，分解速度を増大させたり，そして金属を移動性にしたりする化学物質を放出することによって，廃棄物を変性することができる。
- 植物は水を吸収することによって浸出（抽出）を減少させうる。

Sutterら (1993) は，さらにこれらの起こりうる問題を含む多くの事例を示している。

Hokanson (1986) は，石からなる層内の大きな間隙空間は，水と栄養素が不足しており，植物根の侵入を減少させたことを見出した。一方，非常に粗大な土質材料からなる層は，少なくとも乾燥地帯において水分の下方への浸透を妨げ，最上部の土層中に水分が残留するのを助けることによって草の生育に好都合となりうる。

Clineら (1982) もまた，保護土層内に配置されたジオテキスタイルの中や，表面に含浸させた数種の植物毒素の有効性を試験した。それらのうちいくつかが，ほかに悪影響を及ぼすことなしに，植物根生長の下方への進行を阻止することに有効であるという目標を達成した。何種かの植物毒素については，植物根がジオテキスタイルに到達したときに植物は枯死したが，それ以外の植物毒素では影響がなかった。いうまでもなく，起こりうる環境悪影響が回避されるよう，化学的な生物バリアは注意深く選ばれなければならない。

殺草薬を徐放するのに用いられる高分子除草剤キャリヤー/放出システムは，Clineら (1982) が示すように，そのシステムの下方への根の侵入を阻止する目的で，排水層の真上の保護層内に組み込まれる。このシステムは除草剤が多年にわたってゆっくりと放出されるように設計されている。しかしながら，規制当局は，有害廃棄物を導入するかもしれないこと，あるいは閉鎖後の期間には効果が持続しえないであろうことを理由に，この代替案を承認しないであろうと考えられる。

乾燥した粒状材（たとえば礫や石）からなる層は，特にその上に存在する層がより多量の水を保持しうる細粒土で構成されるならば，植物根の下方への進行を妨げるのに役立つであろう。乾燥気候の地帯では，このようなやりかたが植物根を保水性の細粒土中にとどめておくのにきわめて効果的となる。

2.2.3.7 下の層の乾燥. 保護層はそれより下の層を乾燥から保護するために設計される。しかしながら，水理バリア層にジオメンブレンを使用しない場合は，相当な厚さの保護層によっても下の層を乾燥から保護することは難しくなる。ジオメンブレンは，水ならびに水蒸気の移動に対してきわめて

効果的なバリアとなり，かつ，下の土を乾燥から保護するための，ずば抜けて最も効果的な方法である。吹き付けアスファルトのような他のバリア材も使用できるが，ジオメンブレンが，液体とガスの移動に対する薄くて柔軟性のあるバリアとしてほぼ独占的に用いられている。

厳しい乾燥は1mの深さまで，いやおそらくそれ以上に深いところまで及ぶことが経験的に示されている。現場での乾燥状況に関しては，約5年間に及ぶ調査が唯一の情報である。それよりも長い期間にわたると，下の土を乾燥から保護するという課題は，時間の経過とともに極端な気象現象が発生する可能性が増えるため，かえっていっそう困難となるであろう。実際にジオメンブレンあるいは類似の水蒸気バリアを使用しない場合，どれくらいの深さの保護層が必要なのか，われわれにはわからない。さらに場所によって，所要深さが大きく異なることは疑いようがないが，情報不足のために慎重な取扱いがすすめられる。たいていの状況の下でジオメンブレンがない場合，季節的乾燥から下の層を保護するためには，少なくとも2mの厚さ，たぶん5mほどの厚さであるべきであろうと思われる。とはいえ，このような保護を提供することが望まれるのであれば，的確な覆土（第3章参照）と一体化されたバリア層中のジオメンブレンが，下位材料の乾燥の可能性を最小化する最良の方法であることが強調される。

2.2.3.8 放射能防御. 放射性廃棄物のなかにはガスの形でラドンを放出するものがある。環境へのラドンの放出を最小化するために，ラドンに対するバリアとしてキャップを設計するのが望ましい。ラドンは気体であるから，設計目標は地表へガスの放出を制限することである。したがってガスバリアが必要である。

ジオメンブレンはガス放出に対する優れたバリアとなるが，多くの設計者はジオメンブレンのサービスライフが不的確であろうという不安のために，放射性廃棄物用のカバーにジオメンブレンを組み込むことをためらってきた。著者らの見解ではこれは間違いである。ジオメンブレンは永久的には耐えられないであろうけれども，材料の適切な選択と適正な処方が，何百年にも耐えるジオメンブレンをもたらすことになり，その上，ジオメンブレンのコストは非常に低いから，ラドンガスの抑制にきわめて費用対効果のある方法と

なるのである。
　ジオメンブレンを敷設する代わりに，天然土壌が理論的に無限のサービスライフをもっているという理由で，設計者は天然土をより重要視してきた。しかしながら，土がガス拡散に対するバリアになるためには，空気が充満した間隙（「吸蔵」ソイルエアという）が断絶されていなければならない。ガスは濡れた土のなかをきわめてゆっくりと通過して拡散するから，設計目標としては，粘土に富んだ土をラドンバリアとしてカバーシステム中に使用することになる。このラドンバリアは保護層のなかにあってもよく，または水理/ガスバリア中（あるいはむしろ両者のなか）にあってもよい。最良のガスバリアは比較的厚く設計され，ラドンバリアでは少なくとも数mの厚さであることが求められる。だが，粘土材に関する真の問題は，粘土が機能するためには濡れていて亀裂がない状態でなければならないことである。何百年もの設計寿命にわたって，粘土が常にこの条件を保持していることを技術者は確かめられないのが現実である。

2.2.4　キャピラリーバリア

　「キャピラリーバリア」を構成するため，粗粒土層の上に細粒土層を用いる方法はみごとに新しい開発である。このアイデアは次のとおりである。
　地盤中の土壌水分は，土中水ポテンシャルがあまねく同一であるときは平衡に達している。細粒土層と粗粒土層が平衡状態にあって，それらの層間に水の移動がなければ，これら2つの層は同じ土中水ポテンシャルをもつ。与えられた土中水ポテンシャルに対して，粗粒土は細粒土よりもずいぶんと低い含水比，すなわちおおいに乾燥している状態であろう。乾燥している土粒子を被覆している薄い水膜を通る流路は著しく曲がりくねっているから，不飽和土の透水係数は，含水比の減少とともに指数的に小さくなる。乾燥礫は湿った砂よりも非常に低い透水係数をもたらす。
　したがって下層土が不飽和のままであれば，粗粒土の上に細粒土を配置することは，より上部の細粒土層が土壌水分のほぼ全量を保持し，下部層はその乾燥性によって水の浸透に対するバリアとして機能する。細粒土と粗粒土の接触面は，排水層とその下のバリア層間の接触面によく類似して傾斜させる。しかしながらキャピラリーバリアにおいては，細粒土中で水の横方向の

移動が不飽和状態で発生する。この層は「芯材層[5]」とも呼ばれる。この構想はパイロットスケール実験研究で明らかにされた（Nyhanら 1990, Fayerら 1992）。しかしながらキャピラリーバリアには2つの懸念すべき点がある。第1の懸念は，細粒土が全期間にわたってその下の粗粒土中へ移動してはならないことである。ジオテキスタイルを分離材として細粒土の真下，粗粒土の上に配置することが考慮されるべきである。極端に長い耐用年数が求められる場合は，ガラス繊維ジオテキスタイルの適用が考えられている。第2の懸念は，極端に降水が多い時期についてである。このような場合，粗粒土が湿ってしまって水の流れを妨害する能力を失うため，少なくとも一時的にキャピラリーバリアの概念が機能しえなくなる。

2.3　排水層

覆土を通過して侵入する水は排水層によってカバーシステムから除去される。

2.3.1　一般的に考慮すべき事項

第1章で述べたとおり，排水層には3つの主な機能がある。

- 下のバリア層に作用する液体の水頭を減じ，その結果，下の層，廃棄物あるいは汚染土壌中へ水の浸透量を最小化すること。
- 上の層の土から水を排出させ，吸収することによりさらなる水の保持を可能にすること。
- 下のバリア層に対する接触面の間隙水圧を減じること。

排水層に関して避けるべき最も深刻な問題はおそらく，長期にわたる著しい目詰まりである。これは天然土質の排水材にもジオシンセティック排水材にも起こりうる問題である。たとえば，斜面の安定性が排水層を完全に機能させることで担保されているにもかかわらず，この排水層が著しく目詰まりを起こすならば，斜面崩壊がきわめて起こりやすくなる。排水層は施設のサービスライフにわたって著しい目詰まりを生じることなく機能するように，設

---

[5] 芯材層 [wicking layer]　wick はキャピラリー作用で液体を運ぶの意. 蝋燭の灯芯.

計され施工され，運用されなければならない。いくつかのカバーの崩壊事例がBoschuk (1991)によって述べられている。これらの崩壊のほとんどは，カバーの安定性評価における基礎的な誤りに起因しており，いくつかの事例で，カバーの安定解析特に浸透力に関する解析が十分になされていないことに起因している。

著しい目詰まりは，土またはジオテキスタイルからなるフィルター層を，排水層と上の土/保護層の間に設置することによって防ぐことができる。植物根による生物的目詰まりは，適当な厚さの表層または保護層を設けることにより，あるいは植生を浅根種に限定することによって一般に防ぎうる。

乾燥地帯では，排水層の必要性の検討と設計は，降水の頻度と規模，およびカバーシステムを構成している他の土層への収着能を考慮してなされるべきである。層内へ浸透しうる降水の大部分を吸収しうる表層と保護層を施工するならば，排水層を設けないことも可能である。

2.3.2 材　料

排水層に使用する材料は，非粘着性の土か排水用ジオシンセティックスである。

2.3.2.1 粒状材．　排水層に使用される粒状材はほとんどの場合，砂か礫である。よくある例としては，礫を排水用に，砂を濾過用に用いる。排水材が接している土層からの土粒子の移動に実質的に抗しうるならば，分離濾過材が必要でない場合もある。しかしながら，濾過性能の基準（次節で述べる）は，通常，排水材によって満たされることがなく，濾過材（ジオシンセティックまたは土）がほとんどの場合で要求される。適切な濾過材を用い，その基準を満たさなければならないことが十分に強調されていない。不適当な濾過は最終カバーの機能損失をもたらす最もありうる問題の1つであるが，適正に設計され施工された濾過材を提供することによって，この問題は解決される。

2.3.2.2 ジオシンセティック材．　排水コアとジオテキスタイルフィルターからなるジオシンセティックスは，排水層用の天然土質材料の代りに用いることができる。当然ジオテキスタイルフィルターは排水コアの種類に関

係なく，複合濾過・分離材として使用されなければならない。

排水コアとしては，さまざまな種類のものがある。

- ダイヤモンド形開口をもったソリッドリブからなるジオネット。
- ダイヤモンド形開口をもった発泡リブからなるジオネット。
- 平行配向状ソリッドリブからなる「ハイフロー」ジオネット。
- シングルカスプまたはディンプルからなる排水コア。
- ダブルカスプまたはディンプルからなる排水コア。
- 積層カラムからなる排水コア。
- 硬質3軸ネットからなる排水コア。

ジオテキスタイルフィルターに関しても多種がある。

- モノフィラメント織布。
- マルチフィラメント織布。
- ニードルパンチ不織布。
- 熱接着不織布。

一般に，ジオテキスタイルフィルターは潜在的な低接触面せん断強さ表面をなくすために，排水コアに熱接着される。加えて熱接着は，排水コアの開口中に流亡性の高い土粒子が達しないよう定位置にジオテキスタイルを保つ。排水コアとジオテキスタイルフィルター両者の設計については後述される。

2.3.3 設計の詳細

粒状土およびジオシンセティックス両者の排水設計は非常によく進歩している。いくつかの詳細事項を以下に述べる。

2.3.3.1 粒状材. 排水層が砂あるいは礫のような粒状材で構成されるのであれば，以下に述べる仕様を満たさなければならない。

- 300 mm の最小厚さと層の底において3％の最低勾配であること。——現場固有の設計によって決定されるが，十分な排水能を提供することが必要ならば，いっそう大きな厚さや勾配をとること。

- 設置の時点で，排水材の透水係数は 1×10^{-2} cm/s 以上であること（透水量係数が 3×10^{-5} m²/s 以上であること）。
- その下のジオメンブレンを著しく損傷させるような岩屑または粒状物を含有してはならないし，また著しい目詰まり，あるいは層内で移動して，流出部を目詰まりさせるような微粒子物質をも含有してはならない。
- 微粒子物質による排水層の著しい目詰まりを防ぐために，排水層とその上に敷設される保護土層との間に，フィルター層（粒状材またはジオシンセティックス材）を組み込むべきである。

排水層の最小厚さの推奨値 300 mm は，ジオメンブレンのような下の層に対する損傷を回避するための十分な厚さとなる。特に非常に長い排水斜面が設計の一部に取り入れられているときなど，場合によっては排水層は 300 mm よりも厚く，透水係数は 1×10^{-2} cm/s よりも大きく，3％よりも大きい勾配が必要となる。透水係数として 1×10^{-2} cm/s の最小値が選ばれている理由は，排水媒体として広く用いられる粒状材が，この最小透水係数を提供できるからである。最低基準が不十分であるか，あるいは疑わしい状況では，設計は流れ制御の設計パラメーターを満たすよう流れのモデル解析を用いることによらなければならない。

排水層は浸透水が効果的に除去されるように，出口排水渠に対して勾配がとられなければならない。出口排水渠の例が図 2.6 に示されている。排水渠周りで，たとえば，穿孔付排水パイプまわりの礫裏込めと排水層中に用いられる砂との間で，適切な濾過機能があるよう注意が払われなければならない。土の流亡と不安定化を防ぐために，出口排水の速度が制御されなければならない。予期しない事象に対処するためには，大きな安全率が必要となる。このことが，勾配を下方に大きくして排水能力の増大を要求することになる。これは図 2.6 に図解されてある。図 2.6c のような開渠が用いられるならば，斜面先の排水石材は沈殿物によって目詰まりしてはならない。また，凍結期の斜面先にも考慮が払われなければならない。凍結した斜面先の排水渠は，機能不全の排水渠となる。もし排水が臨界条件となるならば，斜面先の排水渠を凍結から保護するため土中に埋設することも必要となる。

排水層施工に供する材料は，目詰まりを促進する微粒子を除去するために，

図 2.6 の各図にはそれぞれ次のラベルが付されている:

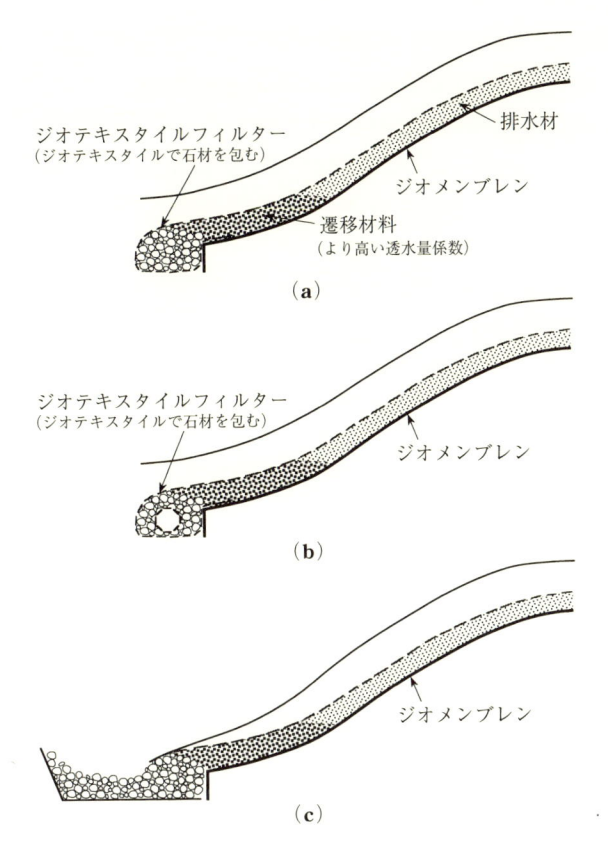

(a) ジオテキスタイルフィルター（ジオテキスタイルで石材を包む）、排水材、ジオメンブレン、遷移材料（より高い透水量係数）

(b) ジオテキスタイルフィルター（ジオテキスタイルで石材を包む）、ジオメンブレン

(c) ジオメンブレン

注) カバーの表層から流出する沈殿物が斜面先の排水材を著しく目詰まりすることなく，かつ，凍結が斜面先の目詰まりを起こさない場合のみ

図 2.6 斜面先の排水を促進する各種設計
(Soong と Koerner 1996 による)

施工に先立って洗浄したり，ふるい分けたりすることが必要である。設計技術者は，石材の透水係数が適当な大きさである場合でも，過剰の微粒子を含んでいるかも知れないことに注意しなければならない。微粒子物質が下り斜面を移動して溜り，決定的に重要な流出口付近の排水材を目詰まりするようになるからである。排水層の目詰まりの予防が必要ならば，上の表土から排水層へ微粒子が移動することを少なくするために，排水層上に直接，粒状またはジオシンセティックフィルターを配置すべきである。分級粒状フィルター

を使用する場合は，以下に与えられた基準に従った粒度の関係を設計に取り入れるよう注意しなければならない（Cedergren 1967）。

パイピング予防のため：

$$\frac{D_{15}(フィルター)}{D_{85}(表土層)} < 4\sim5 \qquad (2.4a)$$

$$\frac{D_{15}(排水層)}{D_{85}(フィルター)} < 4\sim5 \qquad (2.4b)$$

透水性の維持のため：

$$\frac{D_{15}(フィルター)}{D_{15}(表土層)} > 4\sim5 \qquad (2.5a)$$

$$\frac{D_{15}(排水層)}{D_{15}(フィルター)} > 4\sim5 \qquad (2.5b)$$

これらの基準は土がフィルターを通ってパイピングすることを防ぐため，土に対してフィルター層材料を選ぶために陸軍工兵隊によって用いられている。D_{85} は乾燥質量で 85 % がふるいを通過するふるい（粒子）径を，D_{15} は同じく乾燥質量で 15 % だけがふるいを通過するふるい（粒子）径を指す。この基準は保護土，フィルター材および排水材を含めて，排水システムにおける層または媒体全部に対して満足されなければならない。

2.3.3.2 ジオシンセティック材. 排水層材料がジオシンセティック材から構成されるのであれば，以下の仕様を満たさなければならない。

- 同一条件で粒状排水層として同程度の最低流れ能力。——設計寿命に対して予期される上載荷重下で $3\times10^{-5}\,\mathrm{m^2/s}$ よりも大きい透水量係数。
- 上の保護土層からの土の侵入や目詰まりを予防するため，排水材の上にジオシセティック濾過材を介在させること。
- 必要ならば，排水層と下のジオメンブレン間の摩擦を高めてすべりを少なくするために，また，排水層のジオネットあるいは排水コア中へ変形によってジオメンブレンが割り込むのを防止するために，排水層直下にジオシンセティック基礎層を介在させること。

最終カバー内部の排水システムに作用する垂直応力は十分に低い（建設装

置によるものがおそらく最大である）から，各種のジオネットやジオコンポジットを排水層に適用することができる。このようなジオシンセティック排水材は，先ほど詳述した粒状土排水材の代替になるであろう。しかしながらすべてのジオシンセティック排水材は，ジオネットまたは排水コアの開口部へ，保護土が直接に移動することを防ぐよう分離機能をもつジオテキスタイル濾過材を必要とする。さらに，下層あるいはバリア層がジオメンブレンを含んでいるならば（通常に行うように），このジオメンブレンをジオシンセティック排水材による破損から保護するため，ジオテキスタイルをジオネットまたは排水コアの下側にも配置すべきである。

ジオネットまたはジオコンポジット排水コアの設計は難しいことでない。以下に示すとおり流速安全率を定量的に表すことができる。

$$FS = \frac{q_{\text{allow}}}{q_{\text{reqd}}} \qquad (2.6)$$

ここに

FS = 流速安全率（未知の水理条件または不確実性を取り扱うため）。
q_{allow} = 室内試験で得られる許容流速。
q_{reqd} = 実際のシステムの設計要求から得られる必要流速。

許容流速は使用が考えられる製品の室内試験から求められる。この試験は，実際の現場のシステムをできるだけシミュレートするものでなければならない。現場システムを正確にモデル化しない場合は，室内試験値に対して幾許かの調整がなされなければならない。これは通常のやり方である。したがって室内発生流速は，設計に適用する場合には減少見積りしなければならない究極の値である。すなわち，

$$q_{\text{allow}} < q_{\text{ult}} \qquad (2.7)$$

これを行う1つの方法として，室内試験でシミュレートされなかった各々の項目に対して修正係数を用いる方法があり，以下のように適用される。

$$q_{\text{allow}} = q_{\text{ult}} \left[\frac{1}{RF_{IN} + RF_{CR} + RF_{CC} + RF_{BC}} \right] \qquad (2.8)$$

または，修正係数を一括して，

$$q_{\text{allow}} = q_{\text{ult}} \left[\frac{1}{\Pi RF} \right] \qquad (2.9)$$

ここに

q_{ult} ＝固形平板間の短時間透水量係数試験（たとえば ASTM D 4716）から測定された流速。

q_{allow} ＝現場設計の目的に適用するための許容流速。

RF_{IN} ＝排水コア中へ隣接ジオシンセティックスの弾性変形または侵入にかかわる修正係数。

RF_{CR} ＝排水コアそのもののクリープ変形や排水コア空間中へ隣接ジオシンセティックスのクリープ変形にかかわる修正係数。

RF_{CC} ＝ジオネットのコア空間中の化学的目詰まりや化学物質の沈殿にかかわる修正係数。

RF_{BC} ＝排水コア中の生物的目詰まりにかかわる修正係数。

ΠRF ＝現場固有の条件にかかわる全修正係数の積。

　設置に伴う損傷，温度効果，液体の濁度など，その他の要因にかかわる修正係数も組み入れるべきであろう。必要ならば，それらの係数は現場固有の基準に従って組み入れることができる。他方，試験操作が特殊条件を含んでいれば，修正係数は統合値として前述の公式の中で演算されるだろう。各種修正係数に関する設計と指針の詳細は Koerner (1994) によって与えられている。

2.3.3.3　ジオテキスタイルフィルター．　先に示したとおり，ジオテキスタイルはジオネットあるいは排水コアを保護し，その主要な機能はフィルター機能である。そのように作用することによって，ジオテキスタイルは，間隙水圧を高めないように水の通過を許すと同時に，上向きの動水勾配によるパイピングと下向きの動水勾配によるジオネットや排水コアの目詰まりが発生しないようにするため，上流側の土を保持しなければならない。したがって設計は，透水性（またはパーミティビティー[6]）に関する第1段階と，土の保持（または見掛けの目開き）に関する第2段階とからなる。

　ジオテキスタイルの透水性はジオテキスタイルフィルター設計の第1要素

---

[6] パーミティビティー [permittivity]　層流条件下で単位水頭当り単位時間に流れに直角方向のジオテキスタイル単位面積を通過する流体の体積。(Koerner, R. M., Designing with Geosynthetics 3rd ed., Prentice-Hall Inc., 1994)

である。透水性に関してはパーミティビティーを用いて安全率が公式化されている。パーミティビティーは以下に示すとおりジオテキスタイルの厚さで透水係数を除したものである。

$$FS = \frac{\Psi_{\text{allow}}}{\Psi_{\text{reqd}}} \tag{2.10}$$

$$\Psi = \frac{k_n}{t} \tag{2.11}$$

ここに

Ψ＝パーミティビティー
k_n＝ジオテキスタイルの平面に垂直な透水係数
t＝規定垂直応力での厚さ

ジオテキスタイルのパーミティビティー試験は，土の透水性試験に用いるのと同様の方法に準じている。米国では ASTM D 4491 に準じる。それ以外に設計者によっては透水係数を直接設計上に用いており，その場合，ジオテキスタイルの透水性は隣接する土の透水係数の何倍（たとえば1.0～10.0倍またはそれ以上）であることが求められる。

ジオテキスタイルフィルター設計の第2は，上流側の土の適正な保持である。土の保持のための設計には多くのやりかたがあるが，それらのほとんどが上流土の粒子径特性を用いるもので，ジオテキスタイルの95％目開き径（すなわち，O_{95}として定義）と粒子径とを対照することによっている。この値を測定するために米国で用いられている試験方法は「見掛け目開き」試験と称されている。この見掛け目開きはジオテキスタイルを事実上通過しうるおよその最大土粒子径として定義されている。カナダおよびヨーロッパでは「濾過目開き」試験と称し動水篩過によって遂行されており，好ましい方法であると著者らは感じている。

最も単純な設計方法は，目開きが0.074mmであるNo.200ふるいを通過する土の百分率を測定することである。

1. No.200 ふるい（0.074mm 目開き）通過が 50％以下の土に対しては，$O_{95} < 0.59$mm ［すなわち織り組織の見掛け目開き $\geq$No.30 (0.59mm) ふるい］．

2. No.200 ふるい通過が 50％より大きい土に対しては，$O_{95} < 0.30$mm

［すなわち織り組織の見掛け目開き $\leq$No.50 (0.297 mm) ふるい］。

それ以外の方法として，ジオテキスタイルの目開き (O_{95}, O_{50} または O_{15}) と保持されるべき土粒子を直接比較する方法がある。数値はジオテキスタイルの種類，土の種類，流れの状況などに依存する。たとえば，Carroll (1983) は以下の広く利用できる関係を提言している。

$$O_{95} < (2 \text{ または } 3)d_{85} \tag{2.12}$$

ここに，

d_{85} =85 %粒径（mm）。

O_{95}=ジオテキスタイルの 95 %目開き径。

設計と例題の詳細は Koerner (1994) および Koerner ら (1995a) によって示されている。

2.4 水理/ガス バリア層

最終カバー断面構造のなかでバリア層は最も重要なものであり，かつ活発な議論と意見の相違をもたらしている。本章ではバリア層に関する著者らの見解を述べるが，現場特有の条件や，特に重要となる廃棄物特有の条件に基づいて，バリア層として用いられる材料の種類とそれらの使用方法を決定しなければならないのはいうまでもない。明らかに，選択対象となるさまざまな材料の種類がある。それらは

- ジオメンブレン (GM, geomembrane)。
- ジオシンセティッククレイライナー（GCL, geosynthetic clay liner）。
- 締固め粘土ライナー（CCL, compacted clay liner）。

上述以外の材料（たとえば先に述べたアスファルト）も使用されるが，現実的にはすべての水理/ガスバリア層は上記の 3 つの材料の 1 つまたはそれ以上から構成されている。複合して用いる場合は，GM/GCL，GM/CCL あるいは GM/GCL/CCL の組み合わせがある。

2.4.1 ジオメンブレン

ジオメンブレンはほとんどのバリア層において本質的な要素を形成する。商業的に入手可能な工場既製品の高分子ジオメンブレンのうちで，最終カバーに用いられている最も汎用的なタイプは次のとおりである。

- 高密度ポリエチレン（HDPE）
- 極柔軟性ポリエチレン（VFPE）［これには，線状低密度ポリエチレン（LLDPE），低密度線状ポリエチレン（LDLPE），および極低密度ポリエチレン（VLDPE）を含む。］
- 共押出しの HDPE/VFPE/HDPE
- フレキシブルポリプロピレン（fPP）
- ポリ塩化ビニル（PVC）

すべてのジオメンブレンについて，平滑表面のものと粗表面（テキスチャード表面）のものが入手可能である。粗表面のものは，急勾配側斜面に用いたときの摩擦とせん断強さを高めるためのものである。また，一方の側が平滑面で，もう一方が粗表面のものも入手できる。さらに，瀝青質ジオメンブレンのような吹付けゴム弾性型ジオメンブレンも可能であるが，これらのグループは上記の箇条書きで示したジオメンブレンに比較すると，最終カバーで使用されることはまれである。

最終カバーでジオメンブレンが満たすべきであると期待されている一般的な基準は次のとおりである。

- 下の廃棄物層あるいは低透水性土層（CCL または GCL）への水の侵入に抵抗する水理バリアとなること。
- 空気よりも軽いメタンやその他のガスが上昇して大気中に一散するのを防止するガスバリアとなること。
- 施設の存続期間ならびにその閉鎖後の保守期間（さらにそれ以降もおそらく）に対して水理/ガスバリアとして機能すること。
- 現場特有の全沈下と不同沈下に対して破損なく追随すること。
- 複合ライナーとして利用するのであれば，CCL または GCL と良好な密着が図りうること。

- 斜面安定性を保証するため,隣接材とジオメンブレン表面とが適切な摩擦抵抗をもつこと.
- 他のジオメンブレンやバリア材と比較して合理的施工や継合せができること.
- 他のジオメンブレンやバリア材と比較して費用が合理的で入手がしやすいこと.

2.4.1.1 ジオメンブレン中の浸透. ジオメンブレンの水理バリアおよびガスバリアとしての浸透メカニズムは蒸気拡散の一種である.このメカニズムは,水が土の間隙を通って流れるときに生じる透水係数に比較してきわめて緩慢で遅延性である.文献から得られているジオメンブレンの蒸気拡散速度は以下のとおりである.

- 厚さ 1.0 mm の HDPE:水蒸気の拡散速度 $\simeq 0.020\,\mathrm{g/m^2}$-day.
- 厚さ 1.0 mm の HDPE:溶剤蒸気の拡散速度 $= 0.20 \sim 20\,\mathrm{g/m^2}$-day(溶剤の種類による).
- 厚さ 0.75 mm の PVC:水蒸気の拡散速度 $\simeq 1.8\,\mathrm{g/m^2}$-day.

$1.0\,\mathrm{g/m^2}$-day $\simeq 10\,\mathrm{L/ha}$-day(水として)であるから,これら拡散速度のすべてはきわめて低いといえる.しかしながら,破損,裂傷,継目開きなどなしにジオメンブレンを据え付けることが施工上きわめて重要である.ジオメンブレン中に発生したこのような孔穴を通る流れは,上に示した拡散値を小さくみせるであろう.

2.4.1.2 非平面地表沈下の挙動. ジオメンブレンの下の廃棄物塊の全沈下と不同沈下に関しては,凸形カバーシステムの変形は引張応力を発生しないから,全沈下は概して問題とする必要はない.一方,不同沈下はまったく様相が異なり,引張応力が発生することになる.したがって,明らかにジオメンブレンは発生する引張応力に適応できなければならない.Koerner ら(1990)によれば,各種ジオメンブレンの軸対称非平面引張試験は図 2.7 に示す応力ーひずみ曲線の結果が得られており,不同沈下に対する各種ジオメンブレンの適応性は,スクリム補強クロロスルホン化ポリエチレンと HDPE が最も貧弱

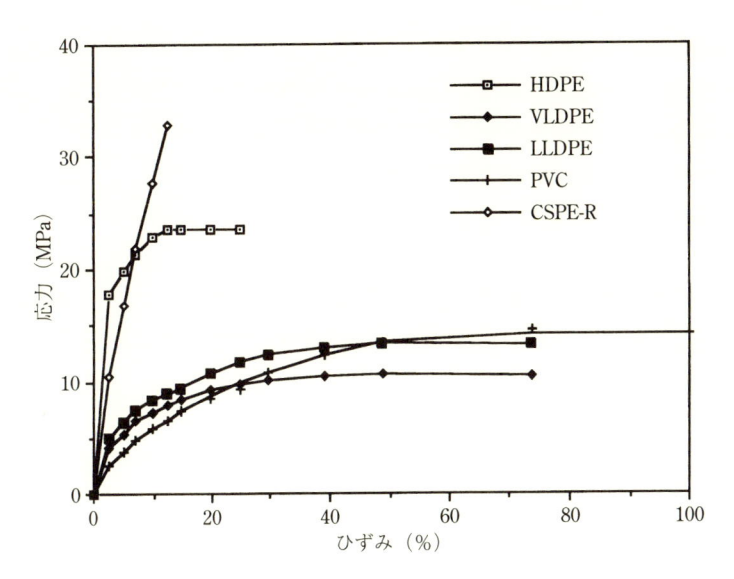

図 2.7 各種ジオメンブレンの三軸対称応力－ひずみ応答曲線

であり，VLDPE，LLDPE と PVC が最良であることがわかる。VLDPE と LLDPE はともに VFPE に属していることに注目されたい。もし一般廃棄物のように大きな不同沈下が予想されるのであれば，高い非平面変形性をもつジオメンブレンの使用が推奨される。

2.4.1.3 テキスチャードジオメンブレンを用いたときの接触面摩擦． ジオメンブレンそのものの摩擦抵抗に関して，テキスチャリング（粗面化）技術の出現は，低せん断強度の表面の問題を基本的に排除することとなった。テキスチャリングの製造方法には多くのものがある。

- 吹き込みフィルム加工用共押出し法。
- フラットダイス加工用衝撃法。
- フラットダイス加工用ラミネーション法。
- フラットダイス加工用熱カレンダー掛けストラクチャリング法。

これらの製造方法によってつくられたジオメンブレンを用いることにより，粒度の良い砂との接触面摩擦角を 10～20°増加させることができる。しかしながら，製品ごとに接触面せん断試験を実施することをすすめる。

2.4.1.4 施工性. ジオメンブレンの施工性に関しては，多くの議論がなされてきた．たとえば Daniel と Koerner (1996) を参照されたい．この問題に関しては，さらに第 7 章で述べる．ジオメンブレンの敷設作業（特にロールの現場継ぎ合わせ）は施工品質保証法が確立されるにつれて，おおいに開発され理論づけられるようになった．

2.4.1.5 費用と入手可能性. ジオメンブレンの費用と入手可能性に関しては，両者とも現場特有の問題である．ジオメンブレン業界は世界のほとんどの全工業国においてプラント・施設ともに急成熟しており，また新興国においても成長が著しい存在である．

2.4.2 ジオシンセティッククレイライナー（GCL）

ジオシンセティッククレイライナー（GCL = Geosynthetic Clay Liner）は，ベントナイトをジオテキスタイルにはさみ込むか，ジオメンブレンに糊付け接着した工場製品のロールである．ベントナイトが低透水係数をもたらす構成要素であって，GCL が封じ込め用材料として機能するわけである．GCL にベントナイトを組み込ませる（固定させる）ために，スティッチボンド，ニードルパンチ，接着剤付着などの技術が用いられており，バリア材として取り扱い，搬送，敷設に適するよう図られている．このような GCL の構造は，傾斜面に GCL を使用するのに十分な内部せん断強さをもたらす．単独バリアとして，あるいはジオメンブレンを上に敷いた複合バリアとして最終カバーに GCL が使用されるようになり，使用の頻度が速やかに増加しつつある．現在，米国 EPA から GCL に関する 3 つのレポートが入手できる (Daniel と Boardman 1993, Daniel と Estornell 1991 および Daniel と Scranton 1996)．

ベントナイトが GCL の臨界構成要素であり，きわめて低い透水係数をもたらすもととなっている．ベントナイトはきわめて親水性の高い天然産の粘土材料であって，水（水蒸気でさえも）に近接して置かれると，水分子を複合体の形で引き付け，間隙中には自由水の空間がほとんどない状態となる．このことが透水係数を著しく低下させる．たいていのナトリウムベントナイト GCL から得られる透水係数は，ほぼ $1 \times 10^{-9} \sim 5 \times 10^{-9}$ cm/s である．

GCL 製品は図2.8 の概要図で示されたようにして製造される．これらのプ

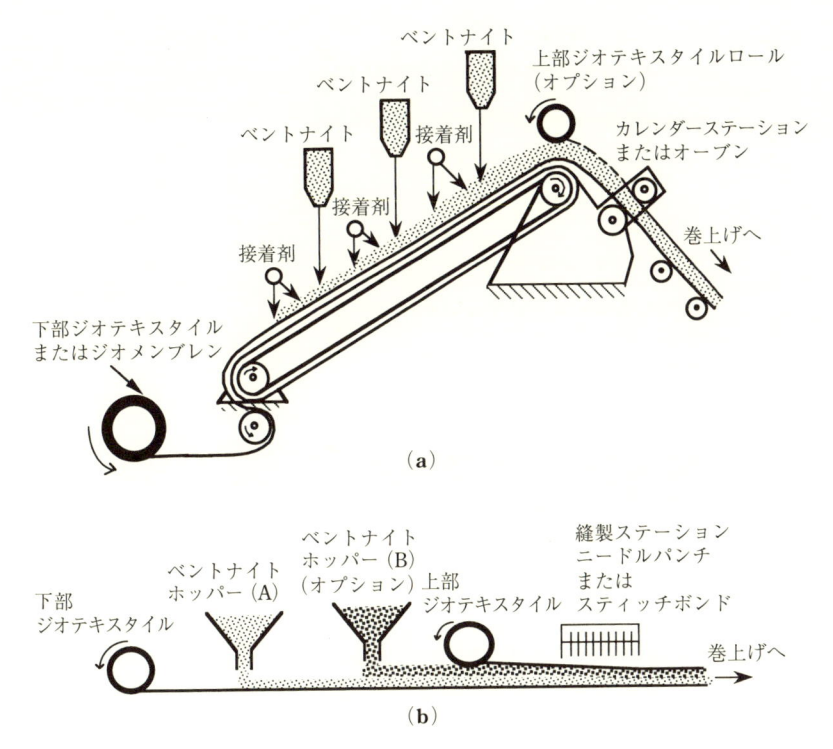

図 2.8 各種ジオシンセティッククレイライナー製造の概要図

ロセスが現在入手可能な各種 GCL をつくり出している。

- 2枚のジオテキスタイル間にベントナイトを接着したもの。
- 2枚のジオテキスタイル間にベントナイトをスティッチボンドしたもの。
- 2枚のジオテキスタイル間にベントナイトをニードルパンチしたもの。
- 1枚のジオメンブレン上にベントナイトを糊付け接着したもの。

これら GCL の型式の断面を図2.9に示した。

流量やフラックスに基づけば，GCL の低透水係数は CCL に比較して有利となるが，十分な技術的等価性を査定することは非常に複雑なことである。Koerner と Daniel (1994) は，水理，物理，力学，および施工性の各側面に基づき，GCL の CCL に対する技術的等価性の査定方法を提案した。表2.1 はこのような総括的査定の結果を示している。概して，いくつかの現場施工に

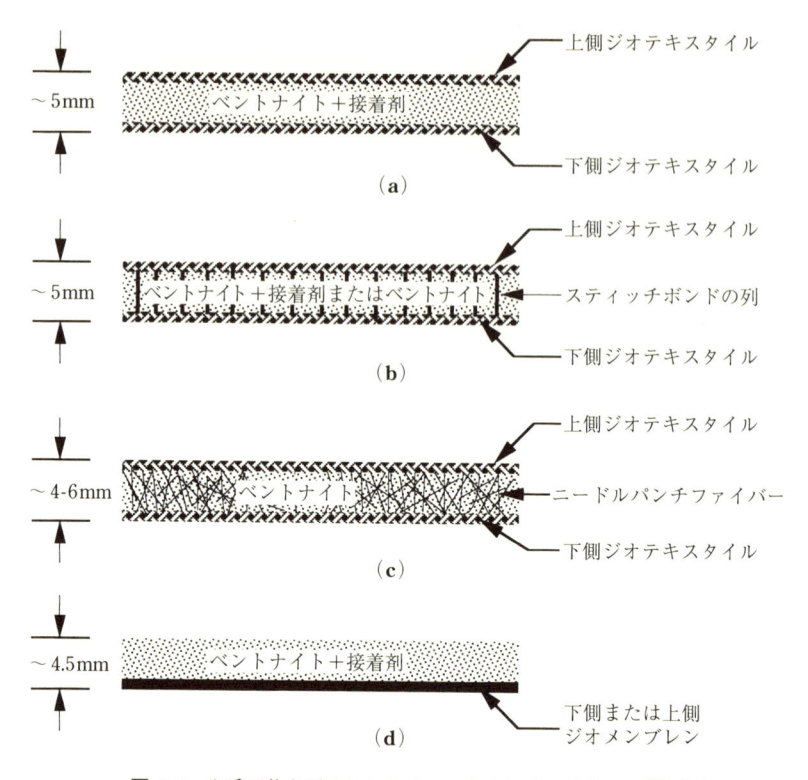

図 2.9 入手可能なジオシンセティッククレイライナーの断面図

ついての例外があるものの，最終カバーにおいて GCL は CCL と同等かもしくは優れていることがわかる．しかしながら，適切な基盤調整を行い，かつ十分な厚さの覆土を適切な時期に（すなわち GCL が水和する前に）設けることにより斜面安定性が確保されるならば，GCL はほとんどの最終カバーに優先的に適用しうる粘土バリア材料となる．

GCL に関して今なお未解決な最大の設計上の問題は，GCL が 3 割（$1V:3H$）以上の急勾配斜面に配置されるときのせん断強さへの疑問である．懸念される接触面としては，上面，内部，下部の 3 つがある．3 割（$1V:3H$）および 2 割（$1V:2H$）の斜面でこの問題を検討するために，実大スケールの最終カバー試験区画がオハイオ州シンシナティに建設された．研究は継続中であるが，Koerner ら (1997) によって以下の中間結果が報告されている[7]．

---

[7] この実大スケール実験の追跡調査結果は，次の論文にて報告されている．

表 2.1　最終カバーに関する技術的等価性査定のまとめ

結果の分類	評価基準	GCLがCCLに優れる	GCLとCCLが同等	GCLがCCLに劣る	CCL/GCLの等価が現場または製品に依存
水理的	水の定常流		×		
	水の流出時間				×
	継目または積上げ土層中の水平流		×		
	ジオメンブレン下の水平流	×			
	圧密水の発生	×			
	ガスの透過性				×
物理的／力学的	凍結−融解性質	×			
	湿潤―乾燥性質	×			
	全沈下		×		
	不同沈下	×			
	斜面安定性				×
	侵食脆弱性				×
	支持力			×	
施工性	破損抵抗性			×	
	基盤条件			×	
	配置のしやすさ	×			
	施工速さ	×			
	入手のしやすさ	×			
	水の必要性	×			
	大気公害のおそれ	×			
	気象的制約				×
	品質保証性		×		

Daniel, D. E., Koerner, R. M., Bonaparte, R., Landreth, R. E., Carson, D. A., and Scranton, H. B. (1998): Slope stability of geosynthetic clay liner test plots, *Journal of Geotechnical and Geoenvironmental Engineering*, ASCE, Vol. 124, No. 7, pp. 628–637.
本文の要約から，特に変更された点はみられない．

- 片面または両面にスリットフィルム織布ジオテキスタイルを用いたGCLは，水和したベントナイトが隣接材との接触面に押し出されて潤滑面を形成することにより，許容範囲をこえたせん断強さの低下が生じることが確実にないように，注意深く評価が行われなければならない。現場固有および材料固有の条件を評価するため，注意深くモデル化された室内シミュレート直接せん断試験が必要である。
- 安定性を乾燥状態の（または製造時の）せん断強さによって担保しているGCLは，水和に対して完全に保護されなければならない。これは通常，両面にジオメンブレンを配置することによって達成され，その場合，現場敷設ジオメンブレンの施工と配備は欠陥がないように実施されなければならない。
- ニードルパンチ型およびスティッチボンド型GCLの内部せん断強さは，2割（$1V:2H$）斜面でも安定のようである。この傾向が続くならば，これらのGCLの内部せん断破壊に対する安全率は少なくとも1.0であるといえよう。このことは同じGCLの3割（$1V:3H$）斜面における安全率は少なくとも1.5であることを示している。後者の値は，設計上十分であると一般に考えられている。

GCLに関する施工性の問題は2.4.4.2にて述べる。そこでは，コンポジットライナーすなわちGM/GCLコンポジットに関する考察が中心であるが，GCLが単独で使用される場合も，その設置方法については同様である。

2.4.3 締固め粘土ライナー (CCL)

締固め粘土ライナー（CCL = Compacted Clay Liner）は，基本的には粘土に富んだ天然の土質材料を用いて施工されるが，ベントナイトのような加工材を混合する場合もある。CCLは，締固め後の厚さが150 mmの施工層（巻出し，リフト lift とも称される）と呼ばれる層状に施工される。側斜面では，最終カバーシステムの施工層はほとんど場合，斜面と平行に配置される。しかし，2割5分（$1V:2.5H$）よりも急な側斜面には，平行な施工層を設けることはきわめて困難か不可能である。

2.4.3.1 土質材料. 透水係数 1×10^{-7} cm/s 以下の CCL を施工するために用いられる土質材料として推奨される特性は以下のとおりである。

　細　粒　分： $\geq$ 30～50 %
　塑 性 指 数： $\geq$ 7～15 (JIS A 1205 では%を付記しない)
　礫　　　分： $\leq$ 20～50 %
　最 大 粒 径： 25～50 mm

細粒分は 200 号ふるい (目開き 0.074 mm) を通過する乾燥質量%として表記される。塑性指数は液性限界と塑性限界の差として定義されており ASTM D 4318 によって測定される。礫分は 4 号ふるい (目開き 4.76 mm) 残留分の乾燥質量%として定義される。現場経験がより厳しい要求を指示することがあり，また，いくつかの土に対してはより狭い基準が適していることがある。しかしながら，上表の基準が適合しえないならば，天然の土質材料はベントナイトのような添加材なしで的確になる可能性は少ない。

最終カバーシステムに用いられる締固め粘土ライナーは (不同沈下に適応できるよう) できるだけ延性であるべきで，また，たとえば乾燥のような水分変化によるクラック発生に対して抵抗性がなければならない。収縮と乾燥クラックに対する抵抗性が重要であるならば，砂と粘土の混合土が理想的な土質材料となる (Daniel と Wu 1993)。延性は，脆性傾向をもつ重質乾燥土の使用を避けることによって達成できる。

適当な土質材料を入手することが困難な場合，低透水係数を達成するために，ベントナイトのような商業粘土を現地の土に混合することができる。ナトリウムベントナイトを比較的少量加えることにより (一般に質量基準で 2～6 %)，透水係数を数オーダー低下できる。ベントナイト添加率 (%) は，通常，ベントナイトの質量 (比較的少量の水を含んでいる) を土の質量 (乾燥質量および湿潤質量いずれを用いてもよいが乾燥質量が望ましい) で除して 100 を乗じた値として定義されている。粒度の幅の広い土は，一般に比較的少量のベントナイト ($\leq$ 6 %) の添加でよい。一方，砂丘砂のように粒度の揃った土は，一般により多くのベントナイト (10～15 %まで) を必要とする。ベントナイトの添加量を最小化するよう，粒度の幅の広い土をつくるために数種類の土質材料を混合して用いることがある。たとえば，あるプロジェクトでは，粗粒－中粒砂をベントナイトと混合することに成功した。不活性な

細粒分（材料加工プラントからの廃細粒土砂）を 30 %添加することにより，ベントナイトの所要量を半減することができたのである．

2.4.3.2 締固めの要件. 締固めの目的は，土の密度を高めること（間隙率の減少に伴って透水係数は低下する），および土塊を均一な集合体に再成形して，大きな土塊の間の連続した空隙がないようにすることである．好ましい土を用いてこれらの目的が達成されるならば，たとえば 1×10^{-7} cm/s といった低透水係数が得られる．なお，そのようにしてつくり上げられた低透水係数が，保持されるかどうかは別問題である．事実，単に透水係数の低い CCL を設計することよりも，透水係数を設計値以上にしてしまうような影響力（たとえば不同沈下や乾燥）に対して CCL を十分に保護する最終カバーシステムを設計することの方が難しい．

土の含水比，締固め方法，および締固めエネルギーが，透水係数に著しい影響を及ぼすことが経験的に示されている．土の含水比が最適含水比よりも湿潤側で，かつ捏和型の高い締固めエネルギーで締固められたとき，低い透水係数が最も得られやすいことが室内試験に基づく研究によって立証されている．つまり，締固めに際して粘性土の土塊間の大きな空隙をなくし，全体として一体となるために，土は適度に湿潤していなければならないということである．しかしながら，湿りすぎていてもいけない．湿りすぎた土は乾燥による損傷を著しく受けやすい．Daniel と Wu (1993) によって述べられた研究は，低透水係数と，収縮クラックに対する良好な抵抗性との両者を確保する適切な含水比－密度の基準を設けることを推奨している．

2.4.3.3 施 工. CCL が適正に機能するためには，現場における施工がいうまでもなく臨界条件である．

2.4.3.3.1 加 工. —— いくつかのライナー用土質材料は，土塊を潰し，石や岩をふるい分け，土を適当に湿らせ，あるいは添加材を混合したりする加工が必要である．土塊は耕耘機を用いて潰すことができる．石の除去は大型振動ふるいを用いてふるい分けるか，機動式ロックピッカーを（締固め前の）緩い施工土層の上を通過させることによるか，あるいはオーバーサイズの材料を手選で除去することによる．粉砕機（パルベライザー）は硬い土塊を破

壊し，石や大きな土塊を粗砕して，施工層として土を加工することができる。

　ベントナイトのような添加材は2つの方法で混入することができる。1つは，コンクリート混合用パグミル中で土と添加材を混合する方法である。別の方法は，土を200～300mm厚さに広げ，その表面に添加材を散布し，回転式耕耘機を用いてこれらの材料を混合するものである。与えられた区画上を耕耘機で数回通過することが一般的に必要となる。これら2つの方法のうち，パグミルは十分に管理された混合を提供する点で信頼性が高い。

　2.4.3.3.2 表面処理. ── ソイルライナーの各施工層は，その上下の施工層と十分に接合していることがきわめて重要である。先に施工された締固め施工層の表面は，平滑であるよりもむしろ粗面でなければならない。多くの建設業者は，平滑なドラム型ローラーを用いて締固め施工層の表面を平滑に転圧することを好む。このような平滑なローラー転圧表面は，風雨水の流出を促進し（粗い表面は小さな水溜りに雨水を蓄えてしまい，その結果，施工を再開できるようになるためには土の乾燥に数日を要する），収縮を最小化する硬い表皮面を形成する。しかしながら，次の施工層が硬くて平滑な表面上に施工される場合，施工層間に明瞭な界面が形成することとなり，この界面は隣接する施工層中の高透水性部分の間に水平方向の水理経路をつくり出してしまう。他方，もし表面が粗であれば，新しい施工層と古い施工層とが互いにかみ合うこととなる。先に施工した施工層の表面を約25mmの深さに荒らす（土掻きする）ためにディスクが用いられる。

　2.4.3.3.3 配　置. ── 土は層厚約230mm以下の緩い層に敷き広げられる。厚さの測定に標尺を用いる場合は，これらの標尺は取り除かれ，跡の穴は封じられなければならない。標尺を使わない他の方法，たとえばレーザーの使用はレベル管理に好ましい。土が敷き広げられた後の水の蒸発損失を補うためには，少量の水が添加され，締固めに先行して最後の1回の耕耘機掛けがなされる。

　2.4.3.3.4 締固め. ── 緩い施工層に十分に貫入するだけの長脚重コンパクターが理想である。緩い施工層に十分に貫入するだけの脚を持ったローラーは，先に施工された施工層の表層に新しい施工層の底部を詰め込み，施工層を互いに結合させることを助ける。また，長脚は施工層厚さ全体にわたって，土塊を破壊して再成形することを助ける。推奨されるコンパクターの仕様は，

最小質量18000kgと最小脚長さ180〜230mmである（ただし脚の長さは締固め前の施工層の厚さよりも大きいこと）。しかしながら，多くの廃棄物処分場カバーでは，このような重いコンパクターを使用することは単純には不可能である。というのは，下部地盤（浅いところに存在する下部廃棄物）が，コンパクターの重量を支持するのに十分でないからである。このような場合には，理想よりも軽量の装置を使用しなければならない。この軽量装置の使用を補償するためには，施工層厚を薄くすることとコンパクターの通過回数を増やすことが必要となる。

　ソイルライナーには静的（死荷重）コンパクターが振動コンパクターよりも好ましい。コンパクターの重量は土とバランスさせるべきである。つまり固く締まった土塊を含む比較的乾燥した土は重コンパクターを必要とし，一方，軟らかい土塊の比較的湿った土は，土中に沈み込むような重いローラーでは支障がある。また，2台のコンパクターを用いて施工層を締め固めるのが望ましい場合がある。十分に貫入する長い脚をもった重ローラーが最初に土を締め固める。もしこのローラーが施工層の上部に緩い土を残していたとしても，短脚ローラー（パッドフットローラー）やゴムタイヤー機，または平滑スチールドラムローラーを用いて施工層の上部を締め固めることができる。廃棄物処分場プロジェクトでは支持基盤が多様であり予測しにくいから，使用するコンパクターとしては1機種以上を所有することが特に重要である。

　土−ベントナイト混合土ライナーは，多くの場合，ゴムタイヤ式または平滑ドラムローラーで締め固められる。ベントナイト混合土は土塊を発現することはない。土の密度を高めることが土−ベントナイト混合土にかかわる一次目標であることが多い。しかしながら，十分に貫入する長さの脚を持ったローラーが土−ベントナイト混合土の施工層を結合させるのに効果がある。

　2.4.3.3.5 保　護．── 施工層の締固めが終了したら，その土は乾燥や凍結から保護されなければならない。いくつかの方法で乾燥を最小化することができる。すなわち，施工層をプラスチックシートで仮被覆（ただしプラスチックシートが過熱されて粘土が乾燥しないように注意しなければならない）し，表面に比較的不透水性の層を形成するように平滑ローラーで転圧するか定期的に湿らせるなどである。完成したCCLの層は，乾燥を防ぐために薄い覆土（厚さ100〜200mm）で被覆することにより湿潤状態を保持できる。

この保護土は，次の層（たとえばジオメンブレン）が敷設される直前に剥がし取られる。凍結期での施工を回避するか，施工層を断熱材で一時的に被覆することによって，施工層を凍害から防御することができる。

2.4.3.3.6 **品質保証**．── 品質管理と品質保証はきわめて重要である。その方法は Daniel と Koerner (1996) に述べられている。

2.4.3.4 試験パッド．　原寸大のライナーを構築するのに先立って，試験パッドを施工することは多くの利益をもたらす。締固め含水比，締固め重機，締固め重機の通過回数，施工層厚さなどの変数の影響を，試験パッドの施工によって経験できる。とはいえ最も重要なことは，性能基準と提案された品質保証の方法の有効性を証明するために，その試験パッドで品質管理試験と原位置透水試験などのさまざまな試験を実施できることである。

　試験パッドは工事車両の幅員の少なくとも 3 倍あるいはそれ以上の幅，および幅と同等かそれ以上の長さをもつことが一般に推奨されている。試験パッドは，理想的には原寸大のライナーと同じ厚さでなければならないが，薄くてもよいとされる（原寸大厚さのライナーは薄いライナーと少なくとも同等か，おそらくはより良好な性能を有する）。原位置透水係数は多くの方法で測定できる。試験操作が容易で比較的短時間で試験できるためバウトウエル (Boutwell) 試験 (Trautwein と Boutwell 1994) がおおいに普及しつつあるが，密封二重環浸透計 (Sealed double-ring infiltrometer) が通常，最良の原寸大試験である (Daniel 1989, ASTM D 5093)。

2.4.3.5 せん断強さ．　　CCL のせん断強さ，とりわけ CCL とジオメンブレン接触面のせん断強さは，最終カバーシステムの安定性に関して決定的条件となりうる。斜面安定性は第 5 章で述べられる。設計者は，粘土に水を添加して最適含水比より湿潤側で粘土を締め固めることにより，低い透水係数が最も容易に達成されることを認識すべきである。しかしながら，CCL に低透水係数を与えるこの条件は，同時に低い内部せん断強さと接触面せん断強さをもたらす条件でもある。適切な含水比/密度パラメーターの選定は，一般に低透水係数に対する要件と適当なせん断強さに対する要件との1つの妥協点である。設計者は，透水係数の確保のみに気を遣い，CCL や他の材料と

CCL の接触面のせん断強さに十分な注意を払わねばならない。

2.4.4 複合ライナー

複合ライナーが，最終カバー用の環境上安全で確実な好ましいバリア層を一般に提供すると著者は信じている。ほとんどの場合，バリア層は下方移動しうる水への水理バリアとして，また同時に上方移動するガスへのガスバリアとして機能しなければならない。複合ライナーとして好ましい組み合わせは，GCL とそれを被覆するジオメンブレンの組み合わせである（GM/GCL）と思われる。一般廃棄物の処分場および放棄されたゴミ捨場ではジオメンブレンは，一般に優れた面外変形特性をもつ VFPE，fPP または PVC がよいであろう。一方，相対的に安定である有害および放射性廃棄物では，ジオメンブレンは，優れた耐久性と長いライフタイムをもつ HDPE が一般によいであろう。GCL は一般にはニードルパンチまたはスティッチボンドで内部補強したタイプがよいと考えられるが，斜面安定に問題がなければ他種の GCL が広く使用される。ジオメンブレンと GCL は，互いの特性が相互補完し合うことにより，これら 2 つの構成要素が一緒となったとき，単独のときよりも長期有効性が大きくなる。要するに，ジオメンブレンはその下の GCL 中の不調和点を保護し，一方，GCL はその上のジオメンブレン中の孔穴を通るいかなる漏れをも塞ぐ。加えて各構成要素は，どちらかに破損が発生したときに他方をバックアップする。

さて，GM/GCL 複合ライナーの使用に関するこの推奨は，複合ライナーとして GM/CCL を推薦している連邦政府および多くの州政府の規制とはおおいに異なっていることに注意しなければならない。

著者は，GM/CCL 複合ライナーが多くの最終カバーシステムにおける最良の選択でないこと，そして，これら多くの規制がつくられる時点で，もし GCL が使用可能であったならば，GM/GCL が選択されていたであろうと信じている。この選択についてはさらに後述する。

2.4.4.1 ジオメンブレン構成要素． いかなる場合もジオメンブレンの厚さは 1.0 mm 以下であってはならない。この値は，米国とドイツの規制の中間であることに注目したい。この厚さは，カバーの目的に適合する最小許容

厚さであり，かつ，工事における覆土や各種作業の間，現場の継ぎ合わせや，予測した応力に耐えるに十分丈夫であると著者らは信じている。選定厚さの妥当性は，提案されているジオメンブレン材料の種類，強さや耐久性，継ぎ合わせの方式，ならびに現場固有の要因（斜面の勾配，上の層と下の層に用いられる材料の物理的適合性，敷設中の発生応力，予測される土かぶり，気候条件，沈下，沈没など）を考慮に入れて評価することにより立証されなければならない。

　ジオメンブレンの破損のメカニズムは公表された文献で考察されている。多くの破損は，いくつかの設計上の仮定を行う際や，あるいは敷設と覆土を行う際に妥当性を欠いた結果であると思われる。さらに，(a) 同等資格者による設計の再検討が実施され，(b) 厳密な品質保証プログラムが施工中に遵守されるならば，多くの破損は防止しうる。施工品質保証をおおいに強調すること，特にバリア層の施工においてはそれが約束されなければならない。施工品質保証の担当者自身が認定されていなければならない。少なくともこのようなプログラムとして活用できるものがある（Daniel と Koerner 1996 参照）。

　廃棄物処分場や，地表の人工貯水池直下の，ライニングシステムにおけるジオメンブレンの破損の原因の1つは化学的不適合性である。しかしながら，最終カバーシステムにおけるジオメンブレンは，いかなる廃棄物とも直接に接触することはなく，化学的不適合性が懸念材料とはならない。特にガス収集層が介在しているならばなおさらそうである。このことは，廃棄物の下にあるライナーシステムよりも廃棄物上のカバーシステムにおいて，より多くの種類のジオメンブレン材料の適用を可能にするものである。底部ライナーとカバーにおけるバリアが必ずしも同一材料で施工されるべきとする有力な技術的根拠は存在しない。

　すでに述べたとおり，ジオメンブレンの破損の主な原因の1つは，敷設，覆土，あるいは操業中に発生する損傷である。パンク（刺し穴），リッピング（剥がし削り）あるいは引き裂きからの損傷防止のためには，ジオメンブレンの上と下に少なくとも 300 mm，好ましくは 450 mm 厚さの緩衝層を配置することが推奨される。ジオメンブレンは GCL や CCL の上に接して敷設されるので，GCL や CCL がジオメンブレンの下地緩衝層として機能するであろ

う。また，たいていの場合，ジオメンブレン上の排水層は，それが天然土からつくられていれば，ジオメンブレンの上部緩衝層として十分であろう。もし排水層がジオシンセティック（排水用ジオコンポジット）であれば，その上に厚さ 300 mm 以上の土層が必要である。しかしながら実際の緩衝層厚さは，破損のメカニズム，ならびにジオメンブレンにとって潜在的に危険な施工法などの要因を十分に考慮しなければならない。たとえば建設機械や方法が，排水層を貫入したり，あるいはジオメンブレンを引き裂き，リッピングまたはパンクさせたりする恐れがあるのであれば，緩衝層の厚さを増やさなければならない。トラックの往来は，建設打設装置によってひき起こされる応力よりもいっそう大きな損傷をもたらすことがある。この問題が重要な懸念事項であれば，現場試験パッドを構築する必要がある。排水層および緩衝層としての設計厚さが異なるようであれば，大きい方の層厚を採用すべきである。

　ガス通気口，凝縮水排水パイプ，あるいは浸出水再循環パイプがジオメンブレンを貫通することは，極力少なくしなければならない。貫通がどうしても必要な場合は，通気口のまわりから覆土水が漏れることを防ぐため，構造物とジオメンブレン間に確実な水密シールを確保することが必須となる。ガス通気口周りの沈下や側方移動はジオメンブレンに引き裂き応力を生じるので，この点をガス通気口ならびにジオメンブレンパイプ保護カバーの両者の設計計算に取り入れなければならない。

　下層の廃棄物の不同沈下は，ジオメンブレンの設計において考慮されなければならない面外引張り応力を生じる。これらの応力やその他の応力に適応させるために，注意が払われなければならない。たとえば，応力を減少させるために過剰なたるみを意図的につくることがあるが，これはかえってジオメンブレンの長期劣化をひき起こすような折り重ねひずみを生じる結果ともなりうる。不同沈下や側方移動が，ジオメンブレンの設計と種類の選定において，変形追随性が考慮されなければならない根本的な理由である（図1.7a 参照）。

　ジオメンブレンの基盤は，岩石やその他の突起物に起因する微小応力点が生じないよう，注意深く調整され平滑に仕上げられなければならない。それは，たいていの場合は基盤が GCL や CCL であるので難しいことではない。

ジオメンブレンの現場継ぎ合わせは，敷設される特定のジオメンブレンの継ぎ合わせ施工の経験を積んだ技能資格者によって注意深く施工されなければならない。熱的継ぎ合わせ方法，たとえばホットウエッジ，ホットエア，押出しおよび超音波法は，ジオメンブレン全種類の継ぎ合わせに推奨できる。研磨や押出し継ぎ合わせなどの表面処理の際には特に配慮が求められる。貧弱な継ぎ合わせや，避けられない応力に耐えうるほどには丈夫でない継ぎ合わせの結果，孔穴は発生する。さらに，すべてのジオメンブレンは温度変化に伴って伸張ならびに収縮する。施工過程において注意深い考慮が払われなければ，これらの特性は後日の漏れを促進することになるであろう。潜在的な破損原因のすべては，熟練した敷設技能者の施工と，厳密な施工品質保証プログラムの遵守によって最小化できる。

2.4.4.2 ジオシンセティッククレイライナー（GCL）構成要素． 複合ライナーにおけるジオシンセティッククレイライナー（GCL）構成要素は，ガス収集層あるいは基層の上に配置される。基盤は，表面に 12 mm よりも大きい石が存在しない状態になるよう注意深く調整されなければならない。凍った細長いくぼみ（車の轍跡など）が避けられていなければならない。GCL はロール状で現地に届き，調整された基盤上に直接敷設される。優先されるべき方向（上面と底面）があるならば，それに基づいて施工されなければならない。GCL ロールの側端（edge）と末端（end）は 150～200 mm（もし不同沈下が重ね合わせ幅の減少を生じさせるようであれば，それ以上）の重ね合わせとし，下り勾配に向かって屋根板葺き状に重ね合わさるように敷設される。GCL の上面や底面のジオテキスタイルがニードルパンチ型不織布の場合は，重ね合わせ部に乾燥あるいは湿潤状態のベントナイトの層を配置しなければならない。

　GCL は，その上にジオメンブレンと少なくとも 300 mm 厚さの土層が配置されるまで，水和に対して保護されなければならない。排水ジオコンポジット材を用いる場合は，排水材は覆土層に先行して配置しなければならない。降水以外に，基盤土中に存在している水分が GCL 内のベントナイトを水和させる。Daniel ら（1993）は，比較的乾燥した基盤の上でも，このような水和が 10～15 日間で生じることを明らかにした。水和した GCL によって生じ

うる危惧は，ベントナイトの横方向の押圧によって厚さを失う結果をもたらすことである（KoernerとNarejo 1995）。極端な場合には，被覆されていない水和GCL上を車両荷重が作用することにより，載荷部分から横方向にベントナイトが押圧され，GCLの厚みが完全に欠陥状態になってしまうことがある。

　GCLは配置が簡易迅速であるが，ベントナイトの損失が生じないように取り扱われ，敷設されなければならない。脱落したベントナイトは，排水層を著しく目詰まりさせたり，ジオメンブレン（特にテキスチャードジオメンブレン）の継ぎ合わせ施工を困難にしたり，GCLそれ自体の厚さを損失させる結果をもたらしている。優れた施工の実践と品質保証のモニタリングは，他のジオシンセティックス材料や天然土質材料と併用する際のGCL敷設における必須要件である。

2.4.4.3 締固め粘土ライナー（CCL）構成要素.　ジオメンブレンの真下でジオメンブレンと直接接触している締固め粘土ライナー（CCL）構成要素は，次のような機能をもつ。

- ジオメンブレンの破損や施工中に偶然に発生して残った欠陥（孔穴，裂傷など）を通して液体が廃棄物中へ移動することを，長期間にわたって最小化すること。
- カバーシステムにおけるCCLより上部の層のための，堅固な基盤を提供すること。
- 直上に敷設されるジオメンブレンを保護するため，緩衝層として機能すること。
- ジオメンブレンと併用することにより，カバーは底部ライナーよりも透水性が高くてはならないという典型的な規制要求を満足すること。

　CCLの設計は，締め固められる粘土の性質ならびに工学的特性などの現場特有の要因，到達可能な締固め度，期待される全荷重，および予測される降水量に依存する。これらの問題はすでに2.4.3で述べた。

　CCL単独の場合に対して，GM/CCL複合ライナーの施工上の特異な点は，複合ライナーの場合，工事が通常，2つの異なる請負機関によって遂行され

ることである。CCL は土木建設業者によって施工され，ジオメンブレンはジオシンセティックス敷設業者によって施工される。それらは同一業者であることはほとんどない。したがって，「時宜」と「配慮」が継続されることが重要である。

「時宜」に関して，建設業者による CCL の施工が完成したら，直ちにジオメンブレン敷設業者が動員され，即作業することが理想的である。締固め粘土ライナーの最終施工層が配置されて受理確認されると，ただちにジオメンブレンが配置できる。不幸にもこのような事例はほとんどない。全部とはいわないまでも粘土ライナーが完成された後，ジオメンブレンが配置されるまでに何日も，何週間も，あるいは何ヶ月も経過してしまうことがある。工事におけるこのような時宜の不一致の期間中，CCL は下記の要因から保護されなければならない。

- 乾燥および収縮クラック。
- 湿潤ならびに車両の轍跡。
- 凍結。

これらは困難な（費用のかさむ）努力目標である。それゆえできるだけ速やかにジオメンブレンを配置することが，すべての当事者にとっての義務である。

「配慮」に関しては，土工業者は適切な線形と勾配に準じることはもちろんのこと，ジオメンブレン敷設業者のために用地を利用しやすい状態にしておく必要がある。むき出しで広げられたジオメンブレンが隅やまわりに置かれている状況で，土工装置を用いて締固め粘土の表面に最終仕上げを行うことは大失敗を招く。同様に，ジオメンブレンの敷設業者は，適切な線形と勾配を有するよう作業を行っている土工業者に敬意を表すべきである。ジオメンブレンの大きなロールを搬送する装置が，締固め粘土の表層に深い轍跡や不整を残すことがある。降雨直後に作業を行うことは，とにかく避けることである。低温天候下でのジオメンブレン敷設の場合に，粘土ライナーの表層に大きな凍結轍跡をつくることは許されない。基盤上の石と同様，凍結轍跡の最大深さ（または高さ）は 12 mm 以下でなければならない。

2.4.4.4 完全な接触に関する懸念. CCL あるいは GCL とジオメンブ

レンの接触の密着性に関しては，波型の起伏やしわの発生が懸念事項となる。これらの起伏は，敷設された後，日光に直接曝露されることに伴う温度上昇によって，ジオメンブレン中に発生する。このような起伏の発生はHDPEのような固くて厚いジオメンブレン材料においていっそう著しいとはいえるが，ジオメンブレンの全種類の膨張および収縮特性は概して同様であるから，起伏はすべてのジオメンブレンで発生するのである (Koerner 1994)。

問題は，ジオメンブレンに起伏が発生することではなく，いつ覆土をするかである。日照がなくなり夜間に温度が下がるとジオメンブレンは収縮して波やしわは消失する（過剰のたるみが継ぎ合わせシステムに設定されていないという条件で）。したがって，夜明けから起伏が再び発生し始める時間までに，覆土を行わなければならない。起伏が再発生する時刻（典型的には午前10時）から翌朝までは，ジオメンブレンには起伏が発生するであろう。もちろん，夜間の覆土施工は容認できるが，事故，作業者の安全，適当な照明，高いコストといった問題点がある。表面が白色のジオメンブレン（共押出しによる）の使用は，起伏高さを半減することが注目される（Koernerら 1995b）。したがって，太陽光曝露が重要な要因でなくなり，覆土の施工時間を上述の例よりも日中長く稼ぐことができる。

複合ライナーの下部構成要素としてのGCLに関して，GCL上部のジオテキスタイル中における液体の側方流れがHarpurら (1994) によって評価され，ほとんど懸念のないレベルであることが明らかにされた。水和したベントナイトがジオテキスタイル中の空隙を充填したり，通過して押出されたり，ジオメンブレンとの接触面における透過性は明らかに低減するのである。しかしながら，このことは別な点で懸念，すなわちジオメンブレンとGCLの接触面せん断強さの低下の可能性をもたらす。この種の複合バリアを急勾配斜面上に設ける場合は，適切な直接せん断試験と斜面安定解析を実施することが求められる。

2.5　ガス収集層

バリア層の真下，そして基層または廃棄物そのものの上に配置されるガス収集層についての設計上の推奨事項を，著者らは以下のとおり提案する。

- 天然土質材料を用いる場合，ガス収集層の厚さは最小300 mmとすること。
- 透過性が等価であることが示されるなら，ジオシンセティックスが使用できる。
- ガス収集層の構築に用いられる材料は，高透水性の粗粒土（砂など）か，ジオシンセティックスでなければならない。ジオシンセティックスとしては，厚いニードルパンチ型不織布のジオテキスタイル，ジオコンポジット，または関連する排水ジオコンポジットがある。
- 天然土質材料のガス収集層を用いる場合，ガスを垂直上昇管まで導けるよう，穴付きパイプをガス収集層の隅から隅まで水平に配備する等の方法で，ガス処理・処分のための屋外収集点へのガス排気がなされなければならない。
- ジオシンセティックスを用いる場合は，砂質土を用いる場合よりも流量が著しく高いから配管系統は必要でない。
- カバーシステムを貫通する垂直上昇管は数をできるだけ少なくし。断面の高所に位置しなければならない。この上昇管は，管に水が侵入したり管のまわりから水が浸透したりすることのないよう，設計されなければならない。

特にガスの垂直移動が妨げられる層状廃棄物処分場に有用な代替設計法としては，穴あき収集管を処分場に垂直に深く挿入する方法がある。この場合，各スタンドパイプは数層のカバー材を貫通することが求められる。ここでも，貫通部位は低透水性となるよう確実にシールされなければならない。スタンドパイプは直径300 mm以上とし，さらには，たとえば廃棄物を速やかに分解させるために浸出水を注入するパイプとしても活用できるような二元目的であってよい。

2.5.1 設 計

ガス収集層の設計は，天然土質材料またはジオシンセティックのいずれであっても，次式の流量に対する安全率（FS）が満たされるよう進められなければならない。

$$FS = \frac{q_{\text{allow}}}{q_{\text{reqd}}} \tag{2.13}$$

ここに

  q_{allow}＝許容（試験値）流量。

  q_{reqd}＝要求（設計値）流量。

 q_{allow} の値を得るために，透過性試験（現在，透過媒体としてガスが用いられる）が砂にもジオシンセティックスにも実施できる。ニードルパンチ型不織布ジオテキスタイルについてのデータが入手可能であり（Koerner 1994），同様の方法は他の材料にも適用できる。q_{reqd} の値についてはガス放出量の推定値が要求される。活発に分解している一般廃棄物については，ガスの放出量はきわめて高い。最終カバー中のジオメンブレンの「パンク」が，上の覆土を完全に移動させて発生した例もある（図1.7b 参照）。したがって，きわめて安全側の安全率の値が推奨される。非分解性の廃棄物に対しては，ガス発生流量はきわめて低くとることができる。その結果，低い安全率を用いても適当である。

 いかなる安全率であっても，バリア層中のジオメンブレンがある場合，発生ガスは（その種類と流量にかかわらず），土質バリア層単独（CCL または GCL）の場合ほどには単純に排気されないことに強調が必要である。ガス収集層が存在しており，かつ排気口に向かって正しく傾斜していることが必須要件であり，排気口は必然的にバリア層，排気層，保護層および表層を貫通しなければならない。排気口が CCL や GCL，ジオメンブレンを必然的に貫入するための設計細部にかかわるいくつかのアイデアを図2.10 に示す。

2.5.2 施　工

 ガス収集層に使用される材料は，排水層用粒状材やジオシンセティックス排水材と同様の仕様を有しなければならない。これらの材料は，上部に設けられる GCL や CCL の敷設と締固めを容易にする方法で施工されなければならない。いったん配置されたら，ガス排気層は収集パイプや排気口地点に向かってガスが自由に移動するようになっていなければならない。

 排気口は，ガスの収集，排気，あるいは処理が可能なパイプまたは通気口で構成される。排気層と排気口はカバー層への貫通を極力少なくして，カバー

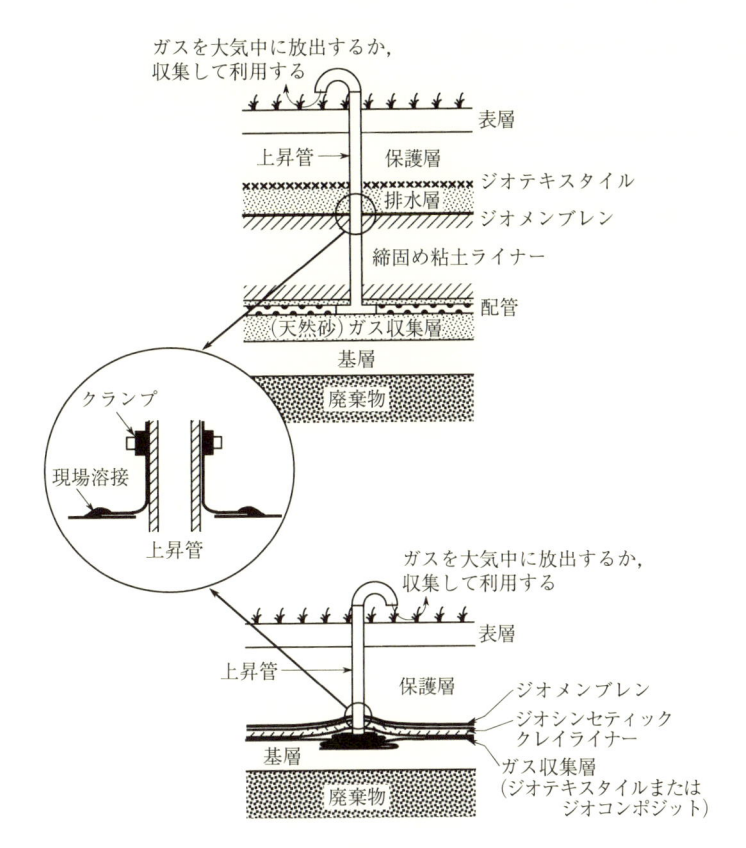

図2.10 ガス収集層（天然土質材料およびジオシンセティックス）から地表へ廃棄物処分場ガスを移動させるための排気口システムの例

を通過する液体の浸透量を少なくするように設計される（図2.10参照）。排気口ベントは最大排気が可能になるよう排気層の最高位置にバリア層を貫通して構築されなければならない。

　ガス収集層は，ガスを除去することだけでなく，その上のGCLの敷設やCCLの施工のための保護基盤を提供することになる。ガス収集層は，その上の層の敷設や締固めに先行し，予測される沈下を許容するような設計高さにまで，下層の廃棄物全体を覆って配置されなければならない。粒状土質材料かジオテキスタイルのフィルター材が，過度の目詰まりを防ぐためガス排気層とCCLの間に必要となる。通常，GCLの下側のジオテキスタイルが，水

和したベントナイトの下方押出しを防止するのに十分な能力があると考えられる。しかし，そのような状況に注意が注がれ，GCL の仕様が適切になされなければならない。

代替として，鉛直スタンドパイプによるガス収集管を穿孔部に設け，区画が廃棄物で満たされるに合わせて増やしていく方法がある。それらはコンクリートでつくられ，穿孔部の閉塞を防止するためにジオシンセティックフィルター材で包まれる。このジオテキスタイルは，時間の経過とともに生物的作用による目詰まりが生じないよう注意深く選ばれなければならない（Koerner ら 1995a）。

2.6 基　層

最終カバーの全断面が構築されて載るのが基層である。基層には，被覆される廃棄物の種類に応じて，即日覆土カバーや，一時的な覆土，あるいは規制基準を満たさない前もって配置された覆土の最終層がある。

現場特有の状況に関係なく，基層は，最終カバーの沈下が生じるのを最小化するよう機械締固めを行いうる最後の機会である。この理由から，基層は常に大きなコンパクターを用いて重密に転圧される。廃棄物塊中に深く応力が影響を及ぼすよう，締固め荷重ができるだけ繰り返し載荷される。

極端な状況では，深い動的締固め（DDC = Deep Dynamic Compaction）が利用されてきた。この方法では，廃棄物塊の表層に突き固めの大エネルギーが動員されるよう，大荷重（普通にはコンクリートブロック）が高所（数 m）から落下される。その結果，生成したくぼみは最終的に充填され，その表層は締固め装置で補強転圧される。Galenti ら (1991) は，特に廃棄物処分場閉鎖後にその土地の利用がなされる場合に，多数の廃棄物処分場で採用された DDC の技術について紹介している。DDC の作用深さは次式から推定できる。

$$D = 0.5(W H)^{1/2} \qquad (2.14)$$

ここに

　　D = 深さ (m)。
　　W = 追荷重の質量 (10^3 kg)。
　　H = 追荷重の落下高さ (m)。

土の高密度化（必ずしも固形廃棄物でない）については，改良効果が実質的に表れるのは深さ 1/2D までであり，その深さをこえると効果が減少する（Mayne ら 1984）。

よくある事例として，基層の上部 300 mm が粒状土質材料であるとき，それはガス収集層としても機能しうる。

最後に，順次継続的に配置される最終カバーの，すべての構成層の高さは，基層の線形と勾配に従っていることを述べなければならない。これらの最終線形と勾配は現場監視機関によって測量管理と検証がなされなければならない。

2.7 文 献

Boschuk, J. J. (1991). "Landfill Covers: An Engineering Perspective," Geotechnical Fabrics Report, Vol. 9, No. 2, IFAI, pp. 23 – 34.

Carroll, R. G., Jr. (1983). "Geotextile Filter Criteria," TRR96, Engineering Fabrics in Transportation Construction, Washington, DC, pp. 46 – 53.

Cedergren, H. R. (1967). *Seepage, Drainage, and Flow Nets*, John Wiley & Sons, Inc., New York, NY.

Cline, J. F. (1979). "Biobarriers Used in Shallow-Burial Ground Stabilization," Pacific Northwest Laboratory Report for U.S. Department of Energy. PNL Report No. 2918.

Cline, J. F., Cataldo, D. A., Burton, F. G., and Skiens, W. E. (1982). "Biobarriers Used in Shallow Burial Ground Stabilization," Nuclear Technology, Vol. 58, August, pp. 150 – 153.

Daniel, D. E. (1989). "In Situ Hydraulic Conductivity Tests for Compacted Clay," Journal of Geotechnical Engineering, Vol. 115, No. 9, pp. 1205 – 1226.

Daniel, D. E., and Boartman, B. T. (1993). "Report of Workshop on Geosynthetic Clay Liners," EPA/600/R-93/171, U.S. Environmental Protection Agency, Cincinnati, OH, 106 pgs.

Daniel, D. E., and Estornell, P. M. (1991). "Compilation on Alternative Barriers for Liner and Cover Systems," EPA/600/2-1/002, U.S. Environmental Protection Agency, Cincinnati, Ohio.

Daniel, D. E., and Koerner, R. M. (1996). *Waste Containment Facilities: Guidance for Construction Quality Assurance and Quality Control of Liner and Cover Systems*, ASCE Press, New York, NY, 354 pgs.

Daniel, D. E., and Scranton, H. B. (1996). "Report of 1995 Workshop on Geosynthetic Clay Liners," U.S. Environmental Protection Agency, Cincinnati, Ohio, 96 pgs (in press).

Daniel, D. E., Shan, H.-Y., and Anderson, J. D. (1993). "Effect of Partial

Wetting on the Performance of the Bentonite Component of a Geosynthetic Clay Liner," Proc. Geosynthetics '93. IFAI Publ., St. Paul, MN, pp. 1483 – 1496.

Daniel, D. E., and Wu, Y. K. (1993). "Compacted Clay Liners and Covers for Arid Sites," Journal of Geotechnical Engineering, Vol. 119, No. 2, pp. 223 – 227.

DePoorter, G. L. (1982). "Shallow Land Burial Technology Development," Report to the Low-Level Waste Management Program Review Committee. Los Alamos National Laboratory, Los Alamos, NM.

Galente, V. N., Eith, A. W., Leonard, M. S. W., and Finn, P. S. (1991). "An Assessment of Deep Dynamic Compaction as a Means to Increase Refuse Density for an Operating Landfill," Proc. Midland Geotechnical Society, United Kingdom, July, pp. 183 – 193.

Garrels, (1951). In J. k. Mitchell's, *Fundamental of Soil Behavior*, J. Wiley and Sons, New York, NY, 1976.

Gee, G. W., Fayer, M. J., Rockhold, M. L., and Campbell, M. D. (1992). "Variations in Recharge at the Hanford Site," Northwest Science, Vol. 66, pp. 237 – 250.

Harpur, W. A., Wilson-Fahmy, R. F., and Koerner, R. M. (1994). "Evaluation of the Contact Between GCLs and Geomembranes in Terms of Transmissivity," Proc. Conf. on Geosynthetic Liner Systems, R. M. Koerner and R. F. Wilson-Fahmy, Eds., IFAI, St. Paul, MN, pp. 143 – 154.

Hokanson, T. E. (1986). "Evaluation of Geologic Materials to Limit Biological Intrusion of Low-Level Radioactive Waste Disposal Sites," Los Alamos National Laboratory, Report No. LA-10286-MS.

Hsuan, Y. G., and Koerner, R. M. (1995). "Long-Term Durability of HDPE Geomembranes, Part 1 - Depletion of Antioxidants," GRI Report #16, December 11, 1995, Philadelphia, PA, 37 pgs.

Hudson, R. Y. (1959). "Laboratory Investigation of Rubble Mound Breakwaters," Proc. Waterways and Harbors Div., ASCE, September, pp. 93 – 121.

Johnson, D. I., and Urie, D. H. (1985). "Surface Barrier Caps: Long-Term Investments in Need of Attention," Waste Management and Research, 3, pp. 143 – 148.

Kemper, W. D., Nicks, A. D., and Corey, A. T. (1994). "Accumulation of Water in Soils under Gravel and Sand Mulches," Soil Science Society of America Journal, Vol. 58, pp. 56 – 63.

Koerner, G. R., Koerner, R. M., and Martin, J. P. (1995a). "Design of Landfill Leachate Collection Filters," Jour. of Geotechnical Engineering Div., ASCE, Vol. 120, No. 10, October, pp. 1792 – 1803.

Koerner, G. R., and Koerner, R. M. (1995b). "Temperature Behavior of Field Deployed HDPE Geomembranes," Proc. Geosynthetics '95, IFAI, pp. 921

– 937.

Koerner, R. M. (1994). *Designing with Geosynthetics*, Third Edition, Prentice-Hall, Englewood Cliffs, NJ, 783 pgs.

Koerner, R. M., Carson, D. A., Daniel, D. E., and Bonaparte, R. (1997). "Current Status of the Cincinnati GCL Test Plots," Proc. GRI-10 Conference on Field Performance of Geosynthetics, GII Publ., Philadelphia, PA. pp. 153 – 182.

Koerner, R. M., and Daniel, D. E. (1994). "A Suggested Methodology for Assessing the Technical Equivalence of GCLs to CCLs," Proc. GRI-7 Conference on Geosynthetic Liner Systems, IFAI Publ., St. Paul, MN, pp. 265 – 285.

Koerner, R. M., Koerner, G. R., and Eberlé, M. A. (1996). "Out-of-Plane Tensile Behavior of Geosynthetic Clay Liners," Geosynthetics International, Vol. 3, No. 2, pp. 277 – 296.

Koerner, R. M., Koerner, G. R., and Hwu, B.-L. (1990). "Three Dimensional, Axi-Symmetric Geomembrane Tension Test," *Geosynthetic Testing for Waste Containment Applications*, ASTM STP 1081, Robert M. Koerner, Ed., American Society for Testing and Materials, Philadelphia, PA, pp. 170 – 184.

Koerner, R. M., and Narejo, D. (1995). "Bearing Capacity of Hydrated Geosynthetic Clay Liners," Tech. Note Jour. of Geotechnical Engineering Division, ASCE, Vol. 121, No. 1, pp. 82 – 85.

Lee, C. R., Skogerboc, J. G., Eskew, K., Price, R. W., Page, N. R., Clar, M., Kort, R., and Hopkins, H. (1984). "Restoration of Problem Soil Material at Corps of Engineers Construction Sites," Instruction Report EL-84-1, U.S. Army Engineer Waterways Experiment Station, Vicksburg, MS.

Ligotke, M. S., and Klopfer, D. C. (1990). "Soil Erosion Rates from Mixed Soil and Gravel Surfaces in a Wind Tunnel," PNL-7435, Pacific Northwest Laboratory, Richland, WA.

Mayne, P. W., Jones, J. S., and Dames, J. C. (1984). "Ground Response to Dynamic Compaction," Jour. Geotechnical Engineering Div., ASCE, Vol. 110, No. 6, June, pp. 757 – 774.

Nyhan, J. W., Abeele, W. V., Drennon, B. J., Herrera, W. J., Lopez, E. A., Landhorst, G. J., Stallings, E. A., Walder, R. D., and Martinez, J. L. (1985). "Development of Technology for the Design of Shallow Land Burial Facilities at Arid Sites," LA-UR-35-3278, Proceedings of the Seventh Annual Participants' Information Meeting, DOE, Low-Level Waste Management Program.

Repa, E. W. J., Herrmann, E. F., Tokarski, E. F., and Eades, R. R. (1987). "Evaluating Asphalt Cap Effectiveness at a Superfund Site," Jour. Env. Eng., Vol. 113, No. 3, June, pp. 649 – 653.

Soong, T.-Y., and Koerner, R. M., (1996). "Seepage Induced Slope Instability,"

Proc. GRI-9 Conf. on Geosynthetics in Infrastructure Enhancement and Remediation, GII Publ., Philadelphia, PA, pp. 245 – 265.

Swope, G. L. (1975). "Revegetation of Landfill Cover Sites," M.S. Thesis, Pennsylvania State University, State Park, PA.

Thornburg, A. A. (1979). "Plant Materials for Use on Surface Mined Lands," TP-157 and EPA-600/7-79-134, Soil Conservation Service, U.S. Department of Agriculture, Washington, DC.

Trautwein, S. J., and Boutwell, G. P. (1994). "In Situ Hydraulic Conductivity Tests for Compacted Clay Liners and Caps," *Hydraulic Conductivity and Waste Contaminant Transport in Soil*, ASTM STP 1142, D. E. Daniel and S. J. Trautwein, Eds., American Society for Testing and Materials, Philadelphia, PA, pp. 184 – 223.

Wing, N. R., and Gee, G. W. (1994). "Quest for the Perfect Cap," Civil Engineering, 64 (10), pp. 38 –41.

Wischmeier, W. H., and Smith, D. D. (1960). "A Universal Soil-Loss Equation to Guide Conservation Form Planning," 7th Intl. Conf. on Soil Science, Madison, WI.

Wright, M. J. (Ed.) (1976). *Plant Adaptation to Mineral Stress in Problem Soils*, Cornell University Agricultural Experiment Station, Ithaca, NY.

第3章

最終カバーシステムの断面構成

　本章では，最終カバーシステムの断面構成について多数の事例を述べる。一般廃棄物（MSW），有害廃棄物，および放棄されたゴミ捨場のためのカバーに分類しており，原位置修復カバーは放棄されたゴミ捨場カバーの範疇に含まれる。本章は一貫して，仮設カバーよりもむしろ最終カバーに重点を置いて述べている。固有の材料を提示しているが，それらは設計者にとって実現可能な唯一の選択ではないことに注目しなければならない。しかしながら，それらは入手可能な材料に基づいて著者らが推薦するものであり，そして最良の利用可能な技術であると考えられるものである。ここに示した断面構成は事例として提示されているものであり，決して排他的に推薦するものではないことを強調しておきたい。現場固有および廃棄物固有の条件が全体の構成と材料を最終的に決定するのである。

3.1 一般廃棄物カバー

最終カバーシステムの個々の構成要素，すなわち

- 表層。
- 保護層。
- 排水層。
- バリア層（水理およびガス）。
- ガス収集層/基層（合体層とみなして）。

のなかで，注目されなければならない多くの現場固有ならびにプロジェクト固有の条件がある。一般廃棄物に関しては，水理バリア層を通過して下層の廃棄物中への許容浸透に関する事項が考察されなければならない。著者らの主観ではあるが，一般廃棄物最終カバーとして以下の3分類が考えられるであろう。

- 最小浸透を許容する場合，すなわち，水理バリア層を通過してその下層にある廃棄物へ浸透する水の最小可能量が許容されている。
- 中間浸透を許容する場合，すなわち，水理バリア層を通過してその下層にある廃棄物へ浸透する水の中間量が許容されている。

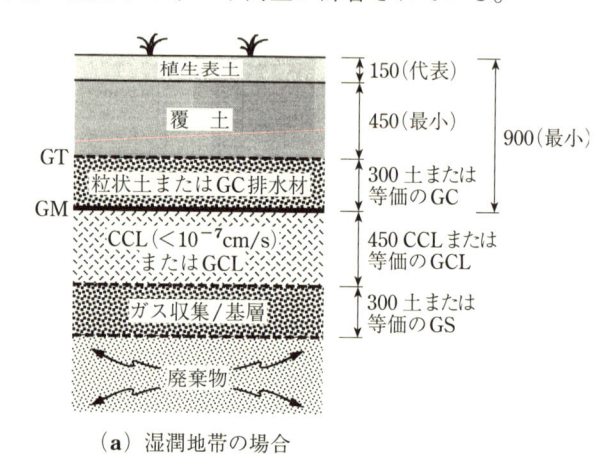

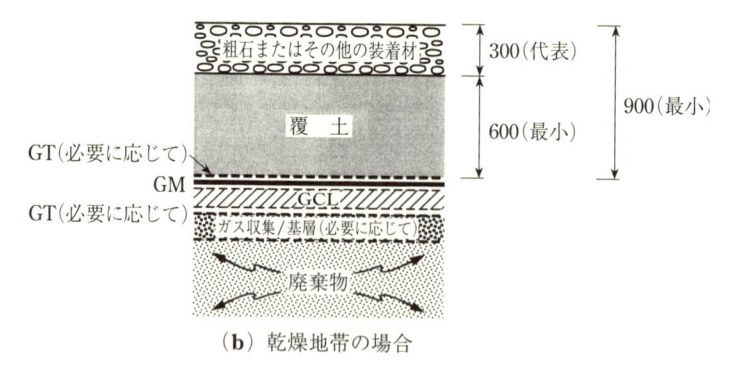

図 3.1 最小浸透を許容する一般廃棄物最終カバーの例（単位：mm）

- 最大浸透を許容する場合，すなわち，水理バリア層を通過してその下層にある廃棄物へ浸透する水の最大量が許容されている。

図3.1，図3.2および図3.3は，それぞれ最小，中間および最大許容浸透に対する代表的な推奨構成断面を示している。さらに，推奨断面は湿潤地と乾燥地に対して示されている。したがって現場の気象条件がきわめて重要である。湿潤地には，一般に乾燥地とは異なった最終カバーシステム戦略が要求されると考えられる。表3.1には考えうる構成要素を比較して対照的に示している。

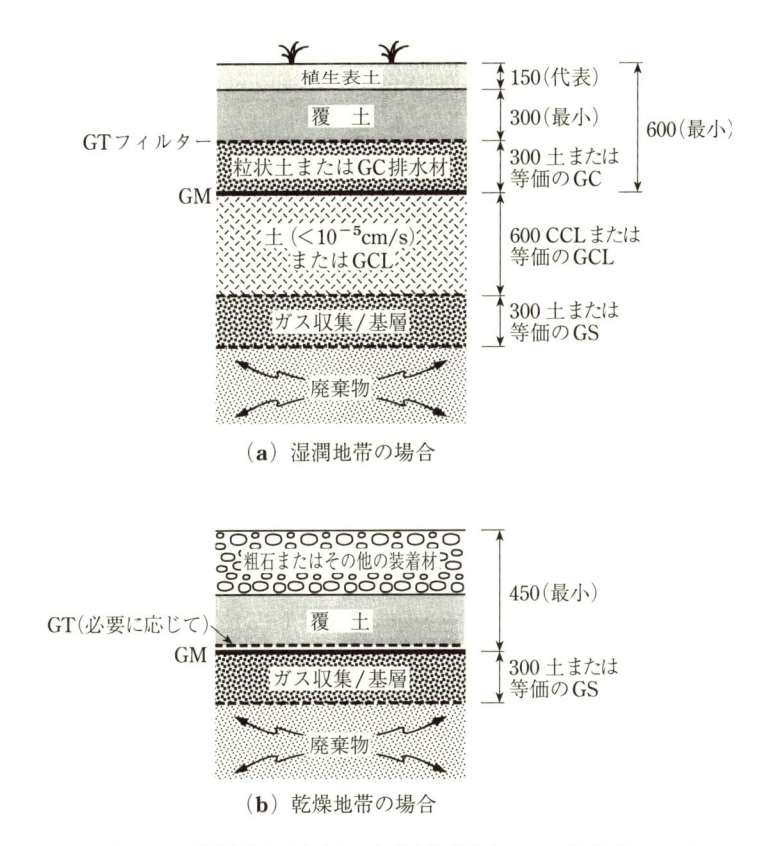

(a) 湿潤地帯の場合

(b) 乾燥地帯の場合

図 3.2 中間浸透を許容する一般廃棄物最終カバーの例（単位：mm）

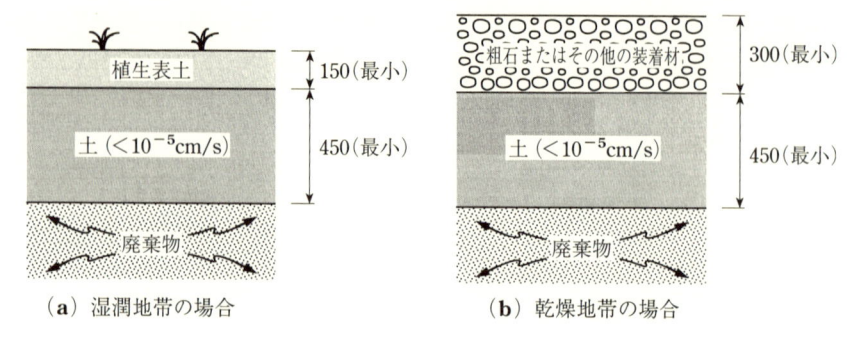

図 3.3 最大浸透を許容する一般廃棄物最終カバーの例（単位：mm）

(a) 湿潤地帯の場合：植生表土 150(最小)、土 ($<10^{-5}$ cm/s) 450(最小)、廃棄物

(b) 乾燥地帯の場合：粗石またはその他の装着材 300(最小)、土 ($<10^{-5}$ cm/s) 450(最小)、廃棄物

表 3.1 一般廃棄物処分場最終カバーのための構成要素の比較

構成要素	最小浸透		中間浸透		最大浸透	
	湿潤地帯	乾燥地帯	湿潤地帯	乾燥地帯	湿潤地帯	乾燥地帯
表層	植生表土	粗石	植生表土	粗石	植生表土	粗石
表層を含む保護土層の最小厚さ (mm)	900*	900	600*	450	600*	750
排水層	土またはGC	なし	土またはGC	なし	なし**	なし
バリア層（水理とガス制御）	GM/CCLまたはGM/GCL	GM/GCL	GM/CCLまたはGM/GCL	GM	低透水性の土	低透水性の土
ガス収集層/基層	土またはGS	土またはGS	土またはGS	土またはGS	土またはGS	土またはGS

註：GC = ジオコンポジット；CCL = 締固め粘土ライナー；GM= ジオメンブレン；
　　GCL = ジオシンセティッククレイライナー；GS = ジオシンセティック

* 排水層またはバリア層を凍結から保護するために，必要に応じて厚さを増やす。
** 斜面安定を要求しないとして。

　表層に関して，湿潤地での植生の種類は地域に根づいたものでなければならない。表土の厚さは，利用される特定植物種の根の深さに基づいて決められる。乾燥地では，粗石の大きさは地域条件，特に風速およびカバーの幾何学的構成に依存する。他の硬質装着システムも，また，粗石の代替として利用可能である。グラウト充填マットレスや連接構造プレキャストコンクリー

トブロックが代替材の例である（Koerner 1994）。

　保護層に関して，多くの問題が考察されなければならないが，厚さがその主要な問題であろう。第2章で述べた保護層にかかわるさまざまな論拠のうちで，現場が重大な凍結深さを伴う地域である場合に，凍結保護の問題が常に提起される。しかしながら，凍結深さはカバーシステムとして締固め粘土ライナーが用いられた場合のみに決定的な問題となる。Othmanら（1994）によって述べられたとおり，締固め粘土ライナーは一般に凍結－融解の多数サイクルはいうまでもなく，1サイクルに曝露されてさえも，その低透水係数を失う。一方，Comerら（1995）およびHewittとDaniel（1997）らが示すように，ジオメンブレンもジオシンセティッククレイライナーも，凍結－融解サイクルに対して敏感でない。したがって，ジオメンブレンやジオシンセティッククレイライナーを用いるときは，数mの保護層厚さが必要でなく要望もされない。凍結侵入の懸念がない保護層の厚さは，人の侵入，穿孔動物や植物根の侵入，乾燥の可能性などの問題によって規定される。

　排水層に関しては現場の気象条件が重要となる。第1章で述べたとおり，排水層はいくつかの目的に機能しうるが，斜面安定の向上が最も重要なものである。不適切な排水は過去において斜面安定に問題を起こしている（Boschuk 1991, ThielとSteward 1993, およびSoongとKoerner 1996を参照）。第5章では斜面安定手法と関連する詳細事項に焦点を当てている。

　水理/ガス バリア層に関して，GM/CCLやGM/GCLの組合せは，最も効果的なバリアシステムであって最小浸透を提供する。ジオメンブレンまたはCCL単独は効果が幾分か劣るので中間浸透を与えることになる。水理バリア層に単独に用いられる低透水性土（たとえば初期透水係数が $k \leq 1 \times 10^{-7}\,\mathrm{cm/s}$）は時間とともに劣化するから，最大浸透が容認されている場合に限って用いられる。許容される浸透量は，廃棄物固有および現場固有の値となる。また，第1章で述べたとおり，許容される浸透はその場所で実践される液体制御戦略と相互に関係する。ジオメンブレンの種類の選択は，比較的高度の非平面または軸対称変形性能に対する要求の程度によって決められることが多い。これまで各種のジオメンブレンが評価されてきたし，多くの研究テーマとなってきた（Steffen 1986, Koernerら1990, およびNobert 1993参照）。これらの研究結果は，極柔軟性ポリエチレン（VFPE），柔軟性ポリプロピレン（fPP），あるい

はポリ塩化ビニル（PVC）の使用を一般に導いている。VFPE には極低密度ポリエチレン（VLDPE），線状低密度ポリエチレン（LLDPE），および低密度線状ポリエチレン（LDLPE）がある。代替物として，HDPE/VFPE/HDPE のような共押出しポリエチレンも適用可能である。下部の土，CCL，あるいは GCL の選定は第 2 章で考察したとおり，基本的に不同沈下，凍結/融解サイクル，湿潤/乾燥の潜在性，および斜面安定に関する問題に支配される。

ガス収集層をバリア層の真下に設けることが，一般廃棄物に対して強く推奨される。多くの廃棄物処分場の最終カバーで，ジオメンブレンの下に閉じ込められたガスが，著しく大きなジオメンブレンのパンク（破裂）を発生させたことが報告されている（図1.7b 参照）。たとえパンクがなくとも，ジオメンブレンの下部にゆきわたったガス圧は，GM/GCL あるいは GM/CCL 接触面での垂直応力を低下させ，斜面の不安定性をもたらす結果となる。ガス収集層用の材料としては，砂，排水ジオコンポジット（たとえばジオテキスタイル/ジオネット/ジオテキスタイルまたはジオテキスタイル/排水コア/ジオテキスタイル），あるいは厚手のニードルパンチ不織布ジオテキスタイルのいずれかがある。なお，上に敷設されるバリア層が比較的透水性の高い土からなっていて最大浸透を許容する場合には，ガス収集層を割愛してもよいであろう。とはいえ，ガス放出を最大に制御することが望ましいならば，ガス収集層を設けることがやはり好ましい。

基層については，一般廃棄物の地表面は沈下や陥没をできる限り避けるためにコンパクターを用いて補強転圧されなければならない。極端な例では，重錘落下締固め工法によって廃棄物塊を高密度化できる（Galenti ら 1991）。適切な締固めの後，廃棄物表面には一般に計画と仕様に応じて整地される基層が施工される。この基層材料として粒状土を用いた場合は，ガス収集層としても機能する。基層に細粒土を用いた場合には，その上部にジオシンセティック・ガス収集層の設置を必要とすることになる。

3.2 有害廃棄物カバー

　有害廃棄物処分場の最終カバーは，一般廃棄物処分場のカバーと同様の構成要素からなっている。しかしながら有害廃棄物については，下層の廃棄物をできるだけ乾燥状態に保つことがバリア層の総合戦略となる。したがってほとんどの場合，最小許容浸透，つまり GM/CCL あるいは GM/GCL からなる複合バリアとすることが推奨される。推奨される断面構成は，湿潤気候と乾燥気候では異なる。加えて，たとえば高圧縮性のスラッジを処分した池沼や潟湖の閉鎖（カバリング）する場合など，圧縮性の高い廃棄物や下部地盤土質に対しては，施工後の沈下/沈没を最小化するために軽量覆土材の利用の可能性を考慮しなければならない。したがって本節では以下の分類が考慮される。

- 湿潤地帯。
- 乾燥地帯。
- 軽量盛土。

　図3.4～図3.6はそれぞれ，これら3つの状況における断面構成の例を示

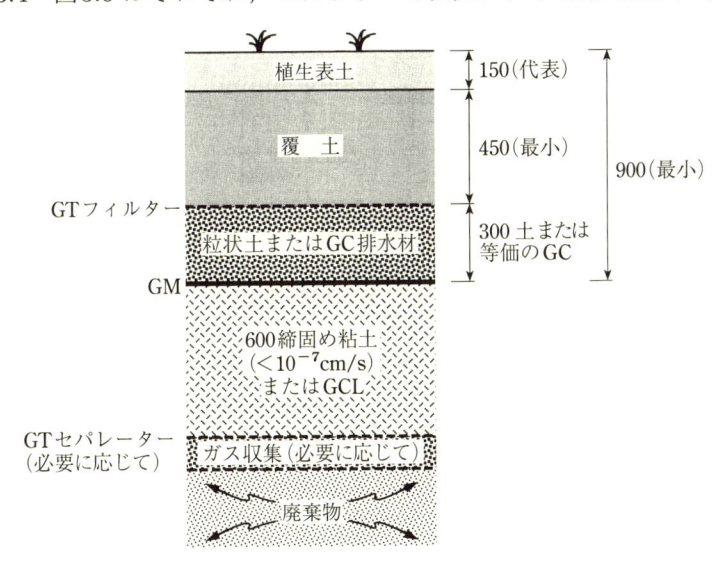

図 **3.4**　湿潤地帯における有害廃棄物最終カバーの例（単位：mm）

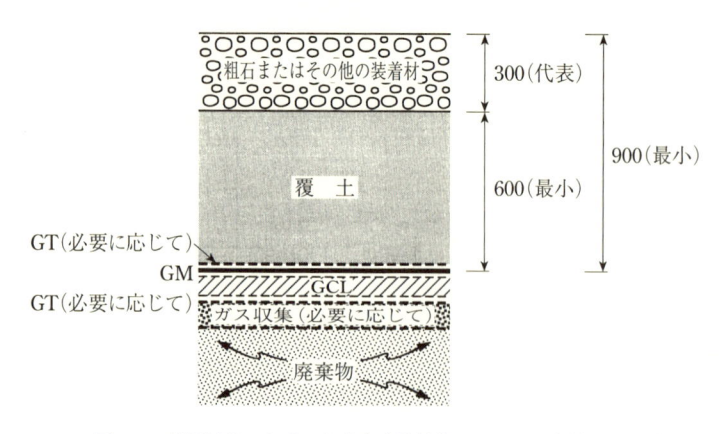

図3.5 乾燥地帯における有害廃棄物最終カバーの例（単位：mm）

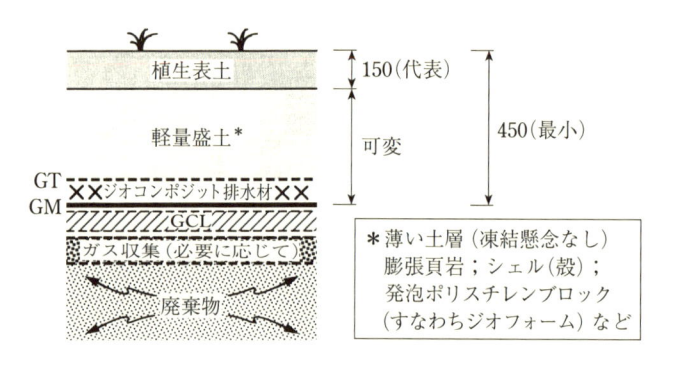

図3.6 湿潤地帯における軽量盛土有害廃棄物最終カバーの例（単位：mm）

している。また，表3.2には構成要素が対比して示されている。

表層に関しては，既述した一般廃棄物の最終カバーについてのコメントが有害廃棄物にも適用しうる。

保護層に関しては，層厚がやはり主要な課題となる。これは凍結防止の観点ならびに下部にある廃棄物を潜在的な侵入者（人），穿孔動物，あるいは植物根から物理的に確実に隔離するという観点から考慮されるべき課題である。放射性廃棄物，可燃性廃棄物，あるいは毒性廃棄物に対しては，覆土の厚さは，数百年以上にも及ぶ設計寿命期間にわたって十分な保護機能を有するよう，図3.4～図3.6および表3.2に示された例よりも大きくとられることが多

表 3.2 有害廃棄物処分場最終カバーのための構成要素の比較

構成要素	湿潤地帯	乾燥地帯	軽量カバー (湿潤地帯)
表層	植生表土	粗石	植生表土
表層を含む保護土層の最小厚さ (mm)	900*	900	450*
排水層	土または GC	なし	GC
バリア層 (水理とガス制御)	GM/CCL または GM/GCL	GM/GCL	GM/GCL
ガス収集層/基層	必要に応じて	必要に応じて	必要に応じて

註：GC = ジオコンポジット；CCL = 締固め粘土ライナー；GM = ジオメンブレン；GCL = ジオシンセティッククレイライナー

* 排水層またはバリア層を凍結から保護するために，必要に応じて厚さをより大きくする．

い．これら特別な部類の廃棄物に対する保護層の厚さは，廃棄物固有ならびに現場固有の問題となる．

　排水層に関しては，地域の気象特性が考慮されるべき支配的な事項である．覆土を通過して移動する地表水は，バリア層の上に配置される天然土質材料（砂または礫）の排水材やジオコンポジット排水材によって収容される．このような排水施設は最先端の実践技術である．その一方で不適格な排水システムは，最終カバーの不安定性の原因となり，数多くの斜面崩壊をもたらしてきた（Boschuk 1991）．

　水理/ガスバリア層に関しては，複合バリアシステムが有害廃棄物処分場に対して推奨される．複合バリアシステムは，CCL や GCL をジオメンブレンが被覆するものが代表的であろう．湿潤地帯における有害廃棄物処分場に対しては，図3.4 に示したとおり CCL の使用が適している場合が多い，というのは，有害廃棄物は一般廃棄物処分場や放棄されたゴミ捨場よりも全沈下や不同沈下が概して小さく，かつ，クラックの発生が少ないためである．

　大きな沈下が予測される放棄ゴミ捨場，閉鎖されたスラッジの貯蔵池，およびその他の有害廃棄物処分場に対しては，CCL よりも GCL の方が優れた選択であることが証明される．CCL あるいは GCL のいずれを使用するかの最終的に決定するには，プロジェクト固有の技術的問題と費用ならびにその

他の要因による。図3.5と図3.6にそれぞれ示された乾燥地帯と軽量盛土向けのバリアシステムは，通常 GM/GCL の複合バリアである。

バリア層の下のガス収集層に関しては，下層に存在する廃棄物の特性が考慮されなければならない。ガスの発生の可能性がなければ，ガス収集層は必ずしも設ける必要はない。

最終カバーシステムが上に構築されることになる基層に関しては，その必要性の判断は廃棄物固有の問題となる。多くの有害廃棄物処分場では，廃棄物（水平層状，トレンチ状，区画状に埋め立てられることが多い）と地表面との間に分厚い土層が存在している。このような場合，廃棄物塊は一般廃棄物処分場や放棄ゴミ捨場と比べれば比較的安定である。したがって廃棄物の最上層の上に設置される最終覆土層を，適正に整地して締め固めることにより基層として活用できる。

3.3 放棄されたゴミ捨場と廃棄物修復カバー

放棄されたゴミ捨場や修復現場における最終カバーは，他の廃棄物のカバーと同様の構成要素からなる。

一般廃棄物や有害廃棄物と比較すると，放棄されたゴミ捨場や修復現場における廃棄物塊の性状とばらつきは，一般にほとんどわからないことが多い。調査ボーリングが作業安全性等の問題をひき起こしうるため，廃棄物層の深さや側方の広がりさえも疑問にならざるをえない場合がある。したがって最終カバーの設計にあたっては保守的なアプローチが推奨される。つまり戦略としては，一般廃棄物の場合と同様に最小あるいは中間の許容浸透を検討し，かつ急勾配斜面を特別に考慮することになる。特別な急勾配斜面をもつカバーを一般廃棄物や有害廃棄物処分場にも適用することはあるが，通常は一般廃棄物や有害廃棄物処分場の典型的な設計ならびに規制に関する特徴が，安定である斜面勾配を決定したり，合成層補強 (veneer reinforcement) を利用して安定性を高めたりする根拠となる。3割勾配（$1V:3H$ すなわち 18.4°）が一般廃棄物や有害廃棄物処分場の最終カバーの最大許容勾配である場合が多く，州によってはせいぜい4割（$1V:4H$ すなわち 14.0°）のところもある。

放棄ゴミ捨場や廃棄物修復プロジェクトでは，最終カバーを緩やかな勾配

に抑えることが不可能な場合が多い．さらに，作業の安全性とガス噴出の懸念があるため，現場の傾斜を整地したり低くすることは不可能な場合がある．したがって，2割（$1V:2H$ すなわち $26.6°$）以上の勾配に遭遇することも時にはある．このような勾配斜面はジオシンセティック補強を必要とすることが多い．そしてすべての場合において，斜面安定性が（水の浸透よりも）重要な設計上の懸念事項となる．このような斜面でカバーがすべりを生じれば，浸透制御のための最も効果的なシステムも無用のものになってしまう．

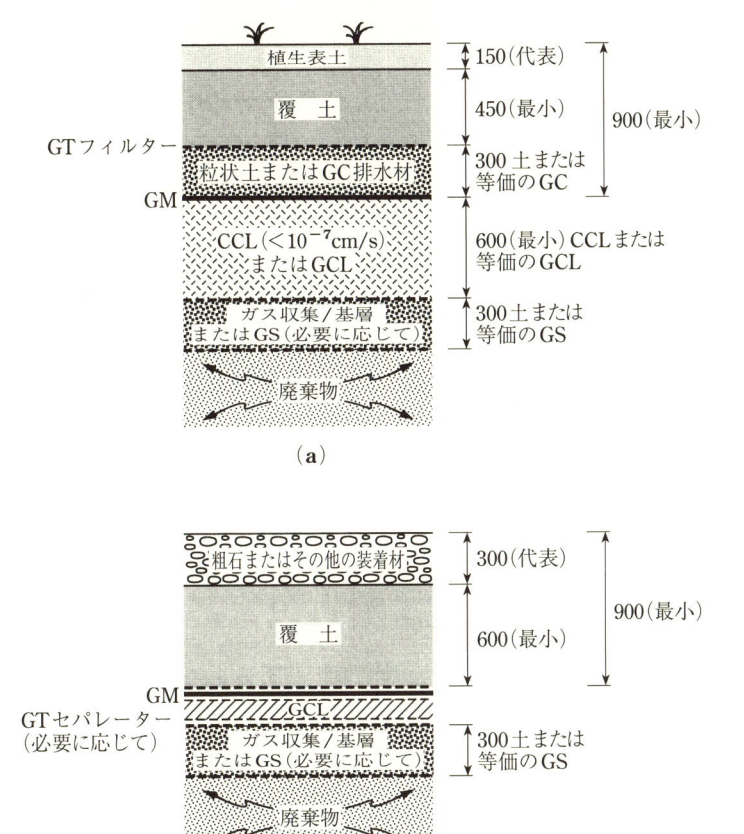

図 3.7 最小浸透を許容する放棄ゴミ捨場あるいは修復現場の最終カバーの例（単位：mm）

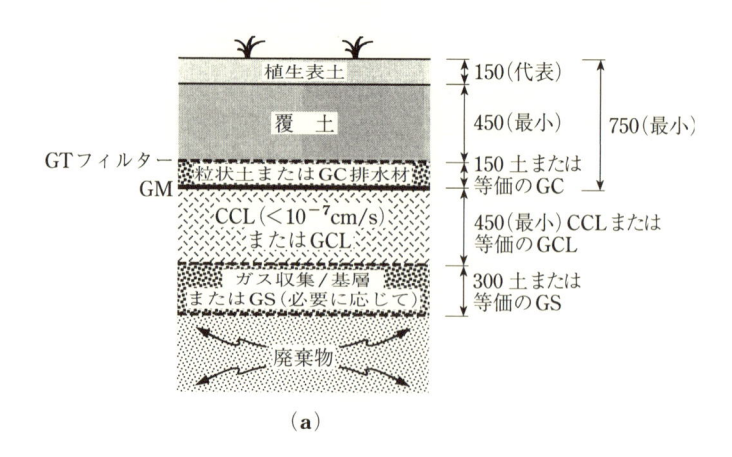

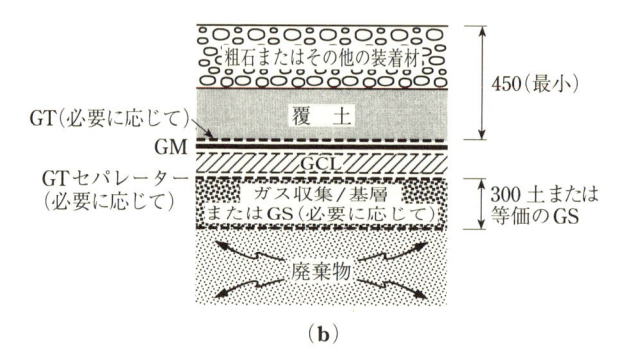

図 3.8 中間浸透を許容する放棄ゴミ捨場あるいは修復現場の最終カバーの例（単位：mm）

図3.7〜図3.9の断面図は，この節で考慮される断面構成の例を示している。これらの例はそれぞれ次のとおりである。

- 最小浸透（図3.7）。
- 中間浸透（図3.8）。
- 急斜面（図3.9）。

いずれの断面構成も，湿潤気候と乾燥気候のそれぞれに対して示される。表3.3は各構成の基本要素の差異を比較している。

表層に関しては，一般廃棄物の節（3.1）で述べた注釈が当てはまる。

保護層に関しては，図3.9に示した急斜面の断面構成を除けば，一般廃棄

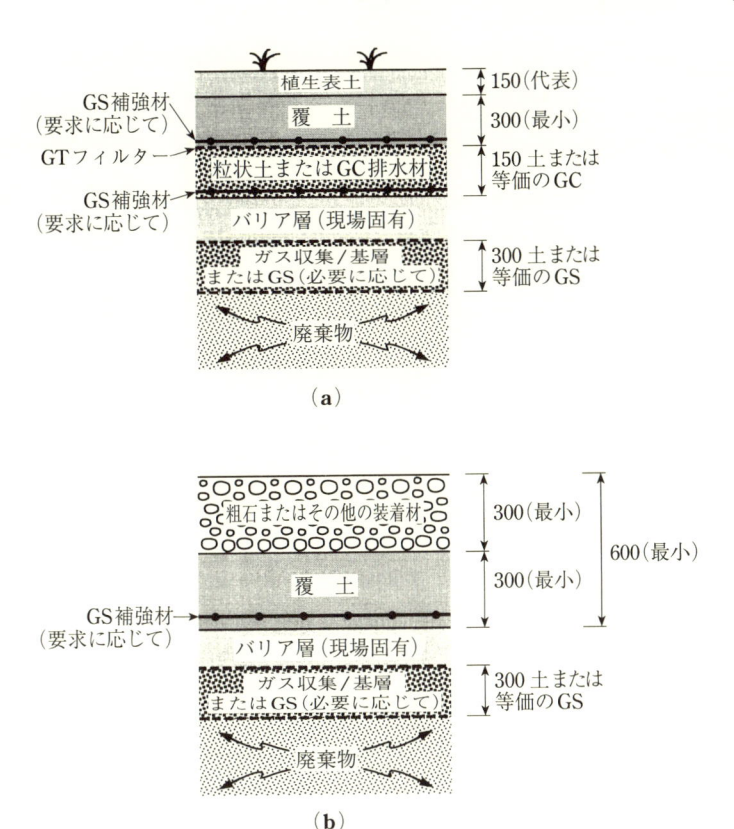

図 3.9 3割 ($1V : 3H = 18.4°$) 以上の急勾配上の放棄ゴミ捨場
あるいは修復現場の最終カバーの例（単位：mm）

物の保護層に類似している。傾斜角，小段間距離，土の種類，ならびに現場の最終的な土地利用（もしなされるならば）によっては，設計には斜面補強が必要となる。この補強は「合成層補強（veneer reinforcement）」と称され，ジオグリッドまたは高強度ジオテキスタイルによって行いうる。合成層補強は通常，保護層のなかに配置される。この問題は第5章でさらに考察される。

排水層は，湿潤気候地帯にある放棄ゴミ捨場や修復現場では一般に必要となる。乾燥地帯はこのような層なしに設計されることがある。排水層が必要な場合は，土層（砂または礫）によるか，あるいはジオシンセティック排水材によって構築できる。後者は，表面にジオテキスタイルフィルター/セパレーターを伴った排水コア，表面にジオテキスタイルフィルター/セパレーターを

表 3.3 放棄された廃棄物処分場最終カバーのための構成要素の比較

構成要素	最小浸透		中間浸透		急斜面	
	湿潤地帯	乾燥地帯	湿潤地帯	乾燥地帯	湿潤地帯	乾燥地帯
表層	植生表土	粗石	植生表土	粗石	植生表土	粗石
表層を含む保護土層の最小厚さ (mm)	900*	900	750*	450	600*	600
排水層	土または GC	なし	土または GC	なし	土または GC	なし
バリア層 (水理とガス制御)	GM/CCL または GM/GCL	GM/GCL	GM/CCL または GM/GCL	GM/GCL	現場固有	現場固有
ガス収集層/基層	土または GC (必要に応じて)	土または GC (必要に応じて)	土または GC (必要に応じて)	土または GC (必要に応じて)	土または GC (必要に応じて)	土または GC (必要に応じて)

註：GC＝ジオコンポジット；CCL＝締固め粘土ライナー；GM＝ジオメンブレン；GCL＝ジオシンセティッククレイライナー

＊排水層またはバリア層を凍結から保護するために，必要に応じてより大きくする．

伴ったジオネット，あるいは厚手のニードルパンチ不織布ジオテキスタイルなどがある．材料の選定は，第2章で概説した方法にて測定されるような所要流速に基づいてなされる．

水理/ガスバリア層に関しては一般に複合システムが推奨される．これはCCLまたはGCLとそれを被覆したジオメンブレンからなる．しかしながら放棄ゴミ捨場の特性が十分にわかっている場合を除けば，通常はGM/GCLが推奨されるであろう．GCLはある程度不同沈下には追随・適応しうるからである（DanielとBoardman 1994およびKoernerら1996参照）．逆にCCLは不同沈下によって特に損傷を受けやすい．図3.9に示した急傾斜勾配の状況はきわめて現場固有のものである．いくつかの廃棄物放棄現場では傾斜があまりにも急勾配なので，バリア層の必要性すら疑問視されるほどである．

ガス収集層に関しては，一般にガスの存在がありうるものと考えられるから，その設置が推奨される．ガス収集層には天然土質材料（砂または礫）やジオシンセティックを用いることができる．ジオシンセティックは一般に表面にジオテキスタイルフィルター/セパレーターをもったジオネット，あるいは

厚手のニードルパンチ不織布ジオテキスタイルであろう。設計上の重要事項はガス発生速度を推定することだが，そのための有益な文献は見当たらない。したがって，ガス流速に対する容量は安全側で推定されなければならない。

　基層に関して，放棄された廃棄物は重密に補強転圧されなければならない。転圧しても基層に適さないときは，土質材料の層を用いることが最良の方法である。重錘落下締固め工法が廃棄物放棄現場にて実施されることもあるが，作業者の安全に対する配慮が必要である。粒状土を基層とすることができるが，その場合，基層はガス収集層としても機能する。最後に基層は，最終的な整地が行われる層であることを付言しておきたい。基層は，現場固有の最終的な計画ならびに仕様に準拠して設置されなければならない。基層が配置され締め固められ整地された後には，均一な厚さの土層と各種ジオシンセティックスがその上に敷設されることになる。もし基層の整地が杜撰であれば，その後に設置されるすべての材料は，それに相応して影響を受けるであろう。この点に関しては，すべての最終カバーについて同様である。

3.4 文　献

Boschuk, J. J. (1991). "Landfill Covers: An Engineering Perspective," Geotechnical Fabrics Report, Vol. 9, No. 2, March, IFAI, pp. 23 – 34.

Comer, A. I., Sculli, M. L., and Hsuan, Y. G. (1995). "Effects of Freeze-Thaw Cycling on Geomembrane Sheets and Their Seams," Proc. Geosynthetics '95, IFAI, St. Paul, MN, pp. 853 – 866.

Daniel, D. E., and Boardman, B. T. (1993). "Report of Workshop on Geosynthetic Clay Liners," U.S. Environmental Protection Agency, Risk Reduction Engineering Laboratory, Cincinnati, Ohio, EPA 600/2–93/171.

Galenti, V. N., Eith, A. E., Leonard, M. S. M., and Feen, P. S. (1991). "An Assessment of Deep Dynamic Compaction as a Means to Increase Refuse Density for an Operating Municipal Waste Landfill," Proc. of Waste Conference by Midland Geotechnical Society, United Kingdom, July, pp. 183 – 193.

Hewitt, R. D. (1994). "Hydraulic Conductivity of Geosynthetic Clay Liners Subjected to Freeze/Thaw," M. S. Thesis, University of Texas at Austin, 103 pgs.

Koerner, R. M. (1994). *Designing with Geosynthetics*, 3rd Edition, Prentice Hall Publ. Co., Englewood Cliffs, NJ, 783 pgs.

Koerner, R. M., Koerner, G. R., and Eberlé, M. A. (1996). "Out-of-Plane

Tensile Behavior of Geosynthetic Clay Liners," Geosynthetics International, Vol. 3, No. 2, pp. 277 – 296.

Koerner, R. M., Koerner, G. R., and Hwu, B.-L. (1990). "Three Dimensional, Axi-Symmetric Geomembrane Tension Test," Proc. Geosynthetic Testing for Waste Containment Applications, R. M. Koerner, Ed., ASTM STP 1081, West Conshohocken, PA, pp. 170 – 184.

Nobert, J. (1993). "The Use of Multi-Axial Burst Test to Assess the Performance of Geomembranes," Proc. Geosynthetics '93 Conference, Vancouver, Canada, IFAI Publ., pp. 685 – 702.

Othman, M. A., Benson, C. H., Chamberlain, E. J., and Zimmie, T. F. (1994). "Laboratory Testing to Evaluate Changes in Hydraulic Conductivity of Compacted Clays Caused by Freeze-Thaw: State-of-the-Art," in *Hydraulic Conductivity and Waste Containment Transport in Soils*, ASTM STP 1142, D. E. Daniel and S. J. Trautwein, Eds., ASTM, Philadelphia, pp. 227 – 254.

Soong, T. Y., and Koerner, R. M. (1996). "Seepage Induced Slopes Instability," Jour. Geotextiles and Geomembranes, Vol. 14, Nos. 7/8, pp. 425 – 445.

Steffen, H. (1984). "Report on Two Dimensional Strain Stress Behavior of Geomembranes With and Without Friction," Proc. Intl. Conf. on Geomembranes, Denver, CO, USA, IFAI Publ., pp. 181 – 186.

Thiel, R. S., and Stewart, M. G. (1993). "Geosynthetic Landfill Cover Design Methodology and Construction Experience in the Pacific Northwest," Geosynthetic '93 Conference Proceedings, IFAI Publ., St. Paul, MN, pp. 1131 – 1144.

第4章

水収支解析

4.1 概　説

廃棄物処分場のカバーの最も重要な機能の1つは，カバーを通過する水の浸透（percolation）[1] を最小化あるいは排除することによって，下層に存在する廃棄物中で浸出液が生成するのを抑制したり，排除したりすることである。カバー内の水の挙動すなわち動水経路の解析は「水収支解析」と呼ばれる。設計者や規制者がカバー中の水収支を解析する理由は下記のとおりである。

1. 設計の全容および使用材料についての代替案を比較すること。
2. カバーがどのように機能するか，および，どの動水径路のメカニズムが最重要であるかの理解を助けること。
3. システムの構成要素（たとえば，パイプやジオメンブレン）の寸法を適正に決めることのできるよう流量を推定すること。
4. 発生する汚染液（浸出水）の量を推定すること。この推定値は，地下水

---

[1] 原著書中で用いられている percolation, permeation, seepage, infiltration, drainage (exfiltration) の邦訳について，Koerner 博士への直接の確認に基づいて次のとおりとした。percolation は，「ある層の中を水が移動すること (to pass through a soil zone which may be saturated or not)」を指している。本訳書では基本的に「浸透」と訳した。percolation では固相から固相への水の移動が考えられ，固相が水で飽和しているかどうかは問題とされない。飽和層の浸透に限定する場合には permeation を使う。seepage は，じわじわとしみ込んだりしみ出たりする様 (to make its way gradually through small openings in a material) を意味する。infiltration は，大気から地盤へ水が移動する（気相から固相へ移動する）ことを指し，本訳書では「浸入」と訳した。infiltration の対語は exfiltration であり，これは drainage と同義である。固相から外へ水が排出されること，つまり「排水」を意味する。

に及ぼす影響を推定するための汚染挙動予測モデルへの入力値として用いられる。汚染挙動予測のモデル化は，現場修復プロジェクトにおけるリスク規定型修復活動（RBCA, risk-based corrective action）の必須要素となることが多い。

上記のうち，第4の目的はおそらく最も利用されていないもの（特に廃棄物処分場カバーに関して）であり，本章の最終項のテーマである。

4.2 カバー内の動水径路

カバーに到達して通過する水の移動の潜在的径路は，図4.1に要約するとおりである。降水が水の入力となり，カバーからの排水（浸透）が出力となる。カバー内では，水は貯留されたり，側方に排出されたり，あるいは蒸発散によって大気中に還元される。質量が保存されることから，カバーに流入する水の量は，カバーから流出する量とカバー内貯留量の増加分との和に等しくなければならない。この質量保存則が「水収支」を考える上での基本である。

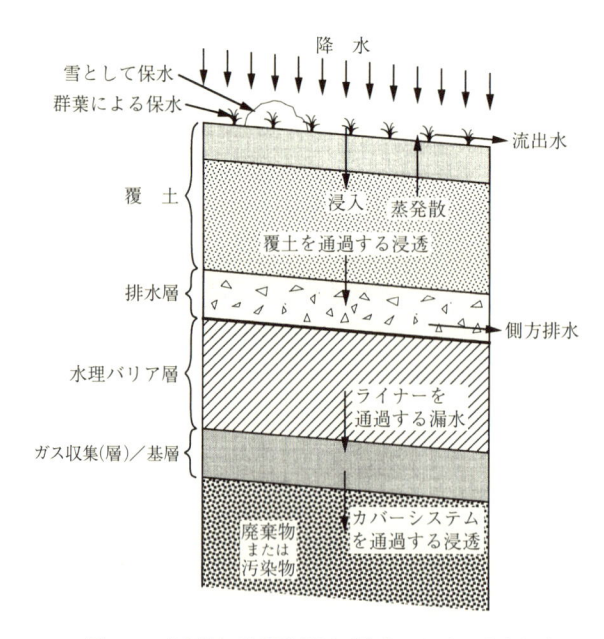

図 4.1 廃棄物処分場閉鎖断面構成における動水経路

降水は雨または雪の形でカバーに降り注ぐ。ほとんどの降水は地面に達するが，幾分かはカバー上に生育している植物の群葉によって遮断され貯留される。カバー表面に達した雨水は流出するか地中に浸入（infiltration）する。雪は地表面に蓄えられ，後で融解する。

カバーは，一般にカバー底部からの浸透量が最小となるように設計される。経験豊富な設計者は，カバー底部からの水の浸透の比率を減少させるようなメカニズムをもつように有効な方法を採用する。すなわち，流出水を最大化すること，側方排水を最大化すること，蒸発散を最大化すること，ならびに，カバー断面構成要素として水理バリア層を設けて，水の下方への浸入を物理的に遮断することによって，水の浸透は最小化できる（第3章の断面図を参照）。カバー表面の傾斜は，全沈下と不同沈下の両方に適応しつつ，水の流出を保持しうるよう十分に大きくしなければならないが，斜面安定性の問題や過度の侵食の危険性が生じるほど急勾配であってはならない。

カバーに入り込む水は重力によって下方に流動する。しかしながら，毛管作用が水を土中に留めようとする。土中における水の貯蔵は，蒸発散による水の除去と並んで，カバーを通過する水の浸透を抑制する最も重要なメカニズムである。カバー上に降り注ぐ水のほとんどは土に浸入し土中に蓄えられ，その後，植物による蒸発散にて大気中に還元される。

水がカバーに浸入するとき，水は貯蔵されるか，あるいはそれ以外の経路をたどる。地表面近くでは水は直接，大気中に蒸発しうる。植物根が届く圏内では，水は植物によって土中から引き出され，蒸散プロセスによって大気中に還元される。カバー内で鉛直方向の浸潤（seepage）が生じる場合は，浸潤を遮断するための排水層があれば，下方に移動している水を側方に排水することができ，あるいは水理バリア層によって水の移動速度を遅らせることができる。この水理バリア層は，流動に対する抵抗あるいは妨害をもたらすことから，「抵抗層」と呼ばれることもある。

廃棄物処分場のカバー中の水収支を解析するプロセスは複雑である。水がたどりうる経路が多数あることに加えて，多数の複雑な要因が介在している。たとえば，地盤が凍結している場合，凍結土中の水は移動したり，別経路をとったりすることが不可能になる。凍結帯中における水の貯留は，厳密な解析を行う場合には考慮しなければならないが，そのためには土中の凍結深さ，

ならびにその時間的変化を知る必要がある。また，カバーに到達する水の挙動についてのわれわれの理解は，降水パターンやその他関連する気象学的要因についての限られた知識と同じ程度である。われわれは将来の降水やその他の気象が関係するパラメーターを，自信をもって予測することは（統計的手法を除けば）できないから，特に極端な天候現象に対しては，カバーの性能予測には限界がある。したがって，下層の廃棄物や汚染物質中へ水が浸透できないようなカバーを求めるのであれば，安全側の設計を行い，断面構成の中に冗長性（redundancy）を取り入れる（たとえば，不必要かもしれない抵抗バリア層を含める等）ことによって，これらの不確実性に対処することが望ましい。しかしながら，抵抗層がカバーの性能を改善するのでないならば，同じ特徴をもつ抵抗層をカバーの断面構成に恣意的に付加させるべきではない。なお，特定目的をもった必要な機能を果たすためよりも，むしろ単に標準規制指標に従うだけのためにカバー中に層が組み込まれることが多い。

4.3 水収支解析の原理

本章では水収支解析の一般原理を検証し，広く用いられている基本的な方法について述べる。

4.3.1 植物の群葉による降水の保留

カバーへの降水の大部分は，降雨の初期段階には群葉によって遮水される。しかし，ほとんどの植物の葉はきわめて限られた貯留容量しかもたず，さらに降水が続けば徐々にその貯留限度を越えてしまうことになる。

Schroederら（1994）は，群葉の遮断貯水容量は植生密度（単位はha当りのバイオマスのkg）に基づいて計算しうることを提案している。しかし，その計算値は降水量が0〜1.3 mmの場合に適用でき，良好な状態にあるほとんどの種類の非樹木植生が貯留しうる最大降水量の合理的推定値は1.3 mmであるとしている。Schroederら（1994）はさらに，遮断された貯留容量の割合F（遮水量を貯留容量で除した値として定義される）を次式によって計算するよう提案している。

$$F = 1 - e^{-R/INT} \tag{4.1}$$

ここに，R は1日当りの降雨量であり，INT は最大遮断貯留容量である。地盤に達する水量は，植物遮断によって貯水される量を降雨量から差し引いた値となる。豪雨の発生を考慮するために時間当りの降水量を解析する場合には，植物の群葉による降水の保留は無視するよう提案されている。

4.3.2 地表面における雪の貯蔵

カバーの表面に降る雪は，(1) 昇華によって蒸発する，(2) 温度が凍結温度より高くなって融解する，あるいは (3) 降雨によって融解する，といった状態に至るまでは，地表面上に貯蔵されると考えられる。昇華は，水収支の中で通常軽微な役割を果たすのみなので，一般に無視される。Schroeder ら (1994) は，他の2つのメカニズムに伴う融雪水量を計算するための推奨方法を示している。直接的（非雨水）融雪水量は，基本的には地表面の大気温度に依存するが，融雪の流出水量（対雪塊帯中の貯蔵量）や融雪水が再凍結する傾向にも影響を受ける。降雨によって生じる融雪水は，熱収支に基づいて解析される。雨水の温度が高く，また雨水の量が多いほど，融雪水量は多くなる。

4.3.3 流出水

流出係数（runoff coefficient）C は，降水に対する流出水の比として定義される。たとえば，$C = 0.1$ であれば降水の10％が流れ去り，90％が土に浸入すると仮定される。流出水は，廃棄物処分場からの実際の流出水の流量に関する情報がほとんど入手できないため，正確な決定が最も難しいパラメーターの1つである。入手できる情報のほとんどは，東部米国州中の小さい分水界域から収集されたデータによるものである。乾燥地に存在する現場や，実際の廃棄物処分場カバーについてのデータはほとんど入手できない。さらに流出係数は，土の含水比，植生密度，降雨の強さと持続時間，土の種類，斜面勾配，およびその他のパラメーターによっても影響を受ける。仮定された流出係数は，近似値とみなさなければならない。

流出係数を推定するために2つの方法が適用される。最も単純なやり方は，土の種類と斜面の平均角度に基づいて値を推定する方法である。特定の現場について有用な情報が入手できない場合には，Fenn ら (1975) によって示さ

表 4.1 提案されている流出係数 (Fenn ら 1975)

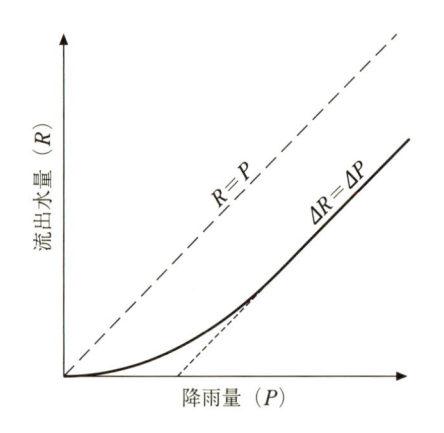

土の種類	傾斜	流出係数
砂質土	平坦 ($\leq 2\%$)	$0.05 \sim 0.10$
砂質土	緩斜面 ($2\sim7\%$)	$0.10 \sim 0.15$
砂質土	急斜面 ($\geq 7\%$)	$0.15 \sim 0.20$
粘性土	平坦 ($\leq 2\%$)	$0.13 \sim 0.17$
粘性土	緩斜面 ($2\sim7\%$)	$0.18 \sim 0.22$
粘性土	急斜面 ($\geq 7\%$)	$0.25 \sim 0.35$

図 4.2 小さな分水界域における豪雨に対する降雨と流出水の典型的な関係

れたガイドラインが推奨される。そのガイドラインを表4.1に要約する。冬季月間に降水が降雪となる場合は，流出係数を経験的に調整しなければならない。

Schroederら (1994) によって提言された方法は，より複雑であり，土壌保全サービス (SCS) のカーブナンバー法（Soil Conservation Service curve number method）を利用することによっている。この方法は，小さな分水界域の豪雨に対して適用しうるもので，降雨に対して流水中の流出水の測定値をプロットすることによって開発された。得られている典型的な傾向は図4.2に示すとおりである。最初は流出水は発生しないが，降雨が持続するにつれて曲線の勾配は 45°に近づき，降雨のすべてが流出することを示している。曲線群が作成され（そのためSCSカーブナンバー法と呼ばれる），流出水を計

算するため土壌水分に関する情報と併せて用いられる。Schroederら (1994) は，コンピュータープログラムに適用する方法や，急傾斜地の廃棄物処分場カバーに用いるためのカーブナンバー法を修正する方法を示している。

4.3.4 土中における水の貯留

土が貯留しうる水の量は，主に土の種類と密度ならびに土層の厚さに依存する。図4.3は土の含水比を記述するための一般に用いられる用語を図示したものである。「乾燥土」とは炉乾燥された土のことで，すべての実用的目的のために水分をすべて除いた土のことである。土が室温で大気と平衡になるまで放置されると，その土は少量の水分を残留保持する（この含水比は「吸湿水分」と呼ばれる）。土の吸湿水分の値は，清浄な礫の0.1％以下から，ベントナイトのような極端な塑性粘土に対しての約10％まで幅広く変化する。

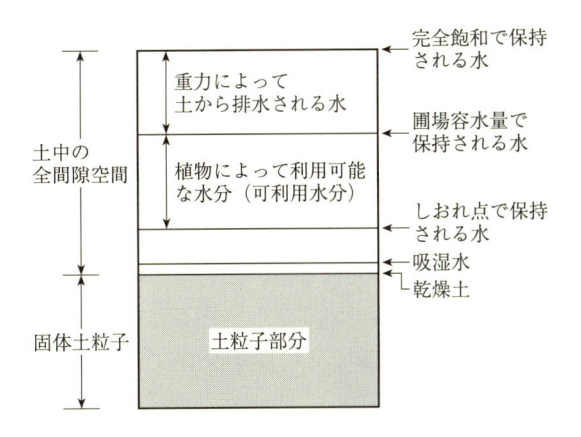

図4.3 土における水の保持の図示

「土のしおれ点」は，植物がもはや水を吸い取ることができない含水比のことであり，それゆえに，植物はしおれてついには枯死してしまう。植物は，一般に土から，約 $-15\,\mathrm{bar}$ の水分ポテンシャルまで水を引き出すことができる（$1\,\mathrm{bar} = 10^5\mathrm{Pa} = 1.0197\mathrm{kgf/cm^2} = 750\,\mathrm{mmHg} = 0.987\,\mathrm{atm}$）。したがって土のしおれ点は，$-15\,\mathrm{bar}$ の水分ポテンシャルにおける土の含水量（定量的には含水比または含水率で表す）として一般に定義される。しおれ点にある土は植物の生育を助けることができないから，定性的評価を行う場合には明らかに乾燥状態とみなすことが多い。実際にしおれ点は，現地で起こりうる最

も乾燥した土の状態であるとみなされることが多い。

「土の圃場容水量」は，重力排水がない場合に土中に保持されうる最大の含水量である。ある土の含水量が圃場容水量よりも高くなった場合，水は重力作用によって下方に排水され，圃場容水量に達したところで重力排水が終了する。

重力排水の実際の過程は明らかに複雑であり，土の圃場容水量の測定は意外に難しい。この複雑さは，水がエネルギー勾配に応じて常に流動するという事実に基づいており，そしてそれゆえ，平衡状態の含水量は土中水のエネルギーレベルの関数となる。したがって，ある一定の含水量に達するまでは排水されない。換言すれば，系におけるエネルギーの平衡が達成されるまで排水する。このエネルギーレベルは，一般には水頭として表され，不飽和土についてはサクションとして表される。含水量と排水の関係を厳密に解析するには，含水量とサクション，ならびに，深さと時間に伴う土中のサクションの変化との関係を知らなければならない。事実，圃場容水量を測定するための標準的な方法の1つは，含水量とサクション間の関係を測定し，低サクション（一般的には約 $10\,\mathrm{kPa}$ のサクション）を与える含水量を圃場容水量とするものである。なお，廃棄物処分場カバーにおける水収支を推定するために，サクションとは無関係に示された圃場容水量の概念を用いることは，容認しえない誤差をもたらすわけではない。というのは，圃場容水量に関する仮定以外にも多くの近似を行っているからである。さらには，圃場容水量は測定されることよりも推定されることの方が多い。なぜなら，水収支解析は，通常，カバーが施工される前の設計プロセスの一部として行われるもので，その場合，実際にカバーに用いる土質材料は未だわかっていないからである。

「飽和」は，土の間隙空間の全部が水で満たされている状態と定義される。土がいったん飽和に達すると，さらに余分な水を保持することはできない。

「可利用水分」は，植物根によって有効に利用されうる水の量である。含水量がしおれ点以上である場合に，水は植物によって利用されるのである。土は圃場容水量を著しくこえて湿潤状態になることはほとんどない（あったとしても，重力排水が起こっているわずかの期間中だけである）から，可利用水分は圃場容水量としおれ点の差であると仮定される。

4.3.5 蒸発散

蒸発散とは，土から大気中へ水が直接移動（蒸発）すること，ならびに植物によって土から水が除去され，さらに大気中へ移動すること（蒸散）をいう。これら2つのうち，後者のプロセス（蒸散）の方がはるかに重要である。というのは，蒸発は土の表面に限定されるが，蒸散は植物根の侵入深さの範囲で生じるからである。蒸発散の量は，土の含水比，表面温度，風速，植物密度，および植物根侵入深さの増加に伴って増加し，大気中の相対湿度の低下に伴って増加する。

蒸発散の推定は，おそらく水収支解析の中で最も複雑な部分であろう。Fennら (1975) は，Thornthwaite の比較的単純な大規模実測法 (Thornthwaite と Mather 1955) によって蒸発散を解析した。Schroeder ら (1994) はエネルギーバランス (Richite 1972) を考慮したより複雑なコンピューター解析法を用いた。

4.3.6 側方排水

側方排水層が存在する場合は，その層内の最大流量は一般にダルシー式を用いて計算される。

$$q = k\frac{\Delta H}{L}A = k\frac{\Delta H}{L}t \cdot 1 \tag{4.2}$$

ここに，q は流量（体積/時間），k は排水層を構成する材料の透水係数（長さ/時間），ΔH は流れ径路に沿った距離 L における水頭損失（長さ）であり，A は流れの断面積で，単位長さに排水層の厚さ（t）を乗じたものに等しい。層の透水量係数 T は，浸潤浸透をもたらす飽和部分の層厚（t）と透水係数（k）との積として定義される。

$$T = kt \tag{4.3}$$

したがって，透水係数の代わりに透水量係数を用いるのであれば，ダルシー式は次のように書き直される。

$$q = T\frac{\Delta H}{L} \tag{4.4}$$

式 (4.4) は式 (4.2) よりも単純な式であるため，透水係数よりもむしろ透水量係数を用いることがある。より基礎的に見れば，流量は透水係数と飽和層

厚さの積，すなわち透水量係数に比例していることがわかる。デュプイ−フォルヒハイマー（Dupuit-Forchheimer）の近似が標準的に用いられる。この近似とは，浸潤線は排水層の勾配と平行であると仮定し，動水勾配は一定で斜面角の正弦（sin）に等しいと仮定するものである。

4.3.7 水理バリア

先に述べた水理バリア層は，一般にジオメンブレン（GM），締固め粘土ライナー（CCL），あるいはジオシンセティッククレイライナー（GCL）のうち，1つあるいはそれ以上で構成される。これらバリア層を通過する流れを解析することは，きわめて興味深いテーマである。各種の水理バリアが以下の節にて考察される。

4.3.7.1 ジオメンブレン（GM）. GMは非多孔性の材料である。水は土中を流れるようにはGM中を通過して流れることはない。その代わり，水はまず，最初にGMの片面のポリマー構造中に吸収され，次いでGMを拡散通過し，最後に反対側の表面から脱着することによってGMを通過する。このプロセスを表現する適切な法則は，ダルシー則ではなくフィック（Fick）の法則である。フィックの拡散第一則は，物質を通過する水の移動速さは，その物質を横断するエネルギー勾配に比例することを表している。水蒸気の移動に関しては，普通，エネルギー勾配はGMを横断する相対湿度の差に基づいて計算される。したがって，GMの一方の側に水が蓄えられる場合，その反対側の土壌空気中の相対湿度が減少するにつれて，GMを横断する拡散の速さは増大することになる。

GMは，まったく欠陥なしに敷設することは困難である。ピンホールのような製造時の欠陥はめったにないが，それでも発生することがある。ピンホールは通常，GMの厚さよりも小さい直径を有する。GMの製造技術が改善されることによって，事実上ピンホールは排除されるようになった。

しかしながら，GMには敷設施工時に欠陥が予想される。欠陥は，現場でのパネルの不完全な継ぎ合わせ，不適切な修繕，あるいはパンク穿孔等の貫通などの結果である。GiroudとBonaparte (1989) はGMの欠陥を調査し，漏水流量を安全側で（高度に）予測するためには欠陥の寸法を$1\,\text{cm}^2$とするこ

とを提唱した（欠陥は通常は1cm²よりも小さい）。さらに彼らは，優れた施工品質保証管理のもとでていねいに監視されたプロジェクトについては，欠陥頻度として1個/エーカー（0.4ha当り欠陥1個）とした。貧弱な施工管理のもとでのプロジェクトに対しては，少なくともその10倍の欠陥頻度を仮定することが適当であろう。仮定された欠陥頻度について業界標準の実践的なものは存在しない（現場固有の品質管理と品質保証行為であるため）が，適当な品質保証制度がある場合には通常，欠陥密度は1～5個/エーカー（1エーカー＝0.4ha）の範囲に想定される。製造ならびに施工における徹底した品質保証制度は工業実務における常識ともなっており，北米においては特例でなくむしろルールである。

　欠陥を通過する流量は，欠陥の寸法，液体の水頭（水位），GMとその下の土との密着の程度，ならびに下部土の透水係数に依存する。現場における浸潤（浸透）速度は，GMを貫通する欠陥の個数とこれら貫通部の寸法にも依存する。さらに浸潤（浸透）速度は隣接下部土層の透水係数にも影響を受ける。というのは，下部土がGMの不完全な箇所の付近にて浸潤を制限する役割を果たすからである。

4.3.7.2　粘土ライナー．　カバーにおける粘土バリア層は，締固め粘土ライナー（CCL），ジオシンセティッククレイライナー（GCL），あるいはそれらの両者で構成される。CCLおよびGCLを通過する水の流れは，ダルシーの式を用いて解析される。

$$q = k\frac{\Delta H}{L}A = k\frac{H+D}{D}A \tag{4.5}$$

ここに，Dは粘土ライナーの厚さで，Hはライナー上に溜まった水の水深である。この式は粘土ライナーの下部の圧力水頭がゼロであると仮定している（すなわち，粘土ライナーとその下層の土との接触面においてサクションは無視しうる）。究極的には，溜まった水の水深（H）がゼロに近づくと，項$(H+D)/D$すなわち動水勾配は1に近づく。定常状態の含水比においては土の重力排水が，通常，単位動水勾配の条件下で生じる。

　CCLとGCLはいずれも不飽和状態で敷設施工される。初期不飽和のGCLを通過する浸透について厳密な時間依存性の解析を行うには，不飽和多孔質

媒体を通過する流れについて考慮する必要がある．しかしながら，CCL および GCL いずれも飽和度が増加するにつれ透水係数が増加するから，通常は完全飽和を仮定すればよい．GCL は，はじめは比較的乾燥状態かもしれないが，水和を生じうる水の供給源があれば速やかに（2〜3 週間程度で）水和してしまう．

4.3.7.3 複合ライナー． 複合ライナーは，粘土ライナー（CCL か GCL のいずれか）とそれに接触して敷設されたジオメンブレンライナーから構成される．複合ライナーの通過に関する浸透（浸潤）解析は，高度に理想化されたジオメンブレン/粘土複合システムについての実験ならびに解析結果に大部分基づいている．現在の実践的方法としては，複合ライナーを通過する浸透流量を計算するため Giroud と Bonaparte (1989) によって発表された式を用いる方法がある．ジオメンブレンと粘土間の水理的な接触程度が良好な場合と貧弱な場合とについて，式が与えられている．ジオメンブレンと粘土層表面が平滑で，これら両者の間に隙間が存在しない場合は「良接触」となり，粘土層表面が粗雑であったり，ジオメンブレンにしわがあったりすると「貧接触」となる．

良接触および貧接触に対する式は，ジオメンブレン/粘土複合ライナーの欠陥 1 個当りからの漏水流量 (q, m^3/s) を，ジオメンブレンの欠陥部分の面積 (a, m^2)，ライナー上の液体の水頭 (h, m)，および複合ライナーを構成する粘土の透水係数 (k_s, m/s) と関係づけるものであり，次のとおりである．

$$\text{良接触} \qquad q = 0.21 h^{0.9} a^{0.1} k_s^{0.74} \qquad (4.6a)$$

$$\text{貧接触} \qquad q = 1.15 h^{0.9} a^{0.1} k_s^{0.74} \qquad (4.6b)$$

4.4 手計算による水収支解析

水収支解析は手計算によってもコンピューターによっても実施できる．この節では手計算の方法について述べる．しかしながら，実際の計算を行うためにはコンピュータースプレッドシート（訳者注：表計算ソフト）を大いに利用すればよい．Thornthwaite と Mather (1955)，Fenn ら (1975) および Kmet

(1982) の 3 つの文献がここに推奨する方法の基本を著している。

　まず，最初に決定しなければならないことの 1 つは，降水の平均値として，時間計，日計，週計，あるいは月計のいずれを用いるかである。豪雨は流出水に重大な影響を及ぼしうるから，降水量の時間計平均値は論理的な時間ステップとなりうる。とはいえ，1 年は 8760 時間であり，1 年間の解析を手計算で行うには 8760 回の計算ステップはあまりにも多い。同様に降水の日平均値も，1 年間を手計算で解析するにはステップ回数が多すぎる。したがって，1 年間を手計算で解析するためには月平均を用いることが推奨される。

　水収支を解析する主たる理由の 1 つは，排水層（存在する場合）へ入る水の流量を求めることであり，次いで排水層が流入量を透過させるのに十分な容量を有しているか確認することである。数日間や数ヶ月間の平均流量を計算するには，降水の日平均あるいは月平均を用いるのが有用ではあるが，激しい豪雨がもたらしうる排水層へのピーク流量は，降水の日平均または月平均から予測される流量よりも著しく大きいことが経験的に示されている。斜面の安定性を保つためには，最も危険な期間つまり激しい暴風雨の間やその直後において斜面が安定であることが必要である。したがって，排水層へのピーク流量を計算するため，および排水層がピーク流量を透過させるに十分な容量を有しているかを決定するためには，時間降水データを用いなければならない。

　4.4.1 では，降水の月平均値を用いて年間水収支を解析する推奨方法を詳述する。4.4.2 では，ピーク時間降水に基づいて最大豪雨発生に対する排水層への流水流量を計算する方法を述べている。設計者は，特に斜面安定性の臨界状態を検討するため，排水層における年間ピーク流量だけでなく，豪雨発生中のピーク時間流量をも考慮しなければならない。

4.4.1 月間降水データ用のスプレッドシート

　表あるいはスプレッドシートは，表 4.2 に示すように構成される。年間の 12 ヶ月に相当する 12 の列を設ける。以下の記述は各行ごとの計算方法を解説したものである。最後に事例を示す。

4.4.1.1 行 A：平均月間温度 (T, **Average Monthly Temperature**).

表 4.2 水収支解析用のスプレッドシート

行	パラメーター	引用	1月	2月	3月	4月	5月	6月	7月	8月	9月	10月	11月	12月	合計
A	平均月間温度 (T, °C)	データ入力													
B	月間熱指数 (H_m)	式 (4.7)													
C	無調整日間潜在蒸発散 ($UPET$, mm)	式 (4.8) と (4.9)													
D	月間日照持続時間 (N)	表 4.3 または 4.4													
E	潜在蒸発散 (PET, mm)	$PET = UPET \cdot N$													
F	降水量 (P, mm)	データ入力													
G	流出係数 (C)	表 4.1 参照													
H	流出水量 (R, mm)	$R = P \cdot C$													
I	浸入量 (IN, mm)	$IN = P - R$													
J	潜在貯留水量 ($IN - PET$, mm)	4.4.1.10 参照													
K	累積水損失量 (WL, mm)	$WL = \sum -(IN-PET)$													
L	根価貯留水量 (WS, mm)	4.4.1.12 参照													
M	保水量変化 (CWS, mm)	4.4.1.13 参照													
N	実際蒸発散 (AET, mm)	式 (4.16)													
O	浸透量 ($PERC$, mm)	式 (4.18)													
P	計算の検定 (CK, mm)	式 (4.19)													
Q	浸透流量 ($FLUX$, m/s)	式 (4.20)													

平均月間温度 $T(°C)$ をデータの第1行目に記す（表4.2）。

4.4.1.2 行B：月間熱指数 (H_m, Monthly Heat Index). 月間熱指数 (H_m) は蒸発散を推定するのに用いられる無次元の経験的パラメーターである（次節で説明する）。月間熱指数は次式で計算される。

$$T > 0°C \text{ に対して} \quad H_m = (0.2T)^{1.514} \quad (4.7\text{a})$$

$$T \leq 0°C \text{ に対して} \quad H_m = 0 \quad (4.7\text{b})$$

ここに，T は行Aに記した平均月間温度である。この月間値を合計して年間熱指数 (H_a) とし，表4.2の最右の「合計」列に記す．

4.4.1.3 行C：無調整日間潜在蒸発散 ($UPET$, Unadjusted Daily Potential Evapotranspiration). 無調整日間潜在蒸発散 ($UPET$) は，土が水で飽和していると仮定した場合に生じるであろう蒸発散の最大量をいう。それゆえ，実際の蒸発散量は土の含水量に依存するから，通常は無調整日間潜在蒸発散量よりも小さくなるであろう。蒸発散の次元は降水量と類比させて長さであり，単位は降水量と同じ mm となる。

蒸発散を解析するための手順が，Thornthwaite と Mather (1957) によって発表された。それは，ニュージャージー州 Centerton にある気候学研究所で 1940～1950 年代に開発された手順に基づいている。Thornthwaite と彼の共同研究者らは世界各地に数台のライシメーターを設置した。ライシメーターとは大きな容器で，上部は開放されているが底面と側面がシールされており，地面に埋め込まれる。これらライシメーターは適当な土で充填され，ライシメーター内部の地盤表面は外部と同じ高さになるようにする。ライシメーターとは，このように側面と底面を密封した対照空間を構築することによって，土中における水収支の評価を可能にするのである。潜在蒸発散は温度の関数となることが各現場において明らかとなったが，現場の特性が多様であるため，その関数は現場ごとに異なるものとなった。Thornthwaite はデータをプロットして解析して検討した結果，多数の複雑な要因があるにもかかわらず，現場固有の潜在蒸発散は，彼が年間熱指数（H_a，表4.2，行Bからの値の合計である）と呼ぶパラメーターに関係しうることを見出した。Thornthwaite

によって推奨された mm 単位で無調整日間潜在蒸発散 ($UPET$) を計算する手順は以下のとおりである。

$T \leq 0\,°C$ に対して　　$UPET = 0$ （4.8a）

$0\,°C < T < 27\,°C$ に対して　　$UPET = 0.53(10T/H_a)^a$ （4.8b）

$T \geq 27\,°C$ に対して　　$UPET = -0.015T^2 + 1.093T - 14.208$ （4.8c）

ここに，T は温度（°C），H_a は無次元年間熱指数，a は下記のように計算される無次元経験係数である。

$$a = (6.75 \times 10^{-7})H_a^3 - (7.71 \times 10^{-5})H_a^2 + 0.01792\,H_a + 0.49239$$
（4.9）

4.4.1.4　行 D：月間日照持続時間 (N, Monthly Duration of Sunlight).

平均可能月間日照持続時間（N）は，日照の可能量を修正し，かつ 12 時間単位で表したもので，表 4.3（北半球）あるいは表 4.4（南半球）を用いて決定される。N の値は緯度と月に依存する。この数値は計算において経験式で用いられるだけであるから単位は重要でない。

4.4.1.5　行 E：潜在蒸発散 (PET, Potential Evapotranspiration).

潜在蒸発散 (PET) は，行 C と行 D の値を乗じて計算される。

4.4.1.6　行 F：降水量 (P, Precipitation).

現場における平均月間降水量 (P) を行 F に記す。現場についてのデータが入手できない場合は（データが入手できないことが多い），最も近くにある気象観測点のデータを用いる。

降水量は年によって変動するから，解析者は，水収支解析の目的を考慮して月間降水量を決定しなければならない。カバーを通過しうる最大浸透量を推定することが目的であれば，平年でなく異常降雨年のデータを用いなければならない。また長期間の平均浸透量を推定するのであれば，たとえば平年の降水量から求まる平均月間降水量を用いる。

4.4.1.7　行 G：流出係数 (C, Runoff Coefficient).

無次元の流出係数 (C) は，流出水の降水に対する比として定義される。流出係数は大きく変

表 4.3 12 時間単位で表した北半球における平均可能月間日照持続時間 (Thornthwaite と Mather, 1957)

北緯(度)	J	F	M	A	M	J	J	A	S	O	N	D
0	31.2	28.2	31.2	30.3	31.2	30.3	31.2	31.2	30.3	31.2	30.3	31.2
1	31.2	28.2	31.2	30.3	31.2	30.3	31.2	31.2	30.3	31.2	30.3	31.2
2	31.2	28.2	31.2	30.3	31.5	30.6	31.2	31.2	30.3	31.2	30.0	30.9
3	30.9	28.2	30.9	30.3	31.5	30.6	31.2	31.2	30.3	31.2	30.0	30.9
4	30.9	27.9	30.9	30.6	31.8	30.9	31.5	31.5	30.3	30.9	30.0	30.6
5	30.6	27.9	30.9	30.6	31.8	30.9	31.8	31.5	30.3	30.9	29.7	30.6
6	30.6	27.9	30.9	30.6	31.8	31.2	31.8	31.5	30.3	30.9	29.7	30.3
7	30.3	27.6	30.9	30.6	32.1	31.2	32.1	31.8	30.3	30.9	29.7	30.3
8	30.3	27.6	30.9	30.9	32.1	31.5	32.1	31.8	30.6	30.6	29.4	30.0
9	30.0	27.6	30.9	30.9	32.4	31.5	32.4	31.8	30.6	30.6	29.4	30.0
10	30.0	27.3	30.9	30.9	32.4	31.8	32.4	32.1	30.6	30.6	29.4	29.7
11	29.7	27.3	30.9	30.9	32.7	31.8	32.7	32.1	30.6	30.6	29.1	29.7
12	29.7	27.3	30.9	31.2	32.7	32.1	33.0	32.1	30.6	30.3	29.1	29.4
13	29.4	27.3	30.9	31.2	33.0	32.1	33.0	32.4	30.6	30.3	28.8	29.4
14	29.4	27.3	30.9	31.2	33.0	32.4	33.3	32.4	30.6	30.3	28.8	29.1
15	29.1	27.3	30.9	31.2	33.3	32.4	33.6	32.4	30.6	30.3	28.5	29.1
16	29.1	27.3	30.9	31.2	33.3	32.7	33.6	32.7	30.6	30.3	28.5	28.8
17	28.8	27.3	30.9	31.5	33.6	32.7	33.9	32.7	30.6	30.0	28.2	28.8
18	28.8	27.0	30.9	31.5	33.6	33.0	33.9	33.0	30.6	30.0	28.2	28.5
19	28.5	27.0	30.9	31.5	33.9	33.0	34.2	33.0	30.6	30.0	27.9	28.5
20	28.5	27.0	30.9	31.5	33.9	33.3	34.2	33.3	30.6	30.0	27.9	28.2
21	28.2	27.0	30.9	31.5	33.9	33.3	34.5	33.3	30.6	30.0	27.6	28.2
22	28.2	26.7	30.9	31.8	34.2	33.6	34.5	33.3	30.6	29.7	27.6	27.9
23	27.9	26.7	30.9	31.8	34.2	33.9	34.8	33.6	30.6	29.7	27.6	27.6
24	27.9	26.7	30.9	31.8	34.5	34.2	34.8	33.6	30.6	29.7	27.3	27.6
25	27.9	26.7	30.9	31.8	34.5	34.2	35.1	33.6	30.6	29.7	27.3	27.3
26	27.6	26.4	30.9	32.1	34.8	34.5	35.1	33.6	30.6	29.7	27.3	27.0
27	27.6	26.4	30.9	32.1	34.8	34.5	35.4	33.9	30.6	29.7	27.0	27.0
28	27.3	26.4	30.9	32.1	35.1	34.8	35.4	33.9	30.9	29.4	27.0	27.0
29	27.3	26.1	30.9	32.1	35.1	34.8	35.7	33.9	30.9	29.4	26.7	26.7
30	27.0	26.1	30.9	32.4	35.4	35.1	36.0	34.2	30.9	29.4	26.7	26.4
31	27.0	26.1	30.9	32.4	35.4	35.4	36.0	34.2	30.9	29.4	26.4	26.4
32	26.7	25.8	30.9	32.4	35.7	35.4	36.3	34.5	30.9	29.4	26.4	26.1
33	26.4	25.8	30.9	32.7	35.7	35.7	36.3	34.5	30.9	29.1	26.1	25.8
34	26.4	25.8	30.9	32.7	36.0	36.0	36.6	34.8	30.9	29.1	26.1	25.8
35	26.1	25.5	30.9	32.7	36.3	36.3	36.9	34.8	30.9	29.1	25.8	25.5
36	26.1	25.5	30.9	33.0	36.3	36.6	37.2	34.8	30.9	29.1	25.8	25.2
37	25.8	25.5	30.9	33.0	36.6	36.9	37.5	35.1	30.9	29.1	25.5	24.9
38	25.5	25.2	30.9	33.0	36.9	37.2	37.5	35.1	31.2	28.8	25.2	24.9
39	25.5	25.2	30.9	33.3	36.9	37.2	37.8	35.4	31.2	28.8	25.2	24.6
40	25.2	24.9	30.9	33.3	37.2	37.5	38.1	35.4	31.2	28.8	24.9	24.3
41	24.9	24.9	30.9	33.3	37.5	37.8	38.1	35.7	31.2	28.8	24.6	24.0
42	24.6	24.6	30.9	33.6	37.8	38.1	38.4	35.7	31.2	28.5	24.6	23.7
43	24.3	24.6	30.6	33.6	37.8	38.4	38.7	36.0	31.2	28.5	24.3	23.1
44	24.3	24.3	30.6	33.6	38.1	38.7	39.0	36.0	31.2	28.5	24.0	22.8
45	24.0	24.3	30.6	33.9	38.4	38.7	39.3	36.3	31.2	28.2	23.7	22.5
46	23.7	24.0	30.6	33.9	38.7	39.0	39.6	36.3	31.2	28.2	23.7	22.2
47	23.1	24.0	30.6	34.2	39.0	39.6	39.9	36.6	31.5	27.9	23.4	21.9
48	22.8	23.7	30.6	34.2	39.3	39.9	40.2	36.9	31.5	27.9	23.1	21.6
49	22.5	23.7	30.6	34.5	39.6	40.2	40.5	37.2	31.5	27.6	22.8	21.3
50	22.2	23.4	30.6	34.5	39.9	40.8	41.1	37.5	31.8	27.6	22.8	21.0

表 4.4 12時間単位で表した南半球における平均可能月間日照持続時間
(Thornthwaite と Mather, 1957)

南緯(度)	J	F	M	A	M	J	J	A	S	O	N	D
0	31.2	28.2	31.2	30.3	31.2	30.3	31.2	31.2	30.3	31.2	30.3	31.2
1	31.2	28.2	31.2	30.3	31.2	30.3	31.2	31.2	30.3	31.2	30.3	31.2
2	31.5	28.2	31.2	30.3	30.9	30.0	31.2	31.2	30.3	31.2	30.6	31.5
3	31.5	28.5	31.2	30.0	30.9	30.0	30.9	31.2	30.0	31.2	30.6	31.5
4	31.8	28.5	31.2	30.0	30.9	29.7	30.9	30.9	30.0	31.5	30.6	31.8
5	31.8	28.5	31.2	30.0	30.6	29.7	30.6	30.9	30.0	31.5	30.9	31.8
6	31.8	28.8	31.2	30.0	30.6	29.4	30.6	30.9	30.0	31.5	30.9	32.1
7	32.1	28.8	31.2	30.0	30.6	29.4	30.3	30.6	30.0	31.5	30.9	32.4
8	32.1	28.8	31.5	29.7	30.3	29.1	30.3	30.6	30.0	31.8	31.2	32.4
9	32.4	29.1	31.5	29.7	30.3	29.1	30.0	30.6	30.0	31.8	31.2	32.7
10	32.4	29.1	31.5	29.7	30.3	28.8	30.0	30.3	30.0	31.8	31.5	33.0
11	32.7	29.1	31.5	29.7	30.0	28.8	29.7	30.3	30.0	31.8	31.5	33.0
12	32.7	29.1	31.5	29.7	30.0	28.5	29.7	30.3	30.0	31.8	31.8	33.3
13	33.0	29.4	31.5	29.4	29.7	28.5	29.4	30.0	30.0	32.1	31.8	33.3
14	33.3	29.4	31.5	29.4	29.7	28.2	29.4	30.0	30.0	32.1	32.1	33.6
15	33.6	29.4	31.5	29.4	29.4	28.2	29.1	30.0	30.0	32.1	32.1	33.6
16	33.6	29.7	31.5	29.4	29.4	27.9	29.1	30.0	30.0	32.1	32.1	33.9
17	33.9	29.7	31.5	29.4	29.1	27.9	28.8	29.7	30.0	32.1	32.4	33.9
18	33.9	29.7	31.5	29.1	29.1	27.6	28.8	29.7	30.0	32.4	32.4	34.2
19	34.2	30.0	31.5	29.1	28.8	27.6	28.5	29.7	30.0	32.4	32.7	34.2
20	34.2	30.0	31.5	29.1	28.8	27.3	28.5	29.7	30.0	32.4	32.7	34.5
21	34.5	30.0	31.5	29.1	28.6	27.3	28.2	29.7	30.0	32.4	32.7	34.5
22	34.5	30.0	31.5	29.1	28.5	27.0	28.2	29.4	30.0	32.7	33.0	34.8
23	34.8	30.3	31.5	28.8	28.5	26.7	27.9	29.4	30.0	32.7	33.0	35.1
24	35.1	30.3	31.5	28.8	28.2	26.7	27.9	29.4	30.0	32.7	33.3	35.1
25	35.1	30.3	31.5	28.8	28.2	26.4	27.9	29.4	30.0	33.0	33.3	35.4
26	35.4	30.6	31.5	28.8	28.2	26.4	27.6	29.1	30.0	33.0	33.6	35.4
27	35.4	30.6	31.5	28.8	27.9	26.1	27.6	29.1	30.0	33.3	33.6	35.7
28	35.7	30.6	31.8	28.5	27.9	25.8	27.3	29.1	30.0	33.3	33.9	36.0
29	35.7	30.9	31.8	28.5	27.6	25.8	27.3	28.8	30.0	33.3	33.9	36.0
30	36.0	30.9	31.8	28.5	27.6	25.5	27.0	28.8	30.0	33.6	34.2	36.3
31	36.3	30.9	31.8	28.5	27.3	25.2	27.0	28.8	30.0	33.6	34.2	36.6
32	36.3	30.9	31.8	28.5	27.3	25.2	26.7	28.5	30.0	33.6	34.5	36.9
33	36.6	31.2	31.8	28.2	27.0	24.9	26.4	28.5	30.0	33.9	34.8	36.9
34	36.6	31.2	31.8	28.2	27.0	24.9	26.4	28.5	30.0	33.9	34.8	37.2
35	36.9	31.2	31.8	28.2	26.7	24.6	26.1	28.2	30.0	33.9	35.1	37.5
36	37.2	31.5	31.8	28.2	26.7	24.3	25.8	28.2	30.0	34.2	35.4	37.6
37	37.5	31.5	31.8	28.2	26.4	24.0	25.5	27.9	30.0	34.2	35.7	38.1
38	37.5	31.5	32.1	27.9	26.1	24.0	25.5	27.9	30.0	34.2	35.7	38.1
39	37.8	31.8	32.1	27.9	26.1	23.7	25.2	27.9	30.0	34.5	36.0	38.4
40	38.1	31.8	32.1	27.9	25.8	23.4	25.2	27.6	30.0	34.5	36.0	38.7
41	38.1	32.1	32.1	27.9	25.8	23.1	24.9	27.6	30.0	34.5	36.3	39.0
42	38.4	32.1	32.1	27.6	25.5	22.8	24.6	27.6	30.0	34.8	36.6	39.3
43	38.7	32.4	32.1	27.6	25.2	22.5	24.6	27.3	30.0	34.8	36.6	39.6
44	39.0	32.4	32.1	27.6	24.9	22.2	24.3	27.3	29.7	34.8	36.9	39.9
45	39.3	32.7	32.1	27.6	24.9	21.9	24.0	27.3	29.7	35.1	37.2	40.2
46	39.6	32.7	32.1	27.3	24.6	21.6	23.7	27.0	29.7	35.1	37.5	40.5
47	39.9	33.0	32.1	27.3	24.3	21.3	23.4	27.0	29.7	35.1	37.8	40.8
48	40.2	33.0	32.4	27.0	24.0	21.0	22.8	26.7	29.7	35.4	38.1	41.1
49	40.5	33.3	32.4	27.0	23.7	20.7	22.5	26.7	29.7	35.4	38.4	41.7
50	41.1	33.6	32.4	26.7	23.1	20.1	22.2	26.4	29.7	35.7	38.7	42.3

化し，正確に予測することはきわめて難しい。なぜなら，実際の廃棄物処分場カバーからの流出水に関するデータがほとんどないからである。表4.1に要約した Fenn ら (1975) による教示が，実用的な現場固有あるいは地域特有のデータとして推奨される。冬季月間に降水が雪としてもたらされる場合は，流出係数は適宜判断して調整されることになる。

4.4.1.8 行 H：流出水量 (R, Runoff). 流出水量 (R) は降水量 (P) と流出係数 (C) から計算される。

$$R = PC \tag{4.10}$$

4.4.1.9 行 I：地表面浸入量 (IN, Infiltration). 月間地表面浸入量 (IN：地表面から地盤中に浸入する量) はカバーの地表面に浸入する水の量として定義され，降水量から流出水量を差し引いた量に等しいと仮定される。

$$IN = P - R \tag{4.11}$$

雪が表面に残留する場合は，降雪を取り扱うために経験的な修正が必要となろう。雪は凍結水の昇華によって蒸発する場合もありうるが，水収支における他の動水経路に比べれば昇華は微小であるから，ここでの計算には昇華による蒸発メカニズムを考慮していない。

4.4.1.10 行 J：潜在貯留水量 (地表面浸入量と潜在蒸発散量の差，$IN - PET$, Infiltration Minus Potential Evapotranspiration). 地表面浸入量と潜在蒸発散量との差 $IN - PET$ を計算して行Jに記す。正の数は覆土中に水が潜在的に蓄積（貯留）されることを意味している。すなわち，潜在蒸発散量よりも地表面浸入量が大きい。浸入量から潜在蒸発散量を差し引いた差が負であれば，土は乾燥を進行させていることを示す。

4.4.1.11 行 K：累積水損失量 (WL, Accumlated Water Loss). 累積水損失量 (WL) は，$IN - PET$ のマイナス値を年初頭より合計したものである。計算手順は次のとおりである。年はじめの1月から順に行Jの数値をチェックし，数値がゼロに等しいか大きければ行Kに「0.0」と記入し，

行 J の数値が負であれば行 K にその値を記入して，次の月に進む。続く月（2～12月）に対しての手順は次のとおりである。

1. $IN - PET$ の値がゼロまたは正 (≥ 0) であれば，前の月の WL 値を当該月に記入する。
2. $IN - PET$ の値が負数 (< 0) であれば，前の月の WL にこの負数を加え，行 K に記入する。

4.4.1.12　行 L：根帯貯留水量 (WS, Water Stored in the Root Zone)．

根帯貯留水量 (WS) は，蒸発散にかかわる植物根（存在するならば）によって補足されうる覆土要素中に貯留されている水の量（単位 mm）として定義される。ここで覆土とは，上は地表面から下は排水層（存在する場合）の上部までの土として定義される。

根帯に貯留されている水の量を計算するためには，まず，最初に根帯の深さを推定しなければならない。根帯の深さは，気象要因，覆土に生育している植生，植生を良好な生育状態に持続させる覆土の能力，ならびにその他の要因に依存することから推定が難しい。

Schroeder ら (1994) は図4.4 および図4.5 に示すように，最小および最大蒸発深度に関するガイドラインを示している。図4.4 に示される最小蒸発深度は約 200～450 mm の範囲であって，草木の生えていない不飽和土中の水移動についての文献値と解析値にそれなりに基づいている。最大蒸発深度は図4.5 に示すとおりで，約 900～1500 mm の範囲にある。植物根の侵入深さを推定するには，植物学の専門家に相談することが望ましい。しかしながら植物根侵入深さとは，植物根が穿削する最大深さであり，大抵の植物根が見つかるような深さでないことに注目しなければならない。また，カバーがまず施工されるときは，植生は未成熟で植物根侵入深さは小さいことにも注目しなければならない。水収支解析は，通常は植生が成熟した場合について行われるが，このような条件はカバーの初期条件を表しているわけではないことをきちんと理解しておく必要がある。

根帯中に貯留される水の量 (WS) は，土の体積含水率 (θ) と根帯の深さ (H_{root}) から以下のように計算される。

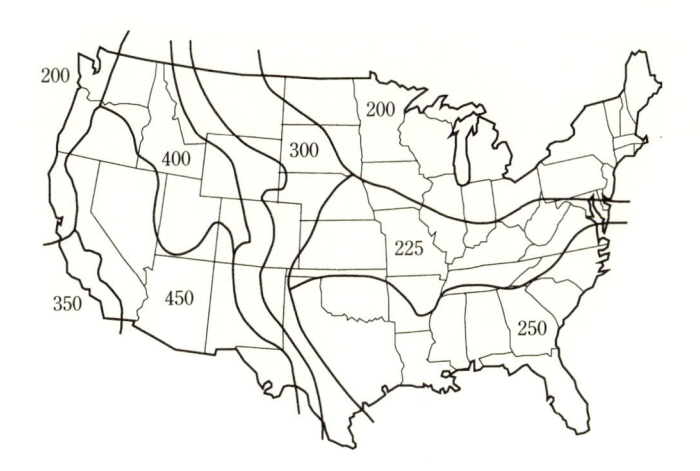

図 4.4 最小蒸発深度の地域分布（単位：mm）

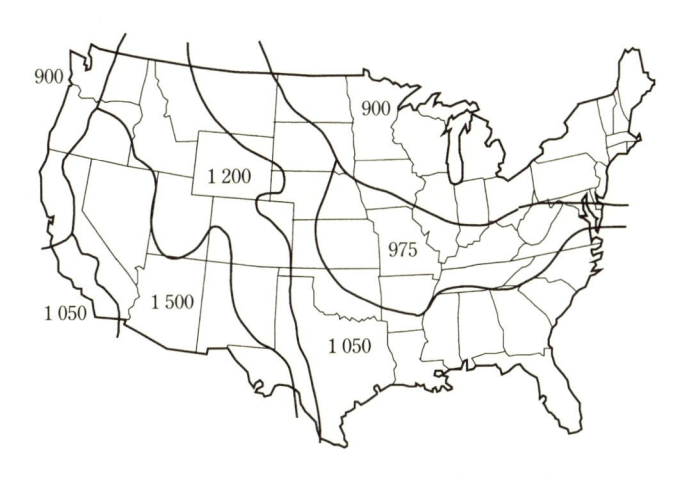

図 4.5 最大蒸発深度の地域分布（単位：mm）

$$WS = \theta H_{\text{root}} \tag{4.12}$$

体積含水率 (θ) は，水の体積を土の全体積で除した値である（図4.6 参照）。土壌学者や水文地質学者は体積で表される含水率を用いるのが習慣となっている。一方，土木技術者は，水の重量を土の乾燥重量で除した値で定義される含水比 (w) を用いるのが普通である（図4.6）。体積含水率は，図4.6 に示すとおり含水比から計算できる。

第4章 水収支解析

重量 / 体積

- 間隙空気（気相）: $W_a = 0$ / V_a
- 間隙水（液相）: W_w / V_w
- 土粒子固体（固相）: W_s / V_s
- $V_v = V_a + V_w$, $V = V_s + V_v$

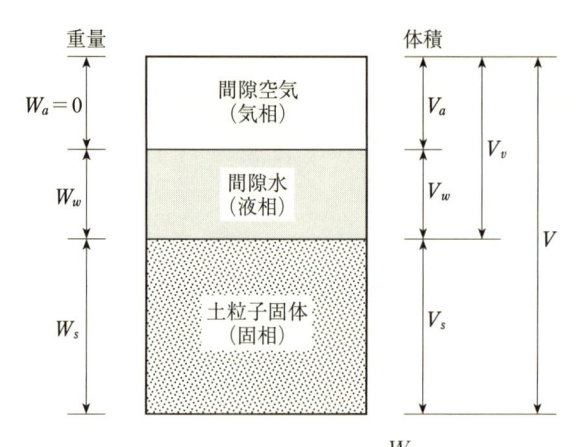

含水比 : $w = \dfrac{W_w}{W_s}$

体積含水率 : $\theta = \dfrac{V_w}{V}$

乾燥単位体積重量 : $\gamma_d = \dfrac{W_s}{V}$

水の単位体積重量 : γ_w

相互関係 : $\theta = w \dfrac{\gamma_d}{\gamma_w}$

図 4.6 含水比と体積含水率の定義

根帯の範囲に，体積含水率の異なる複数の土層が存在する場合がある。このようなときは，各々の層に貯留される水分量を合計することによって貯留水量の合計が計算できる。

$$WS = \sum \theta_i (H_{\text{root}})_i \tag{4.13}$$

ここに，i は i 番目の層を指し，根帯中の全層について合計値を求める。

全根帯が圃場容水量であると仮定することにより，根帯の最大貯水容量を計算することが必要であろう。

$$WS_{\max} = \sum \theta_{i,\text{field capacity}} (H_{\text{root}})_i \tag{4.14}$$

ここに，$\theta_{i,\text{field capacity}}$ は i 番目層について圃場容水量を与える体積含水率である。圃場容水量に関するデータが入手できなければ，表4.5に示した値が推奨される。表4.5 は，しおれ点における体積含水率ならびに可利用水分についての値も示している。

表 4.5 さまざまな土の体積含水率 (θ) の提案値
(Thornthwaite と Mather 1957, Fenn ら 1975)

土 の 種 類	圃場容水量, θ	しおれ点, θ	可利用水分, θ
細 砂	0.12	0.02	0.10
砂質ローム	0.20	0.05	0.15
シルト質ローム	0.30	0.10	0.20
粘土質ローム	0.375	0.125	0.25
粘 土	0.45	0.15	0.30

各月に根帯に貯えられる水量を計算するためには，いずれかの月において土の含水率を仮定しなければならない。そしてこの月が，計算を開始する月となる。年間のある時期における根帯の実際の含水率について現場固有のデータが入手できるのであれば，そのデータをその月の体積含水率 θ の推定値に使用できる。計算開始月の含水率は現場固有の情報なしに推定できないことはないが，これは重大な誤差を生じる結果となるので避けなければならない。解析の目的がカバーを通過する最大浸透流量を推定することであるなら（これが水収支解析の目的であることが多い），計算を始めるにあたっての最も安全側の仮定は，最多湿季の開始時期に土は圃場容水量状態にあると仮定することである。この仮定によれば，若干の排水の発生が確実に予測されることになる。

北米のほとんどの気候条件下では冬季が最も湿潤しており，覆土が飽和することがあるとすれば，初春期に飽和しているであろう。したがって，覆土が初春，たとえば4月に圃場容水量の状態になっているとするのが，最も安全側の仮定となる。その後に続く月々（通常は雨季）には覆土から排水があるであろう。しかしながら，土が春に圃場容水量まで実際に吸水するとの仮定は，典型的な年を考える場合，多くの現場では幾分か極端であり，割り当てるとすれば，より低い値が仮定されるべきである。

手計算で水収支解析を実施する動機の1つは，クリティカルな変数や仮定についての理解を深めるためである。初期の含水率の仮定は最もクリティカルなものの1つであるが，水収支解析においてその重要性はあまり高く認識されていない。しかし，初期含水率の仮定次第では（ゼロ排水から大量排水

まで），どんな解析結果でも望むとおり求められうる。初期含水率として圃場容水量を仮定すれば，結果的に比較的大きな排水量が得られる。もし最初に土が比較的乾燥状態であると仮定すれば，排水はないであろう。水収支解析を校閲する者にとって最も重要な質問の 1 つは，初期水分条件をどのように仮定したかたずねることである。

行 L の根帯貯留水量値（WS）を計算するためには，まず計算を開始する月を決める。保水量が既知であるかあるいは推定できるのであれば，いずれの月を選んでもよい。もし土が晩春期に圃場容水量状態であると仮定するならば，$IN - PET$ が 0.0 よりも大きくなる月のうち最終のものを選び，その月の保水量は圃場容水量に等しいと仮定する。ただし，保水量の単位は mm とし，WS の計算結果を行 L に記す。

次に，翌月の計算を行う。計算方法は対象とする月の $IN - PET$ の正負に依存する。

1. 潜在貯留水量 ($IN - PET$) が負であれば，根帯中の土は対象とする月の間に乾燥することになる。土中水として保持される実際の量は，潜在貯留水量（すなわち $IN - PET$ の値）と土の保水容量（WS_{max}）に依存する。実際に蒸発する水の量は ($IN - PET$) よりも小さくなり，土が乾燥するにつれて水の蒸発はますます難しくなる。次式に従って，対象とする月の保水量 (WS) を計算する。

$$WS = (WS_{max})10^{\,b\,(IN-PET)} \quad (4.15a)$$

ここに，WS と WS_{max} は mm 単位で，b は次式より決定される係数である。

$$b = 0.455/(WS_{max}) \quad (4.15b)$$

式 (4.15a) の指数は b と ($IN - PET$) の積であり ($IN - PET$) が負であるから負の指数となる。

2. 浸透が潜在蒸発散を超える場合は（すなわち $IN - PET > 0$），当月の $IN - PET$ 値を先行月の保水量 (WS) の値に加算する。すなわち，$IN - PET$ が正となる月については，対象月の行 J の $IN - PET$ の正の値を，先行月の行 L の WS の値に加算する。ただし，保水量は WS_{max}

をこえないから，計算した値が WS_{max} をこえるようであれば，当該月の行 L には WS_{max} の値を記入する．

式 (4.15a) と式 (4.15b) は Thornthwaite と Mather (1955) によってとりまとめられたデータに回帰式をフィッティングさせることによって導き出されたものである。

もし計算の最終月（すなわち，計算プロセスを開始した月の前月）において土の保水量が，圃場容水量となっているようであれば，圃場容水量で計算を開始した仮定が有効であることになる。もしそうでなければ，計算値が仮定値と同等程度になるまで，計算開始月の初期保水量を変化させて繰返し計算すればよい。

4.4.1.13 行 M：保水量変化量 (CWS, Change in Water Storage).

保水量変化量の計算は，根帯貯留水量 (WS) の計算を開始したのと同じ月から始め，その月の保水量変化 (CWS) は 0.0 と記入する。他の月の保水量変化は，当該月の保水量 (WS) から先行月の保水量を差し引いたものであり，符号が重要である。根帯の土が水を失う場合は CWS は負となり，水を獲得していくのであれば正となる。

4.4.1.14 行 N：実際蒸発散量 (AET, Actual Evapotranspiration).

実際蒸発散量 (AET) は，浸入 (infiltration) が潜在蒸発散を上まわっているかどうかに依存する。

1. $(IN - PET) \geq 0$ ならば，その月については $AET = PET$ とする（すなわち，行 N に行 E の値を記入する）。
$$AET = PET \quad \text{ただし} \quad (IN - PET) \geq 0 \qquad (4.16a)$$

2. $(IN - PET) < 0$ ならば
$$AET = PET + [(IN - PET) - CWS] \quad \text{ただし} \quad (IN - PET) < 0 \qquad (4.16b)$$

式 (4.16) は次のように説明できる。潜在蒸発散に比べて浸入がほとんどな

ければ，根帯中の土は蒸発散によって水を失っていく．質量保存則に基づけば，実際蒸発散量は，浸入量から保水量変化量を差し引いたものに等しくなければならない．したがって，式 (4.16) は次式のように書き直される．

$$AET = IN - CWS \tag{4.17}$$

4.4.1.15 行 O：浸透量 (*PERC*, Percolation). 浸透量 (*PERC*) は根帯が排水する水の量であり以下に従って計算される．

1. $IN - PET$ がゼロ以下となる月については，浸透がなく 0.0 と記入する（蒸発散が浸入を上まわる）．
$$PERC = 0 \quad \text{ただし} \quad (IN - PET) \leq 0 \tag{4.18a}$$
2. $IN - PET$ がゼロより大きい月については
$$PERC = (IN - PET) - CWS \quad \text{ただし} \ (IN - PET) > 0 \tag{4.18b}$$
年間浸透量を得るためには，月間浸透量が合計される．

4.4.1.16 行 P：計算の検定 (*CK*, Check of Calculation). 「水収支」におけるアイデアの全容は，カバーに降り注ぐ全降水を考慮していることである．したがって，計算は以下のようにして検定できる．次式に従って各月の検定値 *CK* を求めて行 P に記入する．

$$CK = PERC + AET + CWS + R \tag{4.19}$$

次に月間値の合計を求める．*CK* の各月間値ならびに年間合計値は，降水量 *P* に等しくなるはずである．各列で行 P の値が行 F の値に等しいことを確かめればよい．

4.4.1.17 行 Q：浸透流量 (*FLUX*, Percolation Rate). 浸透流量 (*FLUX*) は覆土を通過する水のフラックス（訳者注：単位面積単位時間当りの流量で，流束ともいう）であり，$PERC > 0$ となる月について計算し，行 Q に m/s 単位で記入する．*FLUX* の計算は次式による．

$$FLUX = (PERC \cdot 0.001)/t \tag{4.20}$$

表 4.6 ウイスコンシン州廃棄物処分場における水収支解析の例

行	パラメーター	引用	1月	2月	3月	4月	5月	6月	7月	8月	9月	10月	11月	12月	合計
A	平均月間温度 (T, °C)	データ入力	-7.1	-5.2	0.1	7.8	13.5	19.2	21.8	21.3	16.6	10.9	2.6	-4.4	
B	月間熱指数 (H_m)	式(4.7)	0.00	0.00	0.00	1.96	4.50	7.67	9.29	8.97	6.15	3.25	0.37	0.00	42.17
C	無調整日間潜在蒸散 ($UPET$, mm)	式(4.8)と(4.9)	0.00	0.00	0.01	1.08	2.05	3.08	3.57	3.48	2.60	1.60	0.30	0.00	
D	月間日照持続時間 (N)	表4.3または4.4	24.3	24.6	30.6	33.6	37.8	38.4	38.7	36.0	31.2	28.5	24.3	23.1	
E	潜在蒸散 (PET, mm)	$PET = UPET \cdot N$	0.00	0.00	0.21	36.38	77.40	118.38	138.27	125.20	81.22	45.52	7.34	0.00	
F	降水量 (P, mm)	データ入力	39.9	26.4	56.6	73.7	85.6	95.25	93.00	75.9	81.3	54.1	54.9	43.2	779.85
G	流出係数 (C)	表4.1参照	0.18	0.18	0.18	0.18	0.18	0.18	0.18	0.18	0.18	0.18	0.18	0.18	
H	流出水量 (R, mm)	$R = P \cdot C$	7.182	4.752	10.188	13.266	15.408	17.145	16.74	13.662	14.634	9.738	9.882	7.776	140.37
I	浸入量 (IN, mm)	$IN = P - R$	32.72	21.65	46.41	60.43	70.19	78.11	76.26	62.24	66.67	44.36	45.02	35.42	639.48
J	潜在貯留水量 ($IN-PET$, mm)	4.4.1.10参照	32.72	21.65	46.20	24.06	-7.21	-40.27	-62.01	-62.96	-14.56	-1.15	37.68	35.42	
K	累積水損失量 (WL, mm)	$WL = \sum -(IN-PET)$				0	-7.21	-47.48	-109.49	-172.45	-187.01	-188.16			
L	根面貯留水量 (WS, mm)	4.4.1.12参照	180.46	200.00	200.00	200.00	192.59	155.96	112.71	81.04	75.09	74.64	112.31	147.74	
M	保水量変化 (CWS, mm)	4.4.1.13参照	32.72	19.54	0.00	0.00	-7.41	-36.63	-43.25	-31.66	-5.95	-0.45	37.68	35.42	
N	実際蒸散 (AET, mm)	式(4.16)	0.00	0.00	0.21	36.38	77.60	114.73	119.51	93.90	72.62	44.81	7.34	0.00	567.12
O	浸透量 ($PERC$, mm)	式(4.18)	0.00	2.10	46.20	24.06	0.00	0.00	0.00	0.00	0.00	0.00	0.00	0.00	72.36
P	計算の検定 (CK, mm)	式(4.19)	39.90	26.40	56.60	73.70	85.60	95.25	93.00	75.90	81.30	54.10	54.90	43.20	779.85
Q	浸透流量 ($FLUX$, m/s)	式(4.20)	0.00E+00	8.69E-10	1.72E-08	9.28E-09	0.00E+00	0.00E+00	0.00E+00	0.00E+00	0.00E+00	0.00E+00	0.00E+00	0.00E+00	

ここに，*PERC* は行 O の浸透量（mm 単位）であり，t は月間の秒数である．このデータは後で活用することになる．

4.4.1.18 事 例． 計算プロセスを説明するために，Kmet (1982) が提供したデータに基づいた計算例を示そう．廃棄物処分場はウイスコンシン州で北緯 43°にある．根帯の最大保水量（WS_{max}）は 200 mm で，平均月間温度と降水量は表 4.6 の行 A と F にそれぞれ示すとおりである．根帯中の保水量の計算を開始するのに選んだ月は 4 月である．というのは，4 月は $IN-PET$ がゼロよりも大であった春季の最終月であったからである．土は 4 月に圃場容水量であり，保水量（行 L の *WS*）は根帯中の最大保水量つまり 200 mm と仮定された．計算の最後には，3 月の計算結果を先行月としての条件とすれば，土は 4 月に確かに圃場容水量であったことが認められた．

この計算事例では，年間浸透量の計算値は 72 mm となった．この浸透量の全部が 3 ヶ月（2 月，3 月および 4 月）で発生したこと，および他の月のすべてで浸透がゼロであったことに注目される．

表 4.7 は，この計算例でカバーにおける水の年間経路を要約したものである．カバーに降り注いだ水の大部分が覆土中へ浸入し，その後，蒸発散によって大気に還元されていることが注目される．このことが，蒸発散メカニズムの利益を最大限活用できるよう覆土の材料や植物種類を適切に選択するべきことが強調される所以である．

表 4.7 計算事例の結果の要約

パラメーター	年間量（mm）	降水に対する割合（%）
降　水	779.85	100
流 出 水	140.37	18
実際蒸発散	567.12	73
浸　透	72.36	9

4.4.2 時間平均値を求めるための解析

地盤の浸潤が誘発する斜面の不安定性は，時間レベルのインターバルで構成される期間中に発生し，HELP プログラム（Hydraulic Evaluation of Landfill Performance）での最小期間は実質的には数日であるという仮説のもとで，時

間平均値を計算するためのマニュアル法が示されている。したがってこの方法は当然，時間降水量のデータを必要とする。図4.1 に示した水収支解析の基礎概念に基づき，下記の関係が適用される。

$$P = IN + R \tag{4.21}$$

および

$$IN = PERC + AET + \Delta WS \tag{4.22}$$

ここに，

P ＝起こりうる最大（時間）降水量 (PMP)
IN ＝地表面浸入量
R ＝地表面流出水量
$PERC$＝浸透量
AET ＝実際蒸発散量
ΔWS ＝覆土中の保留水の変化量
　　　＝（圃場容水量）－（実際の含水比）

起こりうる最大時間降水量の発生直前には通常の強さの降雨がある，短時間（たとえば2, 3 時間）の激しい降雨に対して蒸発散は無視できる，豪雨が最も激しくなるまでにすでに覆土は圃場容水量に達している（すなわち，そのときだけ可能になる名目的過剰水の保留がある），といった安全側の仮定がなされる。これらの仮定条件のもとでは，浸入水はそのまま浸透水，すなわち $IN = PERC$ となる。したがって，以下の関係が成り立つ。

$$P = PERC + R \quad または \quad PERC = P - R \tag{4.23}$$

ただし，

$$R = P \cdot C \tag{4.24}$$

ここに，C は流出係数に等しい。よって式 (4.23) は

$$PERC = P(1 - C) \tag{4.25}$$

式 (4.25) は，流出しない水量，すなわち $P(1 - C)$ が覆土層を通過して排水層中に浸透しうるのに十分な透水性を，覆土層が有する場合だけに当てはまることに注意しなければならない。覆土が，このような量の水を処理する

のに十分な透水性をもたない場合は，その差が地表上で面状流れを生じるであろう。その量は覆土の透水係数 ($k_{\text{cover soil}}$) によって支配される。Thiel と Stewart (1993) は，このような状況下で排水層への浸透量は次式で求められることを示した。

$$P(1-C) > k_{\text{cover soil}} \quad \text{のとき} \quad PERC = k_{\text{cover soil}} \tag{4.26a}$$

$$P(1-C) \leq k_{\text{cover soil}} \quad \text{のとき} \quad PERC = 計算どおり \tag{4.26b}$$

式 (4.26a) および式 (4.26b) では，明示していないが動水勾配は 1 と仮定している。この仮定は，カバー上の水頭が小さく，かつ覆土とその下層の排水層との境界面における水圧が大気圧に等しい場合に用いられる。適当な勾配がつけられた処分場カバーの上には，水が有意な深さに貯留されることはまずありえないから，地表面上で水深は小さいと仮定することは理にかなっている。しかし，覆土層の底部と排水層の最上部との境界面での水圧は，大気圧よりもわずかではあるが小さい場合がありうるし（たとえば下層の排水層が不飽和で毛管圧が存在する場合），また，排水層中の間隙水頭のレベルがその排水層の最上部の標高以上になっていれば，大気圧よりも大きいこともありうる。ただ，最大流量，つまり排水層中へ活発に浸透があるような期間を想定する場合では，排水層中に有意な毛管圧が存在するとは考えにくい。一方，排水層中の間隙水頭レベルが，排水層最上部よりも高ければ動水勾配は 1 以下となり，浸透量は式 (4.26a) や式 (4.26b) から計算されるよりも小さくなる。しかしながら，ここでの計算の目的は排水層への最大流量を求めることであるから，動水勾配を 1 として式 (4.26a) と式 (4.26b) を用いるという仮定は，合理的で一般に安全側評価を与える。

テキサス州スロール（Thrall, Texas；オースチン北東約 60 km）の廃棄物処分場での以下の事例が示すように，降水の時間，日間，および月間平均値をそれぞれ用いて計算した場合，最大流量に大きな差が生じうる。4 ha の用地は底部ライナーシステムと最終カバーシステムの両方に 3 割勾配（$1V:3H$）の斜面部を有している。長さ 100 m の斜面部分について，計算された排水層へ流入する最大流量は次のとおりであった。

- 月間降水量によれば　　0.0011 m^3/hr

- 日間降水量によれば　　　0.14 m³/hr
- 時間降水量によれば　　　5 m³/hr

時間降水量のデータに基づいて求めた最大流量値は，日間降水量に基づいた最大流量値よりも約40倍大きいことが注目されるが，現実の排水層の能力を計算するには日間降水量の評価が必要である。

4.4.3　側方排水

根帯からさらにその下へ浸透する水は，適格に設計された下部の排水層によって排水されなければならない。この排水層の流量容量を計算するための式は2.3.3に与えたとおりである。

以下の計算式は，必要な側方排水の解析方法を説明するために示したものである。最大流量には，4.4.2の最後で示したように最大日間降水量に対して求めた $0.14\,\mathrm{m^3/hr}$ を用いよう。

廃棄物処分場カバーは5％(2.86°)の勾配をもっており，その斜面長は100mであると仮定しよう。したがって，排水層も100mの長さを有する。この排水層は0.3mの厚さを有し，0.01 m/s (1 cm/s)の透水係数を有する粗砂からなっていると仮定する。排水層の上部はジオテキスタイルフィルターで覆われていて，このフィルター材は，下層の排水層中へ自由に水を排出しうるように設計されていると仮定する。排水層の流量収容能力は，カバーの斜面に沿う1m幅を考えれば式(4.2)を用いて次のように計算される。

$$q_{\text{flow capacity}} = k(\Delta H/L)A = (0.01\,\mathrm{m/s})[\sin(2.86°)](0.3\,\mathrm{m} \times 1\,\mathrm{m})$$
$$= 1.5 \times 10^{-4}\,\mathrm{m^3/s} \qquad (4.27)$$

実際の流量は流量収容能力よりも小さくなければならない——さもないと水頭が排水層の最上部より上位に上昇し，斜面不安定をひき起こすことになる。

最大流量の計算値は，日間降水量データ（前節参照）より $0.14\,\mathrm{m^3/hr}$，すなわち $3.9 \times 10^{-5}\,\mathrm{m^3/s}$ である。浸透流量は排水層の流量収容能力よりも小さく，このことから排水層は適切な排水容量を有しているといえる。このことを定量化するため，安全率 (FS) を以下のようにして計算する。

$$FS = q_{\text{flow capacity}}/q_{\text{perc}} = 1.5 \times 10^{-4}/3.9 \times 10^{-5} = 3.9 \qquad (4.28)$$

少なくとも 5～10 以上の安全率が推奨されるので，この 3.9 の安全率はかろうじて必要条件を満たしているといえる。しかしながら，実際の安全率は排水層の透水係数の仮定値に線形比例する。この透水係数については，指数を 1 増やすべきか減らすべきか，正確に推定するのは難しいことが多い。慎重な技術者はこのことを悟っており，設計書あるいは施工仕様書に記された最小透水係数の仮定値よりも十分に大きい透水係数をもつ排水材を選択することがある。もし排水層材料の透水係数に対して安全側の推定値（すなわち低い透水係数）をとるならば，計算される安全率もまた安全側となり，式 (4.28) で計算した安全率が比較的低くても（たとえば 3.9）受け入れられよう。逆に，もし排水層の透水係数が比較的あまく仮定なされるならば，大きな安全率が適当となるであろう。(1) 排水層は時間の経過とともに目詰まりする傾向がある，(2) 最大日間流量は月間平均流量よりも大きい，等の理由から安全側が推奨される。

ここに述べた計算例での安全率は 3.9 だが，仮定した透水係数は 0.01 m/s (1 cm/s) である。カバー排水層では，透水係数 10^{-4} m/s (0.01 cm/s) の砂を用いることが多い。もし計算でこの透水係数を仮定していれば安全率は 0.039 となり，排水層として不適格な流量収容能力を示すことになる。著者らの見解では，設計で最大時間流量を考慮することになれば，今日一般に採用されているものよりも，もっと透水性の高い排水材が要求されることになろう。斜面崩壊の結果は容赦のないものとなりうるから，排水システムの設計では最大流量を考慮することを著者らは強調したい。

4.4.4 水理バリアを通過する漏水量

水理バリアを通過する漏水量を計算するための方法は，4.3.7 で述べたとおりである。覆土を通過して浸透する水は，排水層（もしあれば）によって排水することができ，さらに水理バリア（もしあれば）によって，さらに下方へ移動することが妨げられることになる。

このプロセスを説明するため以下に計算方法を示す。4.4.1.18 と 4.4.2 で議論した例題をとりあげる。排水層の下に配置される水理バリア層はジオメンブレン/GCL の複合ライナーであると仮定しよう。GCL の透水係数は 5×10^{-11} cm/s と仮定する。斜面長は 300 m とし，長さ 300 m × 幅 10 m の

面積（$a_{\text{slope}} = 3\,000\,\text{m}^2$ つまり $0.3\,\text{ha}$）を解析する。

表4.6 に示したとおり，2〜4月の各月に覆土からの排水量があった。その他の月には排水は生じていない。（水理バリア層における）漏水は，水が排水層に侵入しうるこの3ヶ月を通じて発生し，その他の月には起こらないと仮定する。

もしジオメンブレンが無欠陥であれば，ジオメンブレンを通過する漏水は現実にはゼロである。ジオメンブレン $0.3\,\text{ha}$ に1個の欠陥があり，その欠陥の面積は $1\,\text{cm}^2$ $(0.0001\,\text{m}^2)$ であると仮定しよう。ジオメンブレン上に覆土がなされる前に「しわ」があるのはありそうなことであるから，ジオメンブレンとベントナイト間の接触は不良であると仮定する。

3ヶ月間を通じて排水層中に集水される流量（Q）は

$$Q = (72\,\text{mm} \times 0.001\,\text{m/mm})(300\,\text{m})(10\,\text{m}) = 216\,\text{m}^3 \qquad (4.29)$$

そして，3ヶ月間の平均流量レート（q）は

$$\begin{aligned} q &= 216\,\text{m}^3/(90\,\text{day} \times 24\,\text{hr/day} \times 60\,\text{min/hr} \times 60\,\text{s/min}) \\ &= 2.8 \times 10^{-5}\,\text{m}^3/\text{s} \end{aligned} \qquad (4.30)$$

排水層中の液体の平均水頭（h_{avg}）は下層ライナー中に漏水がないと仮定することにより，以下のように安全側に計算される。

$$q = k(\Delta H/L)A = k\,[\sin(2.86°)]\,10\,\text{m} \times h_{\text{avg}} \qquad (4.31)$$

すなわち

$$\begin{aligned} h_{\text{avg}} &= q/\{k\,[\sin(2.86°)]\,10\,\text{m}\} \\ &= 2.8 \times 10^{-5}\,\text{m}^3/\text{s}/\{0.01\,\text{m/s} \times \sin(2.86°) \times 10\,\text{m}\} \\ &= 5.6 \times 10^{-3}\,\text{m} \end{aligned} \qquad (4.32)$$

ジオメンブレン中に存在すると仮定した1個の孔穴を通過する漏水は，式(4.6b) から次のように求められる。

$$\begin{aligned} q &= 1.15\,h^{0.9}\,a^{0.1}\,k_s^{0.74} \\ &= (1.15)(5.6 \times 10^{-3}\,\text{m})^{0.9}\,(0.0001\,\text{m}^2)^{0.1}\,(5 \times 10^{-11}\,\text{m/s})^{0.74} \\ &= 1.0 \times 10^{-10}\,\text{m}^3/\text{s} \end{aligned} \qquad (4.33)$$

したがって，対象範囲の面積（$a_{\text{slope}} = 0.3\,\text{ha}$）について平均したフラックス

(f) は

$$f = q/a\text{slope} = 1.0 \times 10^{-10}\,\text{m}^3/\text{s}/(300\,\text{m} \times 10\,\text{m})$$
$$= 3.4 \times 10^{-14}\,\text{m/s} \tag{4.34}$$

液体の量で考えると，覆土から排水層への水の浸透量は年間 72 mm，換言すればこの計算例では面積 300 m × 10 m に対して 216 m^3(式 4.29) であったことを思い出してほしい．漏水が生じると仮定された 3 ヶ月について，式 (4.33) から求められる全流量は 7.8×10^{-4} m^3，つまり排水層に侵入する浸透量の約 100 万分の 1 である．このジオメンブレン/GCL 複合バリアライナーを通過する年間漏水量は，年間降水量のおよそ 1000 万分の 1 となる．仮定された条件の下では，ジオメンブレン/GCL バリアはキャッピングシステムを通過して下層材料中へ水が浸透することを実質的に防ぐことになる．

4.5 コンピューター解析による水収支

実際のカバー設計に対して行われる水収支解析のほとんどは，HELP (Hydraulic Evaluation of Landfill Performance = 廃棄物処分場性能の水理評価) というコンピュータープログラムを用いて行われている．HELP プログラムは，合衆国陸軍工兵隊水路実験所に属する P. Schroeder 博士が EPA の援助を受けて書いたもので，定期的に改訂され一般に入手使用できる．本書の執筆時点で最新版は第 3.00 版であり，国立技術情報サービスから「廃棄物処分場性能モデルの水理評価，第 3 版のための工学的解説」(EPA/600/R-94/168b) を購入することにより利用できる．ユーザーズマニュアルがプログラムを含むフロッピーディスクとともに供給されており，パソコン上で使用するためにプログラムは FORTRAN で書かれている．

このコンピュータープログラムは，先に述べた手計算解析法と同じ原理を用いているが，月単位ではなく日単位ステップを採用しており，計算過程の多くに洗練されたアルゴリズムを用いている．モデルは天候，土，および設計データを入力し，表面貯留，融雪，流出水，浸入，蒸発散，植物成長，土壌水分の貯留，排水層中の水の側方排水，浸出水再循環，土壌水分の鉛直浸透，および水理バリア（ジオメンブレン，粘土，またはジオメンブレン/粘土複合ライナー）を通過する漏水，などの効果を考慮した計算手法を用いている．

HELPについての工学的解説は，Schroederら (1994) によって示されており，本書でその解説を繰り返すつもりはない。代わりに，HELPの可能性の全体像を示し，モデルのキーとなる技術的要素を考察する。HELPプログラムは，土や他のパラメーターにかかわる多数のデフォルト値を含んでおり，そのことで手計算を行ううえでも非常に利便性が高いことが証明される。クリティカルなデフォルト値の表を本章に収めている。

4.5.1 HELPの設計プロフィール

図4.7は，シミュレーションを行うためにHELPが設計された典型的なプロフィールの概略図を示したものである。このプロフィールは，廃棄物処分場をシミュレートするために，3つのサブプロフィール（カバー，廃棄物，および底部ライナーシステム）に分割されている。本書では，その目的に沿っ

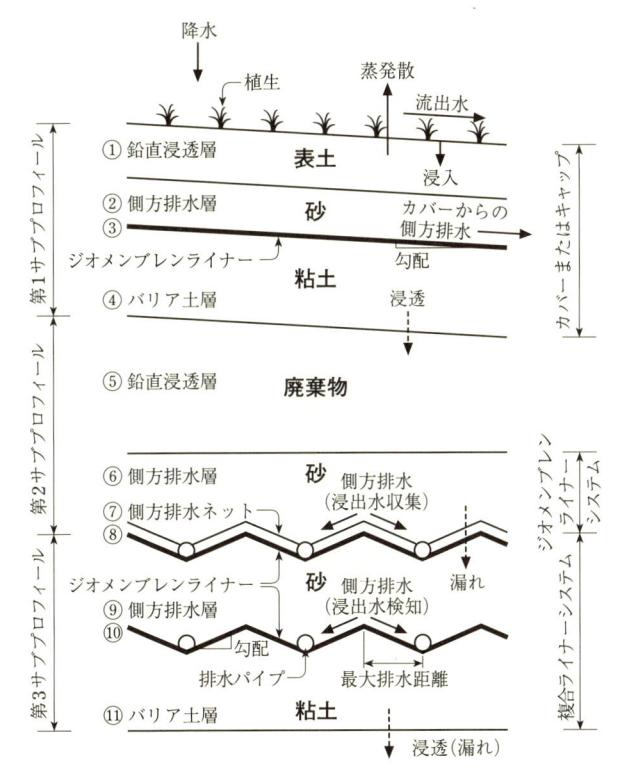

図 4.7 代表的一般廃棄物処分場のプロフィール概要図

てカバーに焦点を当てて述べる。HELP で解析される層は，それらの層が果たす水理的性能によって分類されている。表4.8 に要約されるように 4 種類の層を用いることが可能である。

表 4.8　HELP コンピューターコードにて計算可能な 4 種類の層

層の種類	水 理 特 性
鉛直浸透層	この層内の流れは厳密に鉛直である（重力により下方へ，あるいは蒸発散により上方へ）。飽和透水係数は代表的に $10^{-5} \sim 10^{-8}$ m/s である。
側方排水層	この層は（たとえばカバーの境界にある）集水システムへの側方排水を促進する。透水係数は代表的に $> 10^{-4}$ m/s，下部層には通常ライナーが設けられる。
バリアソイルライナー	バリアソイルライナーは低透水性の土であり，通常は締固め粘土ライナー（CCL）またはジオシンセティッククレイライナー（GCL）である。バリアソイルライナーは一般に $10^{-8} \sim 10^{-9}$ m/s 以下の透水係数を有する。
ジオメンブレンライナー	ジオメンブレンはいかなる種類であってもよい。それらは蒸気拡散，製造欠陥（ピンホール），敷設施工欠陥（たとえば孔穴）などで漏水を許すことが想定される。

4.5.1.1　鉛直浸透層.　鉛直浸透層は，内部で水の鉛直移動（重力作用により下方へ移動し，蒸発散作用により上方へ移動する）を許す層であればいかなる層でもよいが，側方排水層としては機能しない。望ましくは，低透水性の土が一般に鉛直浸透層とされる。通常，鉛直浸透層として扱われている層の例としては，表層，保護層，ガス収集層，基層，および廃棄物層がある。

　鉛直浸透層内での水の流れはダルシーの式に従って現れると仮定される。

$$f = ki \tag{4.35}$$

ここに，f はフラックス（単位時間，単位断面積当りの体積流量），k は透水係数（土の含水量により変化する），および i は無次元の動水勾配（すなわち，水の流路に沿った単位距離当りの全水頭の変化）である。全水頭 (H) は圧力水頭 (H_p) と位置水頭（高さ z）の合計に等しい。

$$H = H_p + z \tag{4.36}$$

　含水量が鉛直浸透層の全体にわたって一定である場合を考える。不飽和土中の圧力水頭は含水量の関数である。土が乾燥すればするほど含水量は低くなり，圧力水頭（毛管圧）がさらに負圧になる。したがって，もし含水量が

鉛直浸透層の全体を通じて均一であると仮定すれば，圧力水頭はどの場所でも均一となる。したがってこれらの仮定の下では図4.8 に示すとおり，鉛直浸透層中の2点間の水頭変化は 1.0 となる。

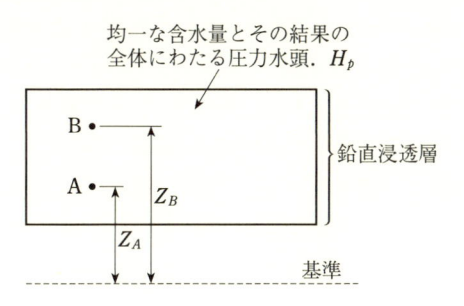

均一な含水量とその結果の
全体にわたる圧力水頭, H_p

AとB間の動水勾配 (i)

$$i = \frac{\Delta H}{L} = \frac{[Z_B + (H_p)_B] - [Z_A + (H_p)_A]}{Z_B - Z_A}$$

$$= \frac{Z_B - Z_A}{Z_B - Z_A} = 1$$

図 4.8 均一な含水量を持つ鉛直浸透層における単位動水勾配

HELP プログラムは，圧力水頭はほとんどの鉛直浸透層で，層全体で均一であり，それゆえ，動水勾配1で重力排水が生じると仮定している。一方，水頭が鉛直浸透層の上に生じうる場合は（たとえば，低透水性の鉛直浸透層やソイルバリア層），動水勾配は次のとおりに計算される。

$$i = 1 + (H_w/L) \tag{4.37}$$

ここに，H_w は層の最上部での水頭であり，L は層の厚さである。

不飽和の鉛直浸透層の透水係数 k は，キャンベル (Campbell) の式 (1974) から計算される。

$$k = k_{\text{sat}}[(\theta - \theta_r)/(\theta_{\text{sat}} - \theta_r)]^{3+2/\lambda} \tag{4.38}$$

ここに，k_{sat} は飽和状態での土の透水係数，θ は体積含水率，θ_r は残留含水率（すなわち，きわめて大きなサクションでの含水率），θ_{sat} は飽和状態での体積含水率（θ_{sat} は間隙率に等しい），λ は無次元の間隙径分布指数である。HELP では残留含水率を推定して解析を行うが，残留含水率はしおれ点に等しいと仮定することができる。残留含水率は通常，0.01～0.03 の範囲である。

間隙径分布指数は，土の水分保持特性の実験データから求められる。実験では，ある範囲の含水率まで土を湿潤するか乾燥させ，そのときの土の水分ポテンシャルΨを測定する（よりよく知られた用語として，サクションは負の土壌水分ポテンシャルとして定義される）。次いで「土の水分特性曲線」を作成するが，これはθ対Ψを単純にグラフにしたものである。このθとΨの関係を両対数でグラフ化する。λは，θ対Ψを両対数軸上にプロットして得られた直線の勾配として与えられる（Campbell 1974）。

土の水分特性曲線は，何千もの土について測定されており，λの値は土の構造によって変化することが見出されている。λは測定するよりも推定する方が一般に実務的である。k_{sat}自体に避けられない不確実性がある（実際のところ，しばしば1オーダー以上大きかったり小さかったりする）と仮定すると，費用をかけてλを測定することが一般に正当化できなくなる。そしてたいていの場合，施工に用いられる実際の材料は施工請負人によって選定され，したがって設計の際，試験を行うために入手することができない。

不飽和の鉛直浸透層中の，水の下方向フラックスを計算する方法は概算である。動水勾配をより厳密に算出し，蒸気ならびに熱輸送のメカニズムをも考慮するさらに厳密な解析技術が利用できる。しかしながら，不飽和浸透をより厳密に考慮しうるコンピューターコードは複雑なため利用には困難な傾向があり，それゆえ，水収支解析に使用されることはまずない。それにもかかわらず，不飽和水分移動の繊細さが，水収支を支配しうるような乾燥帯に位置しているカバーに対しては，HELPは特に正確なシミュレーションプログラムとはみなされていないのである。

4.5.1.2 側方排水層. 側方排水層は，粒状土あるいはジオシンセティック材で構成しうる。側方排水層における鉛直排水は，鉛直浸透層と同様な方法でモデル化される。さらに，側方排水層の下部にできる飽和帯中で側方流が許される。

排水層中で自由水面を有する側方流は，連続性ならびにデュプイ–フォルヒハイマーの近似（層の傾斜に平行な浸潤水面，ならびに水面傾斜に比例する動水勾配）を用い，ダルシーの式を用いてモデル化される。HELPに用いられているアルゴリズムは十分に厳密で正確である。側方排水層の透水係数の

決定の正確さ，ならびに，降水データの頻度（時間平均ではなく日平均を用いる）が，解析全体での正確性を決定する。

　計算されるパラメーターのうち最も重要なものの1つは，排水層内の水の最高水頭である。排水層は，水の浸入を減らすためよりむしろ，斜面の安定性を維持するために取り入れられるときがある。もし水頭が高まれば（たとえば，排水層の最上部以上にまで上昇するか，もっと悪ければカバーそれ自体の最上部まで上昇する），その水圧が斜面移動の引き金になりうる。このため，排水層中の最高水頭の計算値を注意深く検証することが重要である。さらに，4.4.2で述べたように，日間降水量データを用いた解析には限界があるため，HELPモデルは最高水頭と流量の予測においては非安全側となりうる。4.4.2に従えば，最大流量の予測に対しては時間降水データを用いることが推奨される。

　先に述べたとおり，側方排水層でキーとなる入力パラメーターは排水層材の透水係数である。設計者は用心し，かつ安全側をとるよう警告される。設計者が通常，排水材の透水係数の規格を決め，そしてその値は，施工品質保証の要素として検証される。しかしながらこの透水係数の規格値は，許容最小値よりも大きくしなければならない。これは，排水層の施工中あるいは施工後に生じうる多くの変動要因のためであり，それら変動要因のほとんどすべては透水係数を減少させる傾向をもつからである。特に懸念すべき透水係数低下のプロセスとしては，施工中における粒状材の衝撃破砕や摩砕（透水係数を低下させる微粒子を生成する），施工中の粉塵の堆積，建設車両のホイールやトレッドによって排水材中へ微粒子が踏み固められること，土中水からの沈殿物の堆積，微生物の繁殖，間隙率を減少させるクリープ変形，および隣接土から排水材中へ移動する微粒子による目詰まり，などがある。最小値として，要求値よりも少なくとも5～10倍の透水係数（ジオシンセティックについては透水量係数）を使用することを，著者らは推奨している。また，排水層が隣接材に対して常にフィルター基準を満足しなければならず，さもなければ，フィルター（土またはジオシンセティック）を設けなければならないことを設計者は思い出さなければならない。

4.5.1.3　低透水性のソイルバリア層．

締固め粘土ライナー (CCL) およ

びジオシンセティッククレイライナー (GCL) は，カバー中に水理バリア層として用いられることが多い。HELP プログラムは，ダルシーの式と，動水勾配に関して式 (4.31) を用いて，土中を通過する漏水を計算する。ここで土は飽和されている，すなわち排水なくして水を貯留しえないと仮定する。CCL あるいは GCL を通過する漏水は，バリア上に水頭があるときはいつでも生じると仮定される（式 4.31 で $h_w > 0$）。

多くの情況において，とりわけ，ソイルライナーがカバーの地表面から深さ 1 m 以内に存在し，粘土の上にジオメンブレンがない場合，低透水性の土層は時には乾燥するであろう。そしてその場合，連続飽和の仮定は無効になる。このプロセスをモデル化するためには，低透水性の土層を鉛直浸透層とすればよい。また，粘土ライナーは施工時にはほとんどの場合，決して水で飽和されていない。したがって，排水が始まるまでに，まずライナーが幾分かの水を吸収するのである。

4.5.1.4 ジオメンブレン層． ジオメンブレンは，正しく工学設計の行われたカバーに，広くそして日常的に用いられている。ジオメンブレンはきわめて効果的な水理バリアであり，粘土ライナーに対して破壊的なさまざまな外力（たとえば不同沈下や凍結融解あるいは乾燥湿潤）に耐えうる。

HELP プログラムは，液体が 3 通りのメカニズム，すなわち (1) 無傷のジオメンブレンを通過する蒸気態での拡散，(2) 製造欠陥（ピンホール）を通過する漏水，および，(3) 施工欠陥（主として継目欠陥）を通過する漏水，によってジオメンブレンを通過して漏水しうると仮定している。式は複雑であり，多数のありうるケースを含んでいる。詳細は Schroeder ら (1994) を参照されたい。

4.5.2 デフォルトプロパティ

HELP モデルの便利な点の 1 つは，1 000 種類以上の土のデータに基づいて求められたさまざまな土や廃棄物の性質に関わるデフォルトパラメーターを含んでいることである。デフォルトプロパティが，低密度土（すなわち低ないし中締固めによる土）について表 4.9 に，中および高密度土について表 4.10 に要約されている。

表 4.9 低密度土のデフォルト値

HELP	土性類別 農務省分類	統一土質分類	全間隙率 (vol/vol)	圃場容水量 (vol/vol)	しおれ点 (vol/vol)	飽和透水係数 (cm/s)
1	CoS	SP	0.417	0.045	0.018	1.0×10^{-2}
2	S	SW	0.437	0.062	0.024	5.8×10^{-3}
3	FS	SW	0.457	0.083	0.033	3.1×10^{-3}
4	LS	SM	0.437	0.105	0.047	1.7×10^{-3}
5	LFS	SM	0.457	0.131	0.058	1.0×10^{-3}
6	SL	SM	0.453	0.190	0.085	7.2×10^{-4}
7	FSL	SM	0.473	0.222	0.104	5.2×10^{-4}
8	L	ML	0.463	0.232	0.116	3.7×10^{-4}
9	SiL	ML	0.501	0.284	0.135	1.9×10^{-4}
10	SCL	SC	0.398	0.244	0.136	1.2×10^{-4}
11	CL	CL	0.464	0.310	0.187	6.4×10^{-5}
12	SiCL	CL	0.471	0.342	0.210	4.2×10^{-5}
13	SC	SC	0.430	0.321	0.221	3.3×10^{-5}
14	SiC	CH	0.479	0.371	0.251	2.5×10^{-5}
15	C	CH	0.475	0.378	0.251	2.5×10^{-5}
21	G	GP	0.397	0.032	0.013	3.0×10^{-1}

表 4.10 中密度および高密度土のデフォルト値

HELP	土性類別 農務省分類	統一土質分類	全間隙率 (vol/vol)	圃場容水量 (vol/vol)	しおれ点 (vol/vol)	飽和透水係数 (cm/s)
22	L (中密度)	ML	0.419	0.307	0.180	1.9×10^{-5}
23	SiL (中密度)	ML	0.461	0.360	0.203	9.0×10^{-6}
24	SCL (中密度)	SC	0.365	0.305	0.202	2.7×10^{-6}
25	CL (中密度)	CL	0.437	0.373	0.266	3.6×10^{-6}
26	SiCL (中密度)	CL	0.445	0.393	0.277	1.9×10^{-6}
27	SC (中密度)	SC	0.400	0.366	0.288	7.8×10^{-7}
28	SiC (中密度)	CH	0.452	0.411	0.311	1.2×10^{-6}
29	C (中密度)	CH	0.451	0.419	0.332	6.8×10^{-7}
16	ライナーソイル (高密度)		0.427	0.418	0.367	1.0×10^{-7}
17	ベントナイト(高密度)		0.750	0.747	0.400	3.0×10^{-9}

表 4.11　デフォルト土性省略記号

農務省分類	定義
G	Gravel　礫
S	Sand　砂
Si	Silt　シルト
C	Clay　粘土
L	Loam　(sand, silt, clay, and humus mixture) ローム（砂，シルト，粘土および腐植質混合物）
Co	Coarse　粗粒土
F	Fine　細粒土

統一土質分類	定義
G	Gravel　礫
S	Sand　砂
M	Silt　シルト
C	Clay　粘土
P	Poorly Graded　粒度のわるい
W	Well Graded　粒度のよい
H	High Plasticity or Compressibility　高塑性または高圧縮性
L	Low Plasticity or Compressibility　低塑性または低圧縮性

　これら2つの表のなかで「HELP」と示された第1列は，いかなる特定の土についても HELP にて用いられうる内部トラッキング（ソイルナンバー）を記している。第2列は合衆国農務省 (USDA = U.S. Department of Agriculture) 分類を，第3列は統一土質分類法 (USCS = Unified Soil Classification System) 記号（記号の意味は表4.11を参照）を示している。しおれ点は，$-15\,\mathrm{bar}$ のサクション（この値は，ほとんどの植物が枯死するまでに耐えることのできるおよその最大サクションに相当する）における体積含水率として定義される。表4.12は廃棄物特性に関するデフォルト情報を示し，表4.13は廃棄物の飽和透水係数に関する情報を，そして表4.14は各種ジオシンセティック材についてのデフォルト材料特性を要約している。

表 4.12 廃棄物特性のデフォルト値

廃棄物の種類と状態		全間隙率 (vol/vol)	圃場容水量 (vol/vol)	しおれ点 (vol/vol)	飽和透水係数 (cm/s)
HELP	廃 棄 物				
18	一般廃棄物	0.671	0.292	0.077	1.0×10^{-3}
19	チャネリングをもった一般廃棄物	0.168	0.073	0.019	1.0×10^{-3}
30	高密度の電力プラント石炭フライアッシュ*	0.541	0.187	0.047	5.0×10^{-5}
31	高密度の電力プラント石炭ボトムアッシュ*	0.578	0.076	0.025	4.1×10^{-3}
32	高密度の一般固形廃棄物焼却灰**	0.450	0.116	0.049	1.0×10^{-2}
33	高密度の微粉銅スラグ**	0.375	0.055	0.020	4.1×10^{-2}

*飽和透水係数を除き,すべて最高乾燥密度における値である。飽和透水係数は原位置で測定された。
**すべて最高乾燥密度における値である。飽和透水係数は室内法により測定された。

表 4.13 廃棄物の飽和透水係数

廃 棄 物	飽和透水係数 (cm/s)*	文 献
安定化された焼却フライアッシュ	8.8×10^{-5}	Poran と Ahtchi-Ali (1989)
高密度粉砕フライアッシュ	2.5×10^{-5}	Swain (1979)
固形化廃棄物	4.0×10^{-2}	Rushbrook ら (1989)
電気めっきスラッジ	1.6×10^{-5}	Bartos と Palermo (1977)
ニッケル/カドミウム電池スラッジ	3.5×10^{-5}	Bartos と Palermo (1977)
無機顔料スラッジ	5.0×10^{-6}	Bartos と Palermo (1977)
塩素製造-海水スラッジ	8.2×10^{-5}	Bartos と Palermo (1977)
フッ化カルシウムスラッジ	3.2×10^{-5}	Bartos と Palermo (1977)
高灰分製紙工場スラッジ	1.4×10^{-6}	Perry と Schultz (1977)

*室内試験により測定。

表 4.14 ジオシンセティック材のデフォルト特性

HELP	ジオシンセティック材の説明 ジオシンセティック	飽和透水係数 (cm/s)
20	排水ネット (0.5 cm)	$1.0 \times 10^{+1}$
34	排水ネット (0.6 cm)	$3.3 \times 10^{+1}$
35	高密度ポリエチレン (HDPE) ジオメンブレン	2.0×10^{-13}
36	低密度ポリエチレン (LDPE) ジオメンブレン	4.0×10^{-13}
37	ポリ塩化ビニル (PVC) ジオメンブレン	2.0×10^{-11}
38	ブチルゴム ジオメンブレン	1.0×10^{-12}
39	塩素化ポリエチレン (CPE) ジオメンブレン	4.0×10^{-12}
40	ハイパロンまたはクロロスルホン化ポリエチレン (CSPE) ジオメンブレン	3.0×10^{-12}
41	エチレン-プロピレンゴム (EPDM) ジオメンブレン	2.0×10^{-12}
42	ネオプレン ジオメンブレン	3.0×10^{-12}

4.5.3 解析の方法

HELP プログラムは地表面のプロセスと地盤中のプロセスの両方をモデル化している．地表面のプロセスとしては，融雪，植生による降雨の遮断，表面流出水，および水の蒸発がある．地盤中のプロセスは，土からの水の蒸発，植物による水の蒸散，不飽和土中の水の鉛直浸透，排水層における水の側方排水，および土，ジオメンブレンあるいは複合ライナーを通過する水の漏水である．カバー地表面に浸入する水の1日当りの量は，地表面の水収支から間接的に求められる．すなわち，各日の地表面浸入量は，降雨量と融雪量の合計から，流出水量，表面貯留水量（たとえば植物の表面上），および表面蒸発量（たとえば植物の表面上に保留された水の蒸発）の合計を差し引いた量に等しい．

HELP に用いられている日間の地表水挙動の計算手順は以下のとおりである．地表に蓄雪があれば，それに降雪と降雨が加算される．次いで融雪に降雨の過剰貯水が加えられる．これが積雪部分から排出する水となり，地表面流出水量を計算するため，積雪がない状態での降雨量とみなされる．ここで，降雨−流出水関係が流出水量を計算するために用いられる．次いで表面蒸発が計算されるが，地表蓄雪と遮断降雨量をこえることは許されない．流出あ

るいは蒸発しない融雪と降雨が廃棄物処分場に浸入すると仮定される。土の貯水と排水容量をこえる浸入量の計算値は地表に戻され，流出水に加算されるか表面貯水として保留される。

　HELPによってモデル化された地盤中のプロセスは以下のとおりである。最初に考慮されるプロセスは，土からの水の蒸発である。次に，付随植物の蒸発帯からの水の蒸散量が計算される。その他のプロセスは，30分から6時間までの時間ステップを用いてモデル化される。鉛直浸透層については，材料の含水率を決定するため水収支が各層について解析される。

　含水率から透水係数が計算され，次いで重力排水量（もしあれば）が決定される。側方排水層については，排水層がどの深さで飽和しているかを決定するため水収支を検討し，もし飽和している部分があれば，飽和部分について側方排水を計算する。飽和帯より上の部分の側方排水層中では，鉛直浸透が発生すると仮定される——側方排水層中の飽和帯より上での鉛直流量を解析するには，鉛直浸透層中の重力排水の解析と同じ式を用いる。土バリア層は連続的に飽和していると仮定し，それゆえ水収支は考慮しない。漏水は，排水層の水理性質とバリア層に作用している水頭の大きさから計算される。ジオメンブレンを通過する漏れは，蒸気拡散，ピンホールを通過する漏水，および製造欠陥を通過する漏水から計算される。

　HELPプログラムは工学的実務に広く用いられており，設計実務の日常的要素でもある。このプログラムは，特にそのなかに含まれている土と廃棄物のデフォルト特性および気象データによって，利便性が高い。しかしながら，プログラム利用者は，デフォルト気象データの多くが1974〜1977年間のものであり，それは合衆国のある地方（とりわけ西部）で異常な乾燥期間であったことを承知しておかなければならない。その便利さと組み入れられたパラメーターのゆえに，このプログラムはまた誤用もされやすい。というのは，このプログラムを実行させるために，水収支プロセスやカバー構成要素の水理性質について十分に理解する必要がないからでもある。

　HELPの最も有用な適用法の1つは，キーとなるさまざまなパラメーター（カバー内の各層の厚さや透水係数など）を変化させて，カバーの性能に及ぼす影響を評価する感度分析にある。プログラムが誤用されることの1つは，廃棄物処分場が未だカバーされていない期間中に，浸出水が発生するかどう

かを証明しようとすることである——浸出水が生成するかどうかは，廃棄物の初期水分量の仮定（圃場容水量に近いかどうか）にほぼ完全に依存し，そしてこの種のデータは通常，低い精度で知られているのみである。したがってある意味では，キーとなる廃棄物の初期水分の仮定次第で，利用者が欲するどんな解答をも HELP からまさに得ることができるであろう。

　HELP による計算結果を検討する人達にとって，モデルへの入力を注意深く確認することがきわめて重要である。単にプログラムを走らせることは，適切な結論に達することを必ずしも意味しない。適切な入力がモデルに対してなされた場合のみ，適切な結論は達成されるのである。校閲者は入力雨量データを注意深く吟味することにより，適切な気象学的条件がモデル化されており（たとえば，最大流量を計算することが目的であれば，異常な降雨年をモデル化する），そして必要に応じて最悪ケースの仮定がなされていることを確認しなければならない。

4.6　設計浸透速度

　廃棄物処分場のカバーに関する規制の問題点の 1 つは，カバー断面を通過する水の浸透の許容速度（流量）に対する基準がないことである。リスク規定型修復活動プロジェクト (RBCA) では，一般に浸透流速を計算で求め，次いで健康リスクの評価プロセスの一部として，地下水への影響の予測にその浸透流速を用いる。

　カバーシステムを通過する予想浸透流速の基準値を満たすことで，廃棄物処分場業界は十分に助けられると著者らは信じている。われわれは，異なる浸透量目標に対して異なるカバーのプロフィールを示して，第 3 章においてこのことをなした。少なくとも著者らは，設計者はカバーを通過する浸透流速の推定値を，たとえば HELP プログラムを用いることなどにより計算すべきであると考えている。この計算によって武装するならば設計者は，それぞれのプロジェクトで設定された目標に応じて，より大きな浸透量あるいは小さな浸透量となるよう設計の代替案を考えることができるし，考えるべきなのである。

　カバーが浸透量ゼロをもたらせると考えることは愚直なことである。い

くらかの浸透が予想されて当然である．まず出発点として，透水係数が 1×10^{-7} cm/s の完全な粘土ライナーを通過する単位動水勾配での連続的漏水は約 25 mm/年 の浸透流速をもたらす．薄い土層のみからなる非工学的なカバーは，湿潤気候地で 100～300 mm/年 の浸透流速をおそらくもたらす．良好な工学カバーは，ほぼ確実に 1～10 mm/年 以下の浸透流速に，そして，厚い覆土層，排水層，およびジオメンブレン/粘土複合バリア層を用いた最も洗練された設計によれば，おそらくはるかに小さい浸透流速（≪1 mm/年）に減少するであろう．われわれは，期待されるカバーの性能を解析することによってのみ，どれだけ洗練され，かつ複雑なカバーにすべきであるかの答えを導きうるのではなかろうか．

4.7 文　献

Bartos, M. J., and Palermo, M. R. (1977). "Physical and Engineering Properties of Hazardous Industrial Wastes and Sludges," Technical Resource Document, EPA-600/2-77-139, U.S. Army Engineer Waterways Experiment Station, Vicksburg, MS.

Campbell, G. S. (1974). "A Simple Method for Determining Unsaturated Hydraulic Conductivity from Moisture Retention Data," Soil Science, 117 (6): 311-314.

Fenn, D. G., Hanley, K. J., and DeGeare, T. V. (1975). "Use of the Water Balance Method for Predicting Leachate Generation from Solid Waste Disposal Sites," U.S. Envitonmental Protection Agency, EPA/530/SW-168, Washington, D. C., 40 pgs.

Giroud, J. P., and Bonaparte, R. (1989). "Leakage through Liners Constructed with Geomembrane Liners - Parts I and II and Technical Note," Journal Geotextiles and Geomembranes, 8 (1): pp. 27 – 67; 8 (2): pp. 71 – 111; 8 (4): pp. 337 – 340.

Kmet, P. (1982). "EPA's 1995 Water Balance Method - Its Use and Limitations," Wisconsin Department of Natural Resources, Madison, WI.

Perry, J. S., and Schultz, D. I. (1977). "Disposal and Alternate Uses of High Ash Paper-Mill Sludge," Proceedings of the 1977 National Conference on Treatment and Disposal of Industrial Wastewaters and Residues, University of Houston, Houston, TX.

Poran, C. J., and Actchi-Ali, F. (1989). "Properties of Solid Waste Incinerator Fly Ash," Journal of Geotechnical Engineering, 115 (8): 1118-1133.

Ritchie, J. T. (1972). "A Model of Predicting Evaporation from a Row Crop with Incomplete Cover," Water Resources Research, 8 (5): 1204-1213.

Rushbrook, P. E., Baldwin, G., and Dent, C. B. (1989). "A Quality-Assurence Procedure for Use at Treatment Plants to Predict the Long-Term Suitability of Cement-Based Solidified Hazardous Wastes Deposited in Landfill Sites," *Environmental Aspects of Stabilization and Solidification of Hazardous and Radioactive Wastes*, ASTM STP 1033, P. L. Cote and T. M. Gilliam, Eds., American Society for Testing and Materials, Philadelphia.

Schroeder, P. R., Dizier, T. S., Zappi, P. A., McEnroe, B. M., Sjostrom, J. W., and Peyton, R. L. (1994). "The Hydrologic Evaluation of Landfill Performance (HELP) Model: Engineering Documentation for Version 3," EPA/600/R-94/168b, U.S. Enviromental Protection Agency, Risk Reduction Engineering Laboratory, Cincinnati, OH, 116 pgs.

Swain, A. (1979). "Field Studies of Pulverized Fuel Ash in Partially Submerged Conditions," *Proceedings of the Symposium of the Engineering Behavior of Industrial and Urban Fill*, The Midland Geotechnical Society, University of Birmingham, Birmingham, England, D49-D61.

Thiel, R. S., and Stewart, M. G. (1993). "Geosynthetic Landfill Cover Design Methodology and Construction Experience in the Pacific Northwest," Geosynthetics '93 Conference Proceedigs, IFAI, St.Paul, MN, pp. 1131 – 1144.

Thornthwaite, C. W., and Mather, J. R. (1955). "The Water Balance," Drexel Institute of Technology, Publications in Climatology, Vol. 8, No. 1, Philadelphia, PA.

第5章

最終カバーシステムの斜面安定性

　経済，経営，行政等のニーズにより廃棄物処分場の空間容量をできるだけ大きくする必要性が高まるにつれ，最終カバーの勾配は水平よりもむしろ比較的急勾配となる傾向にある。3割勾配（$1V:3H$ の勾配，すなわち水平に対して $18.4°$）がかなり一般化してきており，2割勾配（$1V:2H$ すなわち水平に対して $26.6°$）も採用されている。これら斜面の勾配と，低い接触面せん断強さをもたらす構成要素，すなわちジオメンブレン，水和したジオシンセティッククレイライナー (GCL)，そして最適含水比より湿潤側の締め固め粘土ライナー (CCL) などが明らかに潜在的すべりの方向に配向している事実とを併せて考えれば，斜面安定性を注意深く解析することの必要性は明白である。これが本章の動機である。

5.1 概　説

　最終カバーにおけるバリア層の構成要素としてジオメンブレン，水和ジオシンセティッククレイライナー (GCL)，ならびに最適含水比より湿潤側の締固め粘土ライナー (CCL) が用いられることにより，潜在的なせん断面が多数存在する。さらには，ジオシンセティック排水材（上部層に対しては排水材として，下部層に対してはガス透過材として働く）も潜在的せん断面を形成しうる。傾斜角に平行なすべりが多数発生し，公開論文に報告されてきた。最も一般的な状況は次のとおりである。

- 平滑なジオメンブレンの上部表面における覆土のすべり。
- 下にジオテキスタイルやジオコンポジット排水材を有する覆土の，平滑なジオメンブレンの上面に沿ったすべり。
- 下層土（たとえば最適含水比より湿潤側の CCL）の上側表面での，覆土，排水材およびそれらの下に敷設されたジオメンブレンのすべり。
- 特に GCL の上面がスリットフィルム織布のジオテキスタイルの場合，覆土，排水材およびそれらの下に敷設されたジオメンブレンが，さらにそれらの下に敷設される水和した GCL の上面に沿ってすべること。

斜面安定解析の観点から見れば，現実にできるせん断面や潜在的なせん断面は，一般に斜面傾斜角に直線的に平行で，最も低いせん断強さをもつ接触面に沿って存在する。この解析は直接的で，実務的範囲である。本章で用いる解析法は極限つり合いの原理（limit equilibrium principle）に基づくものである。しかしながら，同様な問題に対して有限要素法（finite element method, FEM）もまた用いられてきたことを認めねばならない（Wilson-Fahmy と Koerner 1993 参照）。極限つり合い解析は，現場特有の条件をできるだけ模擬した室内試験から得られる，材料固有のせん断強度特性を用いる方法論である。この点から，直接せん断試験の結果が解析において最も重要な入力値であるといえる。斜面安定解析の精度は，他のいかなる単独の要因よりも，測定された接触面せん断強さの精度によって左右される。

斜面安定解析の結果のうち本章で述べるべき種類のものは，包括的安全率（FS）である。この FS 値は潜在的破壊の重要性に照らして考察されなければならない。たとえば，一時的な処分場カバーは 1.2～1.3 の安全率で設計してよいが，同じ状況下でも最終カバーであれば 1.4～1.5 の安全率を必要とするであろう。つまり安全率とは，現場特有の条件ならびに（通常は）適当な政府規制機関による審査に依存することはいうまでもない。

後述の各節では，極限つり合い解析の一般原理を述べる。直接せん断試験の詳細と微妙なニュアンスについても紹介する。さまざまな斜面安定問題のシナリオが，定厚覆土や活荷重を考慮して詳細に述べられる。潜在的低安全率を補償するため，テーパー化した覆土を用いる方法，あるいはジオシンセティック補強材を用いる方法を述べる。浸潤についての考察と，地震につい

ての考察は，それぞれ独立した節で述べられる。「5.6 まとめ」では，最終カバーの斜面安定性の懸念を最小化するアプローチ，ならびにいくつかの代替戦略に関する設計示唆を示す。また，異なる廃棄物およびリスクの状況下での最小安全率に関する著者らの推奨値を提示する。

5.2　地盤工学的原理と課題

前述したように最終カバーの潜在的すべり面は通常は直線であり，最も低い接触面摩擦をもつ層で，それより上の覆土がすべりを起こすことによる。潜在的すべり面が直線であることから，円弧すべり面で解析する場合のように中心の位置や半径を変化させて試行計算する必要はなく，直接的な計算を可能にする。さらに，逐次式を解くことなしに，完全な静的平衡を達成することができる。

5.2.1　極限つり合いの概念

ジオメンブレンの上側表面のような初期の平面すべり面上にある均等厚さをもった粘着性のない覆土による無限長斜面の自由物体としての力の作用図を，図5.1に示す。この状態はまったく単純に取り扱うことができる。

斜面に平行に作用する力について，すべりを起こそうとする力または動こうとする力と，すべりに抵抗しようとする力とを比較することにより，粘着性のない（すなわち内部摩擦のみによる）接触面についての包括的安全率（FS）は以下のとおりとなる。

$$FS = \frac{\sum すべりに抵抗しようとする力}{\sum すべりを起こそうとする力}$$
$$= \frac{N \tan \delta}{W \sin \beta} = \frac{W \cos \beta \tan \delta}{W \sin \beta}$$

ゆえに

$$FS = \frac{\tan \delta}{\tan \beta} \tag{5.1}$$

したがって FS 値は，ジオメンブレン直下の土の傾斜角（β）の正接に対する，ジオメンブレンの上側表面と覆土との接触面摩擦角（δ）の正接の比である。単純ではあるが教示するところは極めて重要である。たとえば

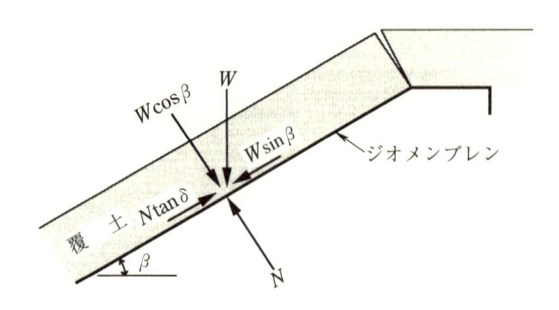

図 5.1 均等厚さをもち粘着性のない土についての有限斜面解析における力の極限つり合い

- 正確な FS 値を得るためには，δ 値を室内試験で正確に測定することが決定的に重要である。解析の精度は，室内測定値の δ の精度をもっぱら反映する。
- δ が小さければ，それに比例して土の傾斜角は結果的に小さくなる。たとえば δ が 20°で所要 FS 値が 1.5 の場合，最大傾斜角は 14°となる。これは 4 割勾配（$1V:4H$ の傾斜）に等しく，ほとんど水平である。さらに，多くのジオメンブレンはさらに低い δ の値（たとえば 10～15°）を有する。
- この単純な式は，ジオシンセティック製造業者に高い δ 値をもつ製品を開発させることとなった。すなわち，テキスチャード（粗面化処理した）ジオメンブレン，熱接合したジオコンポジット排水材，内部補強した GCL などである。

接触面せん断強さは，特定表面（接触面）での破壊時のせん断強さとして定義される。すべてではないが多くの接触面では，せん断強さは内部摩擦のみによってもたらされるが，粘着力や付着力によってもたらされる場合もある。付着力のあるなしとは無関係に，接触面摩擦角 δ は垂直応力によって変化することが多い。現場で予期される相応の垂直応力にて δ を決定することがクリティカルとなる。垂直応力 σ_n（σ_n はその現場にかかわる相応の垂直応力）におけるせん断強さを σ_n で除した値として $\tan\delta$ を決定するならば，δ は「割線摩擦角」と呼ばれることになる。この方法で定義されるならば，$\tan\delta$

に σ_n を乗じることにより，付着力の効果を包含した正確なせん断強さが得られるから，安全率の計算においてはいかなる付着力をも無視できる。

ピークと残留の δ の対比については後述する。残念ながら上に示した解析は，ほとんどの実際問題に適用するには単純すぎる。たとえば，以下に述べるような状況では適用できない。

- 解析において受働域の土楔を含んだ有限長斜面。
- 斜面上における装置荷重の組み入れ。
- テーパー化した覆土厚さの適用。
- ジオグリッドまたは高強度ジオテキスタイルを用いる覆土の合成層補強。
- 覆土中の浸透力の考慮。
- 覆土に及ぼす地震力作用の考慮。

これらの状況については次節以降で取り扱い，理論の本質と必要な設計式を示す。各々の場合について，設計チャートや例題を示す。しかしまずは，接触面せん断試験の問題について考察しよう。

5.2.2 接触面せん断試験

覆土とその下層に敷設される材料（多くの場合はジオメンブレン）との接触面せん断試験は，覆土の安全率を正しく解析するための決定的要件である。この接触面せん断強さの値は，現場特有の条件の下でプロジェクトに用いられる材料を用いた室内試験によって得られる。現場特有の材料とは，その現場で使用の考えられているジオシンセティック材や，目標密度と含水比をもつ覆土を，試験に供することを意味する。現場特有の条件とは，現地で期待される垂直応力，含水条件，温度の極値（高温や低温），ひずみ速度，ならびに全変形量で試験を行うことを意味する。最終カバーの設計のためには，文献に示された接触面せん断強さの値を使用することはまったく不適切であることに注意しなければならない。文献値は予備的評価には用いてもよいが，設計や CQA に用いるには値を確認しなければならない。

上に記した項目は手に負えないように思われるが，少なくとも試験の様式は確立されている。それは長年にわたって地盤工学で用いられてきた直接せん断試験である。この試験は，米国では ASTM D 5321，ドイツでは DIN 60500

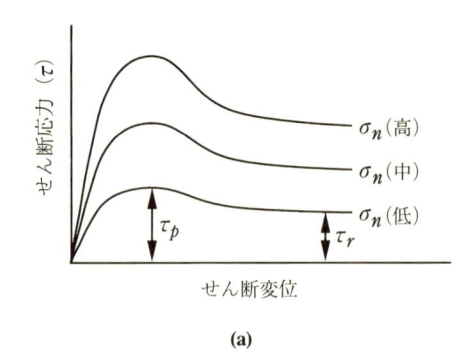

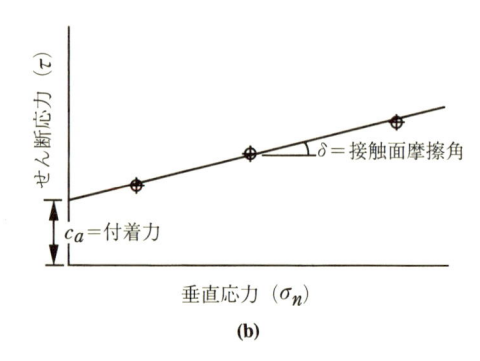

図 5.2 直接せん断試験結果と，せん断強さパラメーターを得るための解析方法

として，ジオシンセティックスを評価するために適用されてきた。

　ある特定の接触面について直接せん断試験を行う際には一般に，垂直応力のみを3つの異なる値に変化させて3回試験を繰り返す。通常，中位の垂直応力の値は現場の条件を，低い垂直応力と高い垂直応力は起こりうる値の範囲をカバーすることを目標とする。これら3回の試験から，図5.2aに示す一組のせん断変位とせん断応力の曲線が得られる。各曲線からは，ピークせん断強さ（τ_p）と残留せん断強さ（τ_r）が得られる。次のステップとして，これらのせん断強さの値を，それぞれの垂直応力の値とともに図5.2bに示すようにモール・クーロン応力空間上にプロットする。次いでプロット点が結ばれて（一般には直線となる），せん断強さに関する2つの基本的なパラメーターが得られる。これらのせん断強さパラメーターは

　　$\delta = 2$つの接触し合った表面のピークあるいは残留のせん断抵抗角（一般

に接触面摩擦角と呼ばれる）

c_a = 2つの接触し合った表面のピークあるいは残留の付着力（一方の面に細粒土を用いて試験して得られる「粘着力」と同義である）

これら2つのパラメーターで直線の式をなすが，その直線式は地盤工学でよく用いられるモール・クーロンの破壊基準である。

この概念は以下の形でジオシンセティックス材料に容易に適合しうる。

$$\tau_p = c_{ap} + \sigma_n \tan \delta_p \tag{5.2a}$$

$$\tau_r = c_{ar} + \sigma_n \tan \delta_r \tag{5.2b}$$

接触面の1つとして土があるとき，「δ_p」の上限はその土のせん断抵抗角「ϕ」で，「c_{ap}」の上限はその土の粘着力「c」となる。斜面安定解析では，「c_{ap}」または「c_{ar}」の値があったとしても，上式のこれらに関する項は用いない。ジオシンセティックスを対象とする場合，この付着力の値を使用するには明白な物理的正当性がなければならない。物理的かみ合わせのあるテキスチャード（＝粗面化処理された）ジオメンブレンや，GCLの構成要素であるベントナイトのように特異な場合においてのみ，付着力の項を含ませる根拠がある。

注目すべきことは，残留強さがピーク強さに等しいか，あるいは低いかである。その差の大きさは材料に著しく依存するため，一般的な指標を与えることができない。適切な値を決定するためには，プロジェクトおよび材料特有の条件に対して直接せん断試験を実施しなければならないのは明らかである。さらに，残留挙動を明らかにするために，直接せん断試験は適切な変位に至るまでなされなければならない（StarkとPoeppel 1994参照）。ピークあるいは残留強さのいずれを用いるかを決めることは，現場における典型的な接触面変位の情報が不足しているためきわめて難しい。それは明らかに現場および材料特有の問題となり，設計者あるいは規制者次第となる。そうではあるが，斜面頂部ではピーク値を，斜面先では残留値を用いることは正当化されよう。後に述べる解析では下付添え字のないδを使用して，この特殊な問題よりも計算手順の説明に集中したい。しかしながら，その重要さを小さく考えてはならない。

多くのジオシンセティックス材料の物理構造により，推奨されるせん断箱

の寸法はきわめて大きいものとなる。小さな装置から得られるデータが寸法効果やエッジ効果を含まないこと，すなわち，小さなせん断箱に起因するデータの偏りのないことが明らかにされなければ，せん断箱の寸法は少なくとも300 mm×300 mmにしなければならない。このような大きなせん断箱の意義を軽視してはならない。特に注意しなければならない点は以下のとおりである。

- ほかに正当な理由がなければ，通常，接触面は飽和状態で試験される。したがって，全面積にわたって完全で均一な飽和が達成されなければならない。このことはGCLに対して特に必要となる（Danielら1993）。在来型の（小さな）せん断箱中の土と比べて水和が相対的に長くかかる。
- 大きなせん断箱中の土（CCLやGCL）の圧密挙動は，同様に影響を受ける。
- 応力集中の発生を避けるため，全面積にわたる垂直応力の均一性が圧密過程とせん断過程において保持されなければならない。
- 典型的な覆土厚さを模擬して比較的低い垂直応力（たとえば10, 20および30 kPa）を適用するには，製品として入手可能ないくつかのせん断装置システム，特に圧力計の精度に疑問がある。
- 排水条件（もしそれが望まれる条件であれば）を達成するためには，せん断速度は著しく遅くしなければならず，長い試験時間を要する。
- 残留強さを得るために必要な変形量は，せん断箱の上下それぞれの分割部分が大きな相対移動をすることを要求する。上下互いのせん断箱の端を越えて移動しないように，多くの装置は300 mmよりも大きい下箱を有する。しかしながら，移動する上箱より大きな下箱をもつ装置では，新しい表面がせん断面として絶えず加わることになる。この要因が応答やその後の挙動に及ぼす影響については，未だ明らかではない。
- 真の残留強さを得ることが難しい。ASTM D 5321は，「変位を増加させても，作用するせん断力が定常となる状態まで試験を進める」よう規定している。市販のせん断箱の多くは，この条件を達成するには不十分な相対変位しか与えられない。
- リング型ねじりせん断試験装置は真の残留強さ値を測定するための代替装置であるが，問題点がないわけではない。この代替試験方法を用い

5.2 地盤工学的原理と課題 / 179

るための情報とデータについては Stark と Poeppel (1994) を参照されたい。

5.2.3 直面するさまざまな状況

工学的な廃棄物処分場や放棄されたゴミ捨場，ならびに修復現場の最終カバーの解析や設計にあたり，直面する斜面安定の問題にはきわめてさまざまのものがある。おそらく最もありふれたものは，与えられた一定の傾斜角をもつ斜面を被覆するジオメンブレン上に均等厚さで覆土を設ける場合の問題であろう。この「標準的」問題は次節で解析する。この問題から派生するものの1つに，ジオメンブレン上に覆土を配置している間の施工機械の装置荷重の問題がある。この問題については，施工機械が斜面を登り，そして下降する状況を対象に説明する。

上述の問題に対して低い FS 値となる場合，設計者は多くの選択肢をもつ。斜面を幾何学的に再設計することのほかには通常，2つの選択肢がある。テーパー化した（先細りさせた）覆土厚さを適用すること，およびジオシンセティック補強を用いることである。後者の選択肢は，文献では「合成層補強」と呼ばれており，覆土中にジオグリッドまたは高強度ジオテキスタイルを挿入することによって実現される。これら2つの問題については後で図解する。

不幸にも，覆土破壊は発生するし，そしておそらくその破壊の大半は浸透力に関連するものである。現実には，浸透力の発生を回避するために，覆土断面構成中のジオメンブレン（あるいは他のバリア材）上の排水が配慮されなければならない。この種の斜面安定問題に，1節を割り当てて解説する。

最後に，地震の起こりやすい地域では地震力が作用する可能性がある。工学的な設計をされた廃棄物処分場，放棄されたゴミ捨場，ならびに修復現場の近くで地震が発生すれば，その地震波は固形廃棄物塊を通って伝播し，カバーの上部表面に達する。次いで地震波は水平力を生じながら，覆土材料によって緩和されるが，その水平力が適正に解析されなければならない。覆土斜面の地震時挙動の解析について，同様に1節を割り当てて解説する。

5.3 覆土の斜面安定問題

本節では，多くの一般的な斜面安定問題についての解析式，設計曲線，および例題を示している。均等厚さ覆土の標準的問題について，まず装置荷重なしで，次いで装置荷重ありで展開する。求められた FS 値が低すぎるとき，設計者は多くの選択肢を選ぶことができる。たとえば，傾斜角を小さくすること，中間小段を設けて斜面長を短くすること，高いせん断強さをもつ材料を使用することなどが，設計上の可能な選択肢である。解析手法は，これらの選択肢の決定とは無関係に，同一である。まったく異なる戦略としては，テーパー化した覆土厚さを採用すること，ならびに高強度ジオシンセティックを挿入使用することである。これら2つの戦略は基本的に異なる設計代替案となり，本節の後方で展開する。

5.3.1 均等厚さ覆土をもった斜面

図5.3は，有限長の傾斜角 β の斜面におけるジオメンブレン上の均等厚さ覆土を図示したもので，底部には受働楔を，頂部には引張クラックをもつ。以下に示す解析法はKoernerとHwu (1991) に従うものであるが，比較しうる解析法がGiroudとBeech (1989) やMcKelveyとDeutsh (1991) から入手できる。図5.3に用いる記号は以下のとおり定義される。

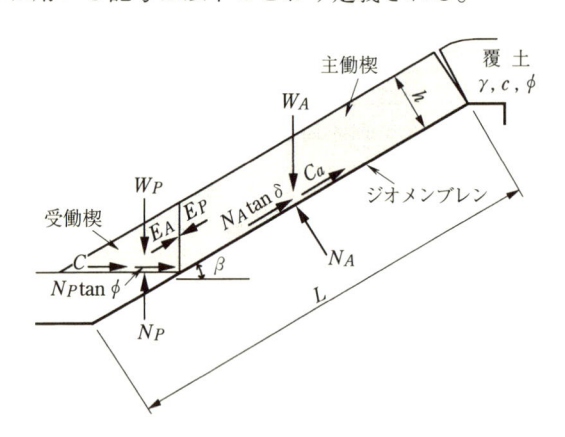

図 5.3 均等厚さ覆土についての有限長斜面解析における作用力の極限つり合い

W_A = 主働楔の全重量
W_P = 受働楔の全重量
N_A = 主働楔の破壊面に垂直な有効力
N_P = 受働楔の破壊面に垂直な有効力
γ = 覆土の単位体積重量
h = 覆土の厚さ
L = ジオメンブレンに沿って測定される斜面長
β = ジオメンブレン下の土の傾斜角
ϕ = 覆土の摩擦角
δ = 覆土とジオメンブレン間の接触面摩擦角
C_a = 主働楔の覆土とジオメンブレン間の付着力
c_a = 主働楔の覆土とジオメンブレン間の付着応力
C = 受働楔の破壊面に沿った粘着力
c = 覆土の粘着力
E_A = 受働楔から主働楔に作用する楔間力
E_P = 主働楔から受働楔に作用する楔間力
FS = 覆土のジオメンブレン上のすべりに対する安全率

安全率を求めるための式は以下のようにして誘導できる。
主働楔について,

$$W_A = \gamma h^2 \left(\frac{L}{h} - \frac{1}{\sin\beta} - \frac{\tan\beta}{2} \right) \tag{5.3}$$

$$N_A = W_A \cos\beta \tag{5.4}$$

$$C_a = c_a \left(L - \frac{h}{\sin\beta} \right) \tag{5.5}$$

鉛直方向の力のつり合いを考えることにより,以下の式が得られる。

$$E_A \sin\beta = W_A - N_A \cos\beta - \frac{N_A \tan\delta + C_a}{FS} \sin\beta \tag{5.6}$$

したがって,主働楔に作用する楔間力は

$$E_A = \frac{(FS)(W_A - N_A \cos\beta) - (N_A \tan\delta + C_a)\sin\beta}{\sin\beta(FS)} \tag{5.7}$$

同様に受動楔について,

$$W_P = \frac{\gamma h^2}{\sin 2\beta} \tag{5.8}$$

$$N_P = W_P + E_P \sin\beta \tag{5.9}$$

$$C = \frac{(c)(h)}{\sin\beta} \tag{5.10}$$

水平方向の力のつり合いを考えることにより，以下の式が得られる．

$$E_P \cos\beta = \frac{C + N_P \tan\phi}{FS} \tag{5.11}$$

したがって，受働楔に作用する楔間力は

$$E_P = \frac{C + W_P \tan\phi}{\cos\beta(FS) - \sin\beta\tan\phi} \tag{5.12}$$

$E_A = E_P$ とおくことにより $ax^2 + bx + c = 0$ の形に整理でき，FS 値を用いると

$$a(FS)^2 + b(FS) + c = 0 \tag{5.13}$$

ここに，

$$\begin{aligned}
a &= (W_A - N_A \cos\beta)\cos\beta \\
b &= -[(W_A - N_A \cos\beta)\sin\beta\tan\phi + (N_A \tan\delta \\
&\quad + C_a)\sin\beta\cos\beta + \sin\beta(C + W_P \tan\phi)] \\
c &= (N_A \tan\delta + C_a)\sin^2\beta\tan\phi
\end{aligned} \tag{5.14}$$

よって，求める FS 値は次式から得られる．

$$FS = \frac{-b + \sqrt{b^2 - 4ac}}{2a} \tag{5.15}$$

計算した FS 値が 1.0 以下となった場合は，ジオメンブレン上の覆土すべりを伴う破壊が予想されるのである．したがって，最小安全率としては 1.0 よりも大きい値が得られるようにしなければならない．FS 値が 1.0 よりもどれほど大きくなければならないかは，設計上あるいは規制上の問題である．異なる条件下での許容最小 FS 値の問題は，本章の最後で取り上げる．

式 (5.13)～(5.15) がもつ意味を十分に説明するために，FS 値の典型的設計曲線が，傾斜角および接触面摩擦角の関数として図5.4のように与えられる．曲線は，図の凡例に記された変数の値に対してつくられていることに注意しなければならない．例題1は，この曲線の利用について説明している．

例題1: $18\,\text{kN/m}^3$ の単位体積重量で $300\,\text{mm}$ の均等厚さの覆土をもつ $30\,\text{m}$ 長の斜面がある。土は $30°$ の摩擦角を有し粘着力はゼロ，すなわち砂である。覆土は図5.3に示すとおりジオメンブレン上にあるとする。直接せん断試験を行ったところ，覆土とジオメンブレン間の接触面摩擦角は $22°$，付着力はゼロの結果が得られた。$1V:3H$ の傾斜角，すなわち $18.4°$ における FS 値はいくらになるか？

解: 図5.4の設計曲線（これはまさに例題と同一条件についてつくられている）を用いれば，求める FS は $FS = 1.25$。

コメント: 一般に，この値は最終カバー斜面の安全率としては低すぎる値であり，再設計が必要である。幾何学的条件を変更するための可能な選択肢は多くあるが，本節の後の方で，テーパー化した覆土厚さと合成層補強を用いてこの例題を再び取り上げる。さらに，他の覆土斜面安定の状況と比較するため，この一般的問題を後で用いる。

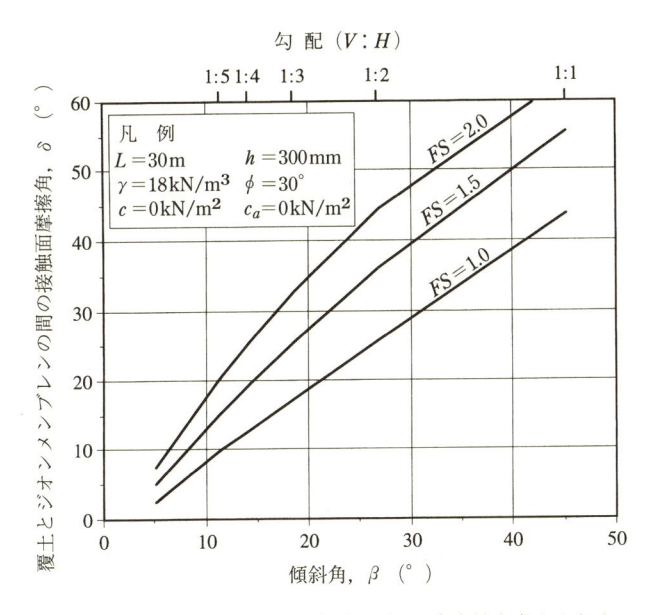

図 **5.4** 直線すべり面上の均等厚さ覆土の安定性を求めるための，包括的安全率にかかわる設計曲線

5.3.2 装置荷重の組み入れ

比較的低いせん断強さの介在物（ジオメンブレンなど）を含む斜面上に覆土を敷設するときは，常に斜面先から斜面頂に上方へ向かってなされなければならない。図5.5aは推奨される施工法を示している。このように施工作業を行うことにより，覆土の重力と施工装置の活荷重が，主働楔直下の安定部分や受働楔とともに作用して，あらかじめ敷置された土を締め固める。土を敷設施工するのに接地圧の低い装置を仕様に入れることは慎重な方法ではある。とはいえ，斜面上を上に向かって装置を進行させれば，装置荷重のない場合に比べての FS 値の低下はわずかな量に抑えられる。

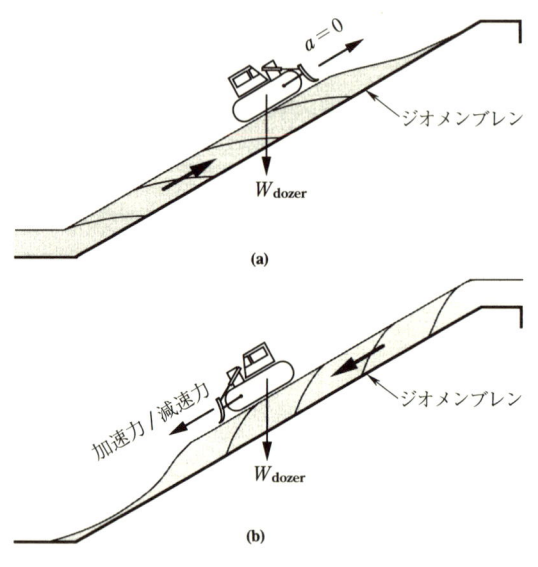

図 5.5 ジオメンブレンを含む斜面上に覆土を敷設する施工装置

しかしながら斜面を下って行う土の敷設施工に対しては，安定解析は，付加的な動的応力を解のなかに加えなければならない。この応力は FS 値を，ときには大幅に低下させる。図5.5bはこの進行状態を示している。どうしても必要ということでなければ，この方法で覆土を敷設することは推奨できない。しかし，もし必要であるならば，敷設施工装置の動的な力を考慮しなければならない。

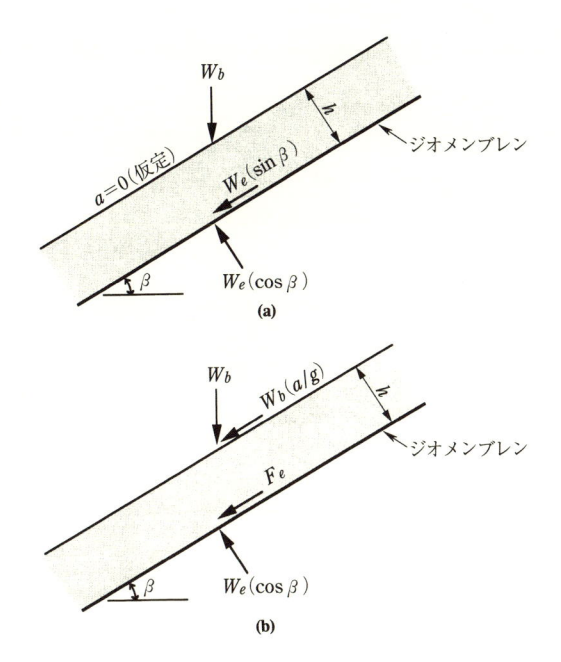

図 5.6 覆土上を移動する施工装置による，極限つり合い力の付加分（土の重力に関しては図5.3 参照）

斜面先から斜面頂に上昇して覆土を押圧するブルドーザーの第 1 例について，計算には図5.6a の外力を受けていない物体の図解を用いる。解析には，特定の施工装置（ブルドーザーのように，その重量あるいは接地圧によって特性づけられる）を用い，この力あるいは応力はジオメンブレン表面に向かって覆土厚さを通して分散される。これには，ブシネスク（Boussinesq）の解が用いられる（Poulos と Davis 1974参照）。この結果，以下のとおり単位幅員当りの装置力が与えられる。

$$W_e = qwI \tag{5.16}$$

ここに，
- W_e = ジオメンブレン接触面における単位幅当りの等価装置力
- $q = W_b/(2wb)$
- W_b = 装置（たとえばブルドーザー）の実重量
- w = 装置踏面の長さ
- b = 装置踏面の幅

$I = $ ジオメンブレン接触面における影響率（図5.7 参照）

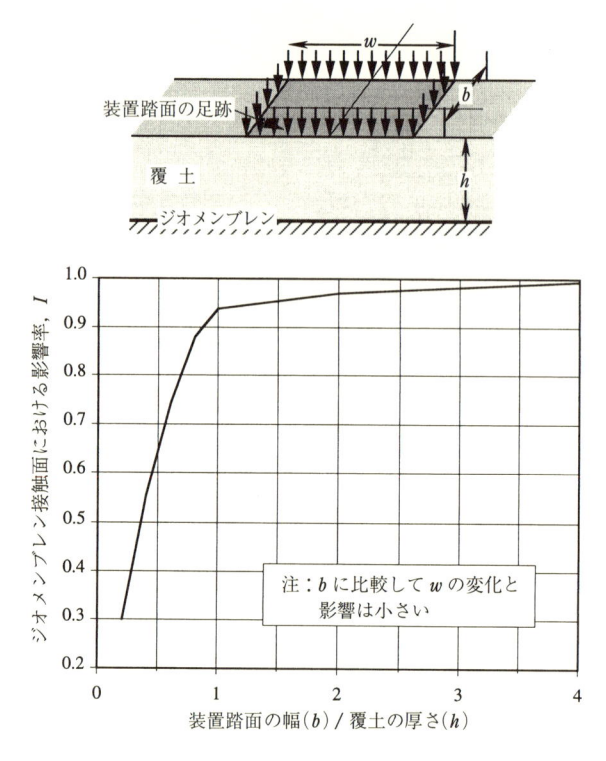

図 5.7 ジオメンブレン接触面に向かって覆土を通して表面力を分散させるための式 (5.16) に用いる影響率 (I) の値（Poulos と Davis 1974）

覆土とジオメンブレン接触面において付加すべき装置荷重を決定したら，解析は重力のみを考慮して 5.3.1 に述べたとおりに進めればよい。本質的には，式 (5.3) の W_A に付加項として W_e を加える。しかしながらこのことは，抵抗力も増加させていることに注意しなければならない。したがって，求められる FS 値に関する限り，すべりに抵抗しようとする力ならびにすべりを起こそうとする力の増分による正味の効果は幾分か緩和される。

この概念（5.3.1 に用いたのと同じ式）を用いて，等価接地圧と覆土厚の関数として，さまざまな FS 値の典型的設計曲線が図5.8 に与えられる。これらの曲線は，凡例に記された変数の値に対してつくられていることに注意しなければならない。例題 2(a) は，これらの曲線の利用を解説したものである。

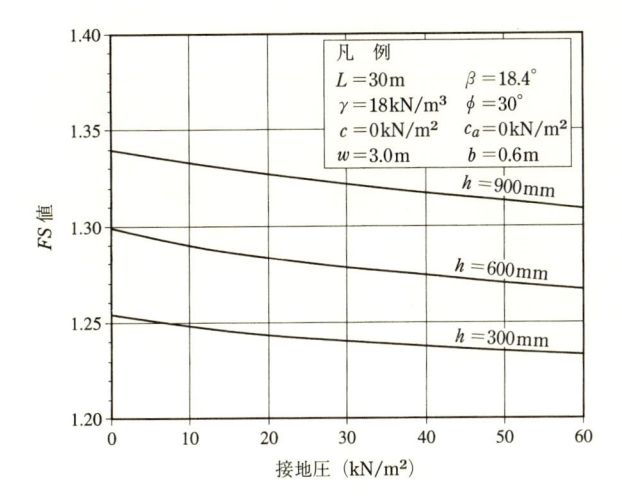

図 5.8 施工装置のさまざまな接地圧に対して，異なる厚さの覆土の安定性を求めるための設計曲線

例題 2(a): 単位体積重量 $18\,\mathrm{kN/m^3}$ で $300\,\mathrm{mm}$ の均等厚さの覆土をもつ $30\,\mathrm{m}$ 長さの斜面がある。土は摩擦角 $30°$ を有し粘着力はゼロ，すなわち砂である。覆土は，ブルドーザーが斜面先から斜面頂に上に向かって移動することによって斜面上に敷設施工される。ブルドーザーは $30\,\mathrm{kN/m^2}$ の接地圧と長さ $3.0\,\mathrm{m}$，幅 $0.6\,\mathrm{m}$ の軌道（踏面）を有する。ジオメンブレンに対する覆土の摩擦角は $22°$ で付着力はゼロである。$1V:3H$ の傾斜角すなわち $18.4°$ での FS 値はいくらになるか？

解: この問題は，斜面を上方に移動するブルドーザーの付加を除けば，まさに例題 1 と同じである。図5.8 の設計曲線（例題の条件について作成されている）を用いて，$FS = 1.24$ が得られる。

コメント: 求められた FS 値自体は低いが，結果は例題 1（すなわち，ブルドーザーのないことを除けば同一問題）と比較することによって最もよく評価できる。つまり，FS 値はわずかに 1.25 から 1.24 に減少したにすぎない。したがって一般に，斜面を上方に向かって覆土を敷設する低接地圧のブルドーザーは，安全率を有意には低下させないのである。

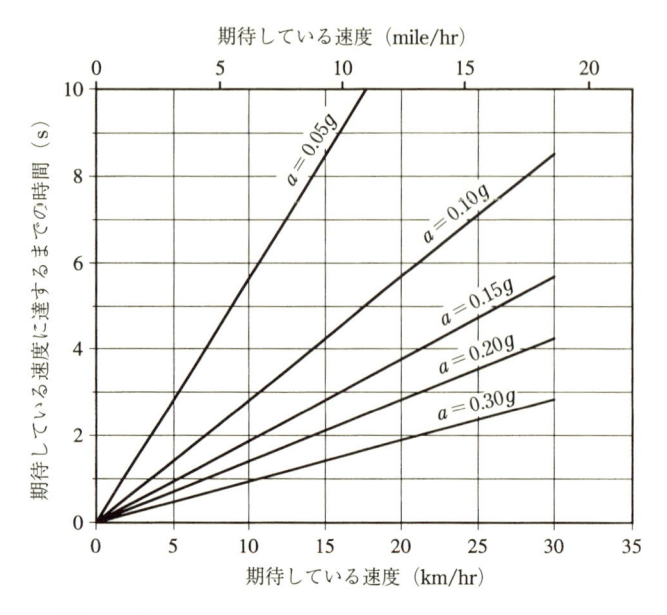

図 5.9 施工装置の速度と加速を得るための立上り時間の関係図

ブルドーザーが斜面頂から斜面先に下降して覆土を敷設する第 2 例では，解析には図 5.6b に示す力の図解を用いる。装置の重量を図に記載されているとおりに取り扱うと同時に，装置の加速（あるいは減速）に起因する力を付加的に解析に加えなければならない。この解析では再び，特定の方法で操作される特定の施工装置を用いる（解析は第 1 例と同様，施工装置の種類ならびに操作の方法に基づく）。それは，斜面に平行な力 $W_b(a/g)$ をつくり出すというものである。ここに，W_b はブルドーザーの重量，a はブルドーザーの加速力，g は重力加速度である。この力の大きさは装置運転者に依存し，装置速度とこの速度に達するまでの時間に関係する（図 5.9 参照）。

ブルドーザーの加速力から，影響率「I」（図 5.7 より）を用いることにより，覆土とジオメンブレン接触面における単位幅当りの力 F_e が求められる。この関係は以下のとおりである。

$$F_e = W_e \frac{a}{g} \tag{5.17}$$

ここに，

F_e = ジオメンブレン接触面における斜面に平行な単位幅当りの動的な力

W_e = ジオメンブレン接触面における単位幅当りの等価装置（ブルドーザー）力（式 5.16 を用いる）

β = ジオメンブレン真下の土の傾斜角

a = ブルドーザーの加速力

g = 重力加速度

これらの考え方を用いると，覆土表面に平行に作用する新たな力は，ジオメンブレン接触面まで覆土の厚さを通じて分散される．再び，ブシネスクの解を用いる（Poulos と Davis 1974 参照）．FS 値を求める式は，以下のとおり誘導される．

主働楔に対し，斜面に平行な方向の力のつり合いを考えると，以下の式が得られる．

$$E_A + \frac{(N_e + N_A)\tan\delta + C_a}{FS} = (W_A + W_e)\sin\beta + F_e \quad (5.18)$$

ここに，

$$\begin{aligned} N_e &= \text{主働楔の破壊面に垂直な有効装置力} \\ &= (W_e \cos\beta) \end{aligned} \quad (5.19)$$

その他の記号は先に定義したとおりである．

主働楔に作用する楔間力は次式で表される．

$$E_A = \frac{(FS)[(W_A + W_e)\sin\beta + F_e] - [(N_e + N_A)\tan\delta + C_a]}{FS} \quad (5.20)$$

受働楔も同様に取り扱うことにより，受働楔に作用する楔間力は次式のとおりとなる．

$$E_P = \frac{C + W_P \tan\phi}{\cos\beta(FS) - \sin\beta\tan\phi} \quad (5.21)$$

$E_A = E_P$ とおくことにより，得られる式は，以下に定義される a, b, c 項を用いて式 (5.13) の形に整理できる．

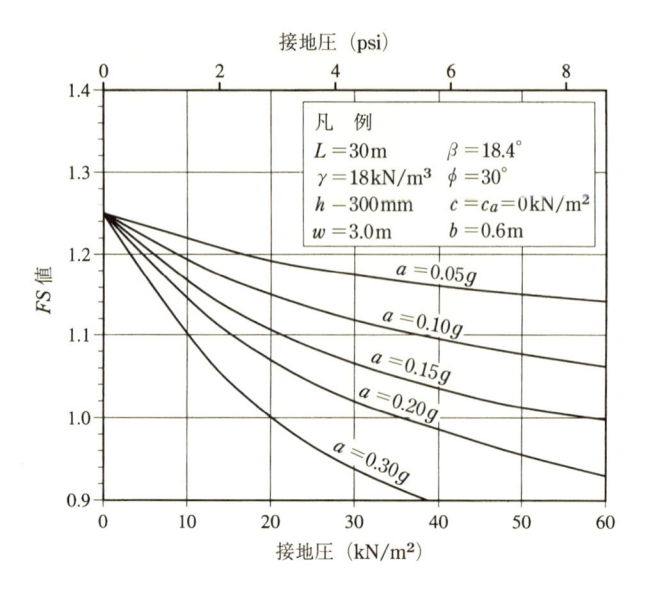

図5.10 さまざまな施工装置の接地圧ならびに加速力に対する安定性の設計曲線

$$\begin{aligned}
a &= [(W_A + W_e)\sin\beta + F_e]\cos\beta \\
b &= -\{[(N_e + N_A)\tan\delta + C_a]\cos\beta \\
&\quad + [(W_A + W_e)\sin\beta + F_e]\sin\beta\tan\phi \\
&\quad + (C + W_P\tan\phi)\} \\
c &= [(N_e + N_A)\tan\delta + C_a]\sin\beta\tan\phi
\end{aligned} \quad (5.22)$$

結果，求めるべき FS 値は式 (5.15) を用いて得られる。

　これらの考え方を用いれば，装置接地圧と装置加速力の関数として FS 値の典型的設計曲線が作成できる（図5.10参照）。曲線は凡例に記された変数の値に対して作成されたことに注意しなければならない。例題2(b) は，曲線群の利用を解説したものである。

例題 2(b): 単位体積重量 $18\,\mathrm{kN/m^3}$ で $300\,\mathrm{mm}$ の均等厚さの覆土をもつ $30\,\mathrm{m}$ 長さ斜面を仮定する。土は $30°$ の摩擦角を有し粘着力はゼロ，すなわち砂である。覆土は，ブルドーザーが斜面頂から斜面先に下に向かって移動して，斜面上に打設される。ブルドーザーは $30\,\mathrm{kN/m^2}$ の接地圧と $3.0\,\mathrm{m}$ 長と $0.6\,\mathrm{m}$ 幅の踏面を有する。ブルドーザーの推定速度は $20\,\mathrm{km/hr}$ であり，このスピードに達するまでの立上り時間は 3.0 秒である。ジオメンブレンに対する覆土の摩擦角は $22°$ で付着力はゼロである。$1V:3H$ の傾斜角すなわち $18.4°$ での FS 値はいくらになるか？

解: 図5.9 と図5.10 の設計曲線（数値は例題の条件そのものである）を用いて，以下の結果が得られる。

- 図5.9 から，3.0 秒後に $20\,\mathrm{km/hr}$ の速度を用いると，ブルドーザーの加速力は $0.19g$ となる。
- 図5.10（$300\,\mathrm{mm}$ の覆土厚さに対して求められた）から，$a = 0.19g$ と $q = 30\,\mathrm{kN/m^2}$ を用いて $FS = 1.03$

コメント: この問題の解を，先に述べた2つの事例と比較してみよう。

例題1：   覆土のみを考慮（ブルドーザーの効果無し）
$\qquad FS = 1.25$

例題2(a)： 覆土プラス斜面を上に移動するブルドーザの効果を考慮
$\qquad FS = 1.24$

例題2(b)： 覆土プラス斜面を下に移動するブルドーザの効果を考慮
$\qquad FS = 1.03$

ブルドーザーが斜面を下方に移動することによって危険性が増大するのが明らかである。ブルドーザーの加速だけでなく減速によっても，同じ効果が生じることに注意しなければならない。ブルドーザーの鋭いブレーキ作用は，前進運動を止める際にごく短時間に行われるから，おそらくより厳しい条件になる。したがって，どうしても避けられない場合のみ，覆土敷設の重機は，斜面を下方に向かって作業することが許される。このような場合，現場状況を考慮した条件で解析が行われるとともに，施工作業は解析での条件を正確に反映しなければならない。少なくとも，装置の接地圧は，覆土敷設の作業者の意見を聞きながら決めておく必要がある。

5.3.3 層厚をテーパー化した覆土の斜面

斜面の FS 値を増大させる設計上の方法の1つは，斜面先で厚く，斜面頂で薄くなるように覆土厚さをテーパー化（先細り）することである（図5.11）。FS 値は斜面先の覆土厚さにだいたい比例して増大する。上側表面は定角度「ω」で，斜面頂に引張亀裂が生じ，それぞれの土楔による土圧が，覆土表面の傾斜角と斜面の傾斜角を平均した方向に作用する，すなわち E が角度 $(\omega+\beta)/2$ の方向に作用する，として解析される。解析手順は均等厚さ覆土の場合に準じる。したがってここでも FS に対する式の形では解は得られず，得られる式を間接的に解かなければならない。図5.11中の記号は，以下を除いてすでに定義している（5.3.1参照）。

$D = $ 埋立処分場底部における覆土の厚さ
$h_c = $ 斜面頂における覆土の厚さ
$y = [L - (D/\sin\beta) - h_c \tan\beta](\sin\beta - \cos\beta \tan\omega)$
$\omega = $ 仕上がった覆土の傾斜角

安全率を求めるための式は以下のように導かれる。

主働楔について，

$$W_A = \gamma \left[\left(L - \frac{D}{\sin\beta} - h_c \tan\beta \right) \left(\frac{y\cos\beta}{2} + h_c \right) + \frac{h_c^2 \tan\beta}{2} \right] \quad (5.23)$$

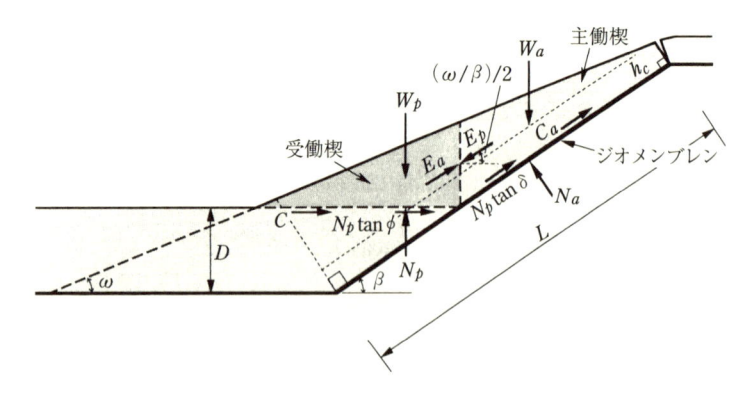

$$N_A = W_A \cos\beta \quad (5.24)$$

図 5.11 層厚をテーパー化した覆土の有限長斜面解析における作用力の極限つり合い

$$C_a = c_a \left(L - \frac{D}{\sin \beta} \right) \tag{5.25}$$

鉛直方向の力のつり合いにより以下の式が得られる：

$$E_A \sin\left(\frac{\omega + \beta}{2}\right) = W_A - N_A \cos \beta - \frac{N_A \tan \delta + C_a}{FS}(\sin \beta) \tag{5.26}$$

したがって，主働楔に作用する楔間力は

$$E_A = \frac{(FS)(W_A - N_A \cos\beta) - (N_A \tan\delta + C_a)\sin\beta}{\sin\left(\dfrac{\omega+\beta}{2}\right)(FS)} \tag{5.27}$$

受働楔も同様に考えることができる。

$$W_P = \frac{\gamma}{2\tan\omega}\left[\left(L - \frac{D}{\sin\beta} - h_c \tan\beta\right)(\sin\beta - \cos\beta\tan\omega) + \frac{h_c}{\cos\beta}\right]^2 \tag{5.28}$$

$$N_P = W_P + E_P \sin\left(\frac{\omega+\beta}{2}\right) \tag{5.29}$$

$$C = \frac{\gamma}{\tan\omega}\left[\left(L - \frac{D}{\sin\beta} - h_c \tan\beta\right)(\sin\beta - \cos\beta\tan\omega) + \frac{h_c}{\cos\beta}\right] \tag{5.30}$$

水平方向の力のつり合いにより以下の式が得られる。

$$E_P \cos\left(\frac{\omega+\beta}{2}\right) = \frac{C + N_P \tan\phi}{FS} \tag{5.31}$$

したがって，受働楔に作用する楔間力は

$$E_P = \frac{C + W_P \tan\phi}{\cos\left(\dfrac{\omega+\beta}{2}\right)(FS) - \sin\left(\dfrac{\omega+\beta}{2}\right)\tan\phi} \tag{5.32}$$

再び $E_A = E_P$ とおくことにより $ax^2 + bx + c = 0$ の形に整理でき，つまり

$$a(FS)^2 + b(FS) + c = 0 \tag{5.13}$$

ここに，

$$a = (W_A - N_A \cos\beta)\cos\left(\frac{\omega+\beta}{2}\right)$$

$$b = -[(W_A - N_A \cos\beta)\sin\left(\frac{\omega+\beta}{2}\right)\tan\phi$$

$$+(N_A \tan \delta + C_a) \sin \beta \cos \left(\frac{\omega + \beta}{2} \right)$$
$$+ \sin \left(\frac{\omega + \beta}{2} \right) (C + W_P \tan \phi)] \qquad (5.33)$$
$$c = (N_A \tan \delta + C_a) \sin \beta \sin \left(\frac{\omega + \beta}{2} \right) \tan \phi$$

したがって求めるべき FS 値は，再び式 (5.15) を用いて得ることができる．

上に展開した式を利用するために，図5.12 の設計曲線が与えられる．斜面頂での層厚に対して斜面先での層厚を増やすことにより，FS 値が比例して増加することが示される．すなわち，ジオメンブレンおよびその真下の土の傾斜角よりも仕上がった覆土の傾斜角が浅い場合（β よりも ω が小さい場合）の FS 値から明らかである．

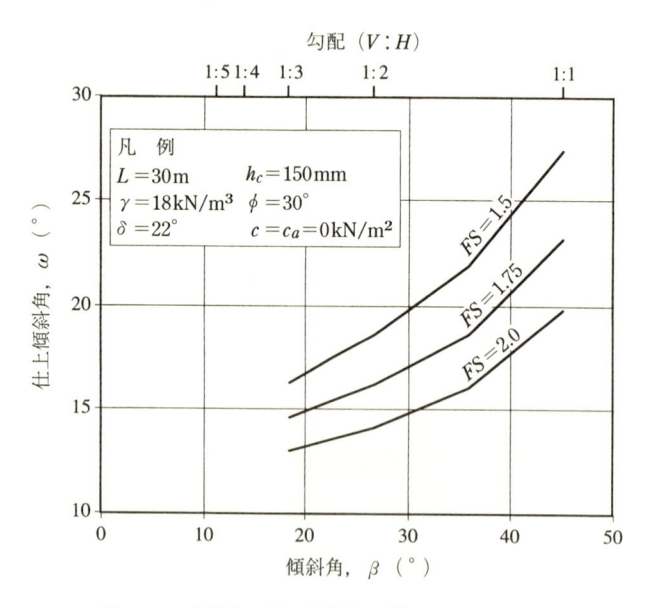

図 5.12 上側と下側の傾斜角が異なる覆土の FS 値を求めるための設計曲線

なお，曲線群は，凡例に記した特定の変数に対して求められたものであることに注目されたい．例題3はこの曲線群の利用を解説している．

例題 3: 斜面頂での層厚 150 mm で，覆土表面の傾斜角 ω が 16° となるようテーパー化した層厚の覆土をもつ 30 m 長の斜面。覆土の単位体積重量は 18 kN/m^3。この土は 30° の摩擦角を有し，粘着力はゼロ，すなわち砂である。下に敷かれているジオメンブレンとの接触面摩擦角は 22° で付着力はゼロである。基盤土の傾斜が $1V:3H$ すなわち $\beta = 18.4°$ の場合，FS 値はいくらになるか？

解: 図5.12 の設計曲線（例題の条件について展開されている）を用いて，$FS = 1.57$ が得られる。

コメント: 均等厚さの覆土を取り上げた例題 1 が $FS = 1.25$ を与えたのに対して，テーパー化した層厚の覆土を取り上げたこの例題の結果は $FS = 1.57$ となった。したがって，テーパー化することによって FS 値は 24 % 増加する。しかし，$\omega = 16°$ で斜面先の覆土厚さが約 1.4 m であることに注目すると，例題 1 に比べて覆土の容積増加は約 165 % となる。ある覆土斜面の FS 値を増大させるために覆土厚さをテーパー化することを考える場合は，安全率の増加と容積の増加の兼ね合いを考慮しなければならない。

5.3.4 覆土斜面の合成層補強

与えられた条件の斜面の安全率を増大させる他の方法として，ジオシンセティック材による補強がある。このような補強は，意図的に行われるもの，非意図的に行われるものいずれでもよい。意図的な補強とは，不安定性に抵抗するようカバーシステムを補強する目的で，覆土内部にジオグリッドまたは高強度ジオテキスタイルを挿入することである（図5.13 参照）。補強材の種類や量に応じて，重力作用による応力の大部分あるいは全部が支持され，FS 値の大幅な増加が得られる。

非意図的な補強とは，低いせん断強さを持つ接触面がジオシンセティックス補強材の真下に位置するような多層ライナーシステムを指す。この場合には，上に敷設されたジオシンセティックスはシステムに対して非意図的に合成層補強の役割を果たす。場合によっては，このようなジオシンセティックスがジオグリッドや高強度ジオテキスタイルの場合とまったく同様に応力を

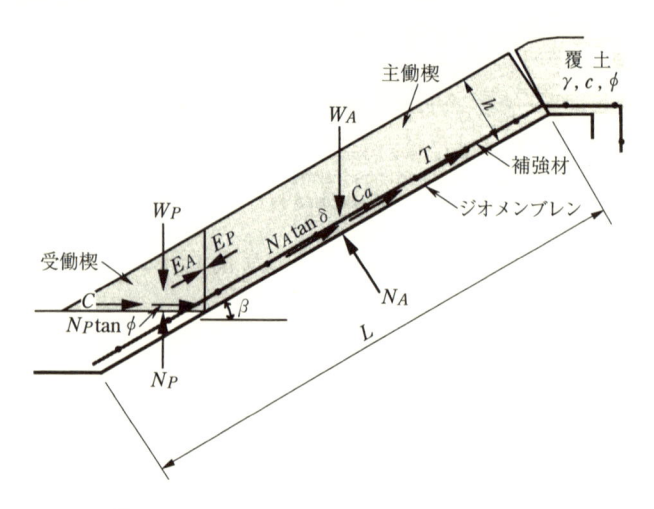

図 5.13 合成層補強を含んだ有限長斜面の解析に
おける作用力の極限つり合い

受けていることを設計者は認識しえないかもしれないが，実際のところそうなのである．したがって補強が意図的であっても非意図的であっても，その安定解析はまったく同じである．

図 5.13 に示すように，解析は 5.3.1 に従うが，補強材による力 T が斜面に平行に作用していて，付加的な安定性を与える．この力 T は，主働楔内においてのみ作用する．主働楔と受働楔の自由物体への作用力の図解法により，安全率に対する以下の式が得られる．図 5.13 に用いたすべての記号は，下記を除いて既に定義 (5.3.1 参照) されている．

$$T = T_{\text{reqd}} = \text{ジオシンセティックの所要（長期設計）強さ}$$

主働楔を考え，鉛直方向の力のつり合いにより以下の式が得られる．

$$E_A \sin\beta = W_A - N_A \cos\beta - \left(\frac{N_A \tan\delta + C_a}{FS} + T\right) \sin\beta \quad (5.34)$$

したがって，主働楔に作用する楔間力は

$$E_A = \frac{(FS)(W_A - N_A \cos\beta - T \sin\beta) - (N_A \tan\delta + C_a) \sin\beta}{\sin\beta(FS)} \quad (5.35)$$

再び，$E_A = E_P$ とおくことにより [E_P について式 (5.12) を参照]，式は式 (5.13) の形に整理され，a, b, c 項は以下のとおりとなる．

$$\begin{aligned}
a &= (W_A - N_A \cos\beta - T\sin\beta)\cos\beta \\
b &= -[(W_A - N_A \cos\beta - T\sin\beta)\sin\beta \tan\phi \\
&\quad + (N_A \tan\delta + C_a)\sin\beta \cos\beta \\
&\quad + \sin\beta(C + W_P \tan\phi)] \\
c &= (N_A \tan\delta + C_a)\sin^2\beta \tan\phi
\end{aligned} \quad (5.36)$$

したがって，求める FS 値は式 (5.15) を用いて得られる．

引張強さの所要値あるいは設計値は，覆土の長期安定性に対して必要となる．最終的なあるいは完成品としてのジオグリッドあるいは高強度ジオテキスタイルの引張強さを得るためには，T_{reqd} の値は現場固有の条件の下でさまざまな要因に対して（すべて > 1.0）増加しなければならない．施工上の欠陥，クリープ，および長期間の劣化に対しての値が一般に考えられる [式 (5.37) 参照，Koerner 1994]．さらに，継ぎ目が補強材中に含まれる場合は，しかるべく修正係数が加えられなければならない．

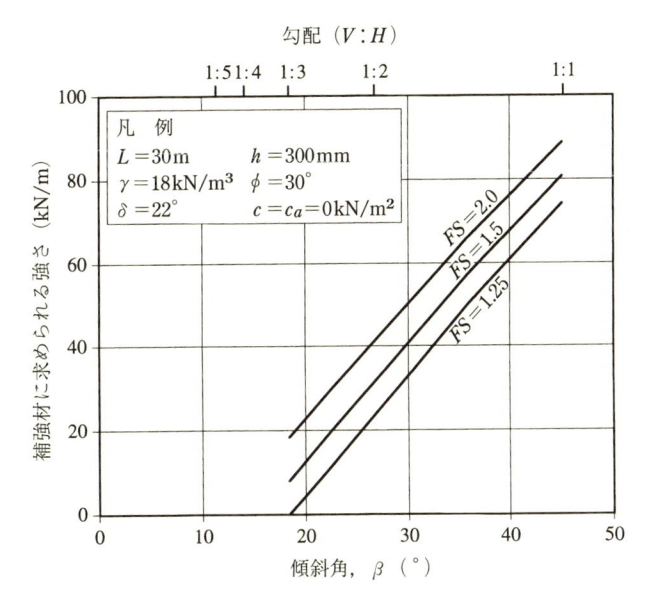

図 5.14 異なる傾斜角と合成層補強材強さに対して FS 値を求めるための設計曲線

$$T_{\text{ult}} = T_{\text{reqd}}(RF_{\text{ID}} \times RF_{\text{CR}} \times RF_{\text{CBD}}) \tag{5.37}$$

ここに,

T_{reqd} = 補強材強さの所要値または設計値
T_{ult} = 最終(製品としての)補強材強さの値
RF_{ID} = 施工欠陥にかかわる修正係数
RF_{CR} = クリープにかかわる修正係数
RF_{CBD} = 化学的/生分解にかかわる修正係数

上の式の利用を説明するため,図5.14の設計曲線が得られている。曲線群は補強材の強さが増加するに伴い,FS 値が改善されることを示している。

曲線群は,凡例に記された特定の変数について求められていることに注意されたい。例題4はこの設計曲線群の利用を説明している。

例題 4: 単位体積重量が $18\,\text{kN/m}^3$ で $300\,\text{mm}$ の均等厚さの覆土をもつ $30\,\text{m}$ 長の斜面を考える。この土の摩擦角は $30°$ で粘着力はゼロ,すなわち砂である。提案された補強材は $10\,\text{kN/m}$(広幅試験による引張強さ)の設計値を有するジオグリッドである。したがって,式 (5.37) の修正係数 (RF) はすでに算入されている。ジオグリッドの開口部は十分大きいため,覆土材はジオグリッドを貫通し,下に敷設されたジオメンブレンと接触面で摩擦角 $22°$(付着力ゼロ)を与える。$1V:3H$ すなわち $18.4°$ の斜面傾斜角における FS 値はいくらになるか?

解: 図5.14の設計曲線(例題の条件について求められている)を用いて,$FS = 1.57$。

コメント: 解析では $T_{\text{reqd}} = 10\,\text{kN/m}$ を用いたが,式 (5.37) に従ってジオグリッドの T_{ult} を求めなければならない。たとえば,式 (5.37) における累積修正係数 (ΠRF) が 4.0 であれば,ジオグリッドの最終(製品としての)強さは $40\,\text{kN/m}$ が求められる。また,高強度ジオテキスタイル補強材に対しても同様の解析を行いうる。覆土の貫通が起こらないというわずかな差異があるだけである。そのため,ジオテキスタイルは,上にある覆土と下にあるジオメンブレン間の接触面摩擦の値に差をもたらす。解析は,ここに示したのと同様の一般的な方法に従えばよい。

上述の解析は，ジオシンセティック補強によって意図的に FS 値を改善する場合に焦点が当てられていることを強調しておく。このような補強は，低い接触面強さをもつ材料の上にジオグリッドや高強度ジオテキスタイルを配置することによって得られる。補強材は，ジオメンブレンの上に直接に，あるいは覆土層の内部に配置されることが多い。

興味深いことに，ジオテキスタイルを覆土の真下，ジオメンブレンでライニングされた斜面に配置することによって，ある程度の合成層補強効果が意図せずに得られることがある。このようなジオテキスタイルは覆土によって高い応力を受ける場合が多く，さらに，下に敷設されたジオメンブレンとの接触面摩擦強さが比較的小さければ，ジオメンブレン上をすべってしまう可能性がある。しかしながら，保護用ジオテキスタイルをアンカートレンチ中に固定した場合は，ジオテキスタイルは事実上，補強材として実際に作用する。ジオテキスタイルの単位幅当りの引張強さは通常比較的低いから，斜面の安全率はあまり改善されない。さらに，ジオテキスタイルに欠陥があったり，あるいはアンカートレンチから引きずり出されてしまった場合は，下に敷設されている（そして固定されている）ジオメンブレンの上でジオテキスタイル（およびその上に敷設された覆土）のすべりがきわめて突発しやすくなる。合成層補強が必要な場合は，適当な種類のジオシンセティックを補強目的で意図的に用い，そのための設計を行う必要がある。

5.4 浸透力についての考察

前節では，さまざまな傾斜角の斜面上に配置された最終覆土の，斜面安定解析の一般的問題を取り扱ったが，暗黙の仮定として，バリア層の上には適当な排水容量をもった排水層が敷設されており，水は斜面に平行に，そしてカバーシステムの構成断面から安全に流れ去るよう，浸透と通過が生じているとしていた。除去されるべき水の量は，明らかに現場固有の条件である。乾燥地帯では排水は求められない。

不幸にも，最終カバーの排水が不十分なため，浸透による斜面安定問題が発生した例がある。浸透誘発型のすべりをもたらす状況としては以下のものが挙げられる。

- 斜面先における不十分な排水容量。斜面先では浸透水が蓄積し，最大となる。
- 斜面先で砕石からの微粒子が蓄積し，それによって時間の経過に伴い施工時の透水性が低下する。
- 覆土中の微細な非粘着性の土粒子がフィルター層（あるとしても）と排水層を通過し，その結果，斜面先に蓄積することによって，時間の経過に伴い施工時の透水性が低下する。
- 斜面先で排水層が凍結し，その一方で斜面頂が融解していると，斜面先の氷楔に浸透力が働く。

これらの浸透誘発型破壊は，斜面安定設計法に修正を要求するものであり，本節の主題である。詳細な考察は Soong と Koerner (1996) に示されている。

図5.15 に示すように，傾斜角 β の斜面にあるジオメンブレン上に直接敷設された均等厚さの覆土を考える。ただし，前述の例とは異なり，覆土の一部あるいは全部は飽和している。飽和境界は，2種類の配向の自由水面として示される。これは，浸透水が覆土中で2つの異なる過程――斜面先から水平に蓄積していく場合と，斜面に平行に蓄積していく場合――で蓄積するからである。これら2つの仮定は，水平水浸率（horizontal submergence ratio, HSR）と平行水浸率（parallel submergence ratio, PSR）として定義され定量化される。図5.15 にこれら2つのパラメーターの寸法上の定義が示されている。

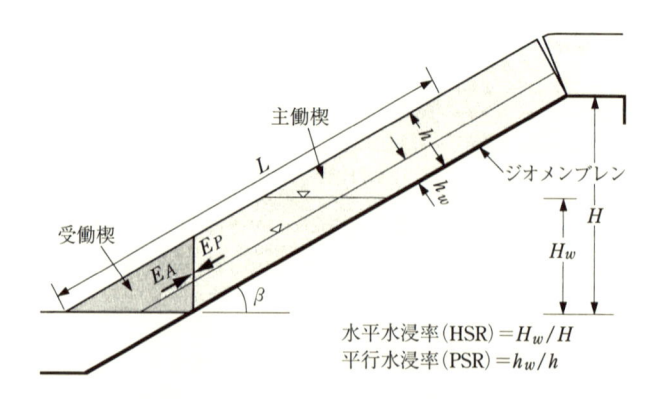

水平水浸率(HSR) $= H_w/H$
平行水浸率(PSR) $= h_w/h$

図 5.15 2種類の水浸条件の仮定と関連する定義を表したジオメンブレン上の覆土の断面構成

5.4 浸透力についての考察 / 201

　極限つり合い法を用いて斜面の安定性を解析するには，受働楔と主働楔の自由物体図を，これらに作用する適当な力（ここでは間隙水圧を含む）とともに考える．図5.15 には，2 つの楔間力 E_P と E_A が示されている．浸透水が水平に蓄積する場合ならびに斜面に平行に蓄積する場合の安全率を求める式を以下に示す．

　浸透水が水平に蓄積する場合　　図5.16 は浸透水が水平に蓄積することを仮定して，主働楔と受働楔両者の自由物体図を示したものである．図5.16 中の記号は以下を除いてすでに定義されている．

$\gamma_{\text{sat'd}}$ = 覆土の飽和単位体積重量

γ_{dry} = 覆土の乾燥単位体積重量

γ_w = 水の単位体積重量

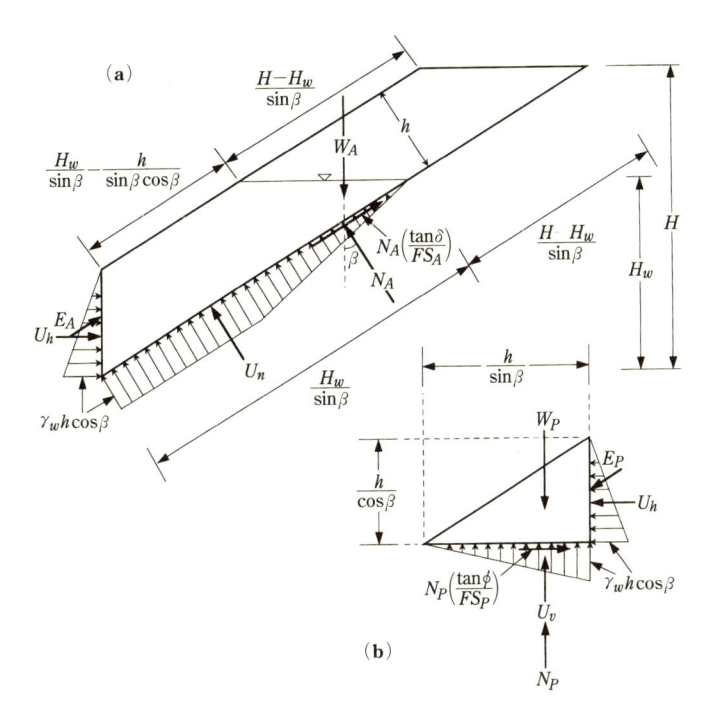

図 5.16　浸透水が水平に蓄積する場合の覆土の自由物体図

$H =$ 斜面先から測った斜面の鉛直高さ

$H_w =$ 斜面先から測った自由水面の鉛直高さ

$U_h =$ 両楔に作用する水平方向の間隙水圧の合力

$U_n =$ 斜面に垂直に作用する間隙水圧の合力

$U_v =$ 受働楔に作用する鉛直方向の間隙水圧の合力

安全率を求める式は以下に導かれる。主働楔を考える。

$$W_A = \left[\frac{\gamma_{\text{sat'd}}(h)(2H_w \cos\beta - h)}{\sin 2\beta}\right] + \left[\frac{\gamma_{\text{dry}}(h)(H - H_w)}{\sin\beta}\right] \quad (5.38)$$

$$U_n = \frac{\gamma_w(h)(\cos\beta)(2H_w \cos\beta - h)}{\sin 2\beta} \quad (5.39)$$

$$U_h = \frac{\gamma_w h^2}{2} \quad (5.40)$$

$$N_A = W_A(\cos\beta) + U_h(\sin\beta) - U_n \quad (5.41)$$

次に,主働楔に作用する楔間力は次式で表される。

$$E_A = W_A \sin\beta - U_h \cos\beta - \frac{N_A \tan\delta}{FS} \quad (5.42)$$

受働楔についても同様に考えることができ,以下の式が得られる。

$$W_P = \frac{\gamma_{\text{sat'd}} h^2}{\sin 2\beta} \quad (5.43)$$

$$U_v = U_h \cot\beta \quad (5.44)$$

受働楔に作用する楔間力は次式で表される。

$$E_P = \frac{U_h(FS) - (W_P - U_v)\tan\phi}{\sin\beta\tan\phi - \cos\beta(FS)} \quad (5.45)$$

再び,$E_A = E_P$ とおくことにより,以下の $ax^2 + bx + c = 0$ の形に整理される。

$$a(FS)^2 + b(FS) + c = 0 \quad (5.13)$$

ここに,

$$
\begin{aligned}
a &= W_A \sin\beta \cos\beta - U_h \cos^2\beta + U_h \\
b &= -W_A \sin^2\beta \tan\phi + U_h \sin\beta \cos\beta \tan\phi \\
  &\quad - N_A \cos\beta \tan\delta - (W_P - U_v)\tan\phi \\
c &= N_A \sin\beta \tan\delta \tan\phi
\end{aligned}
\quad (5.46)
$$

求める FS 値は式 (5.15) を用いて得られる。

浸透水が斜面に平行に蓄積する場合　図 5.17 は斜面に平行な方向に浸透水が蓄積する場合の主働楔と受働楔両者の自由物体図を示す。先に定義したのと同じ記号を用いており，追加の定義として，h_w は斜面に垂直な方向に測った自由水面の高さである。

式 (5.15) に示した安全率の一般式がここでも有効である。ただし，式 (5.46) に示した a, b, c 項は，以下に示す新たな定義に基づいて別途求める。

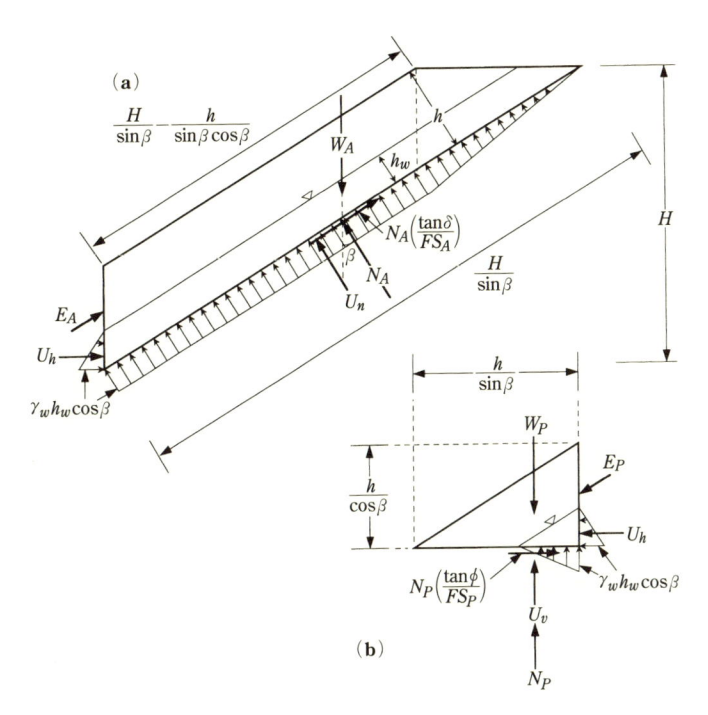

図 5.17　浸透水が斜面に平行に蓄積する場合の覆土の自由物体図

$$W_A = \frac{\gamma_{\text{dry}}(h - h_w)[2H\cos\beta - (h + h_w)] + \gamma_{\text{sat'd}}(h_w)(2H\cos\beta - h_w)}{\sin 2\beta} \tag{5.47}$$

$$U_n = \frac{\gamma_w h_w \cos\beta(2H\cos\beta - h_w)}{\sin 2\beta} \tag{5.48}$$

$$U_h = \frac{\gamma_w (h_w)^2}{2} \tag{5.49}$$

$$W_P = \frac{\gamma_{\text{dry}}(h^2 - h_w^2) + \gamma_{\text{sat'd}}(h_w^2)}{\sin 2\beta} \tag{5.50}$$

上記に求められた式の結果を説明するため，図5.18の設計曲線が得られる。すべての接触面摩擦角の値に対して，水浸率が増大するのに伴ってFS値が低下することがわかる。さらに，浸透水が斜面に平行に蓄積すると仮定した場合と水平に蓄積すると仮定した場合とで，応答曲線の間の差異がきわめて小さいことがわかる。なお，曲線群は，凡例に記した変数の特定の値について求められていることに注意されたい。例題5はこの設計曲線の利用を解説したものである。

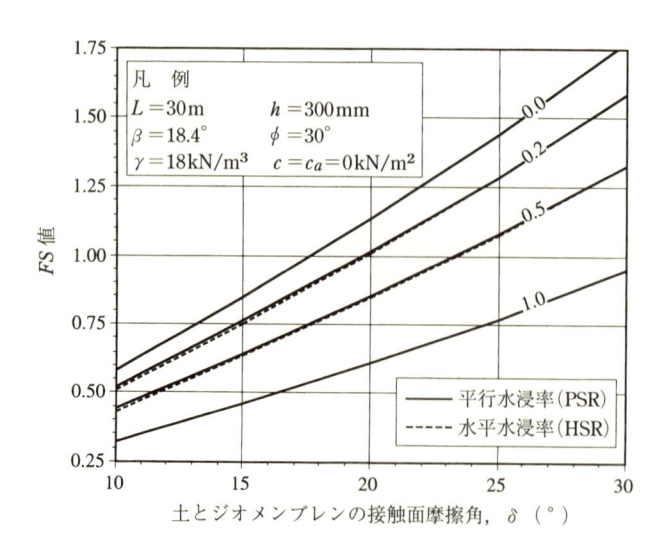

図 5.18 異なった水浸率に対する覆土の安定性を求めるための設計曲線

例題 5: 乾燥単位体積重量が $18\,\mathrm{kN/m^3}$ で $300\,\mathrm{mm}$ の均等厚さ覆土をもつ $30\,\mathrm{m}$ 長の斜面を仮定する。この土は $30°$ の摩擦角を有し粘着力はゼロ，すなわち砂である。土は層厚の $50\,\%$ まで飽和される，すなわち，平行水浸率 $PSR=0.5$ で，土の単位体積重量が飽和単位体積重量 $21\,\mathrm{kN/m^3}$ に増大する平行浸潤の問題である。直接せん断試験により接触面摩擦角 $22°$，付着力ゼロの結果が得られた。$1V:3H$ すなわち $18.4°$ の斜面傾斜角における安全率はいくらになるか？

解: 図5.18（例題の条件について求められている）の設計曲線群を用いて，$FS=0.93$ が得られる。

コメント: このような種類の斜面における浸透力の影響の重要性はきわめて明らかである。飽和が層厚の $100\,\%$ に達すれば，FS 値はいっそう低くなる。浸透水が水平に蓄積すると仮定した場合の同じ水浸率での結果は，同等に低い FS 値を与える。したがって，飽和を生じさせないように，覆土斜面中のバリア層の上での排水が十分長期間維持されなければならないことが，例題の教訓として得られる。

5.5 地震力についての考察

地震活動が予測される地域で，工学的な廃棄物処分場や廃棄物の投棄場，あるいは汚染修復現場を覆う最終覆土の斜面安定解析を行う場合は，地震力を考慮しなければならない。米国 EPA 規制のサブタイトル D は，過去 250 年間に $0.1\,G$ あるいはそれ以上の地震による水平加速度を経験した場所では，地震力を考慮した解析を行うよう要求している。図5.19 に見られるとおり，このような場所は米国西部だけでなく，中西部や北東部の主要地帯を含む。もしこれが全世界的に実践されるならば，このような基準は絶大な意義をもつようになる。

本書で取り上げる覆土の地震解析は 2 段階のプロセスによる。

- 覆土断面の重心に付加的な水平力を作用させる擬似静的解析（震度法）を用いて FS 値を計算する。
- 前記の計算で FS 値が 1.0 以下になる場合，永久変形解析が必要となる。そして，変形の計算値を覆土部分に生じうる被害と照らし合わせ，これを許容するか，あるいは適当な再設計を行うこととなる。再設計の解析は，変形が許容しうるまで行われる。

凡 例
ゾーン0 ： 被害なし。
ゾーン1 ： 1.0 秒よりも大きい基本周期をもつ遠隔地震が主たる被害を起こしうる。改正メルカリ震度階 (modified Mercalli intensity scale) による震度 V と VI に相当。
ゾーン2 ： 中程度の被害，改正メルカリ震度階による震度 VII に相当。
ゾーン3 ： 大きな被害，改正メルカリ震度階による震度 VIII およびそれ以上に相当。

各ゾーンに対応する震度

ゾーン	改正メルカリ震度階	平均震度 (C_S)	注 記
0	—	0	被害無し
1	V と VI	0.03 ～ 0.07	わずかな被害
2	VII	0.13	中程度の被害
3	VIII およびそれ以上	0.27	大きな被害

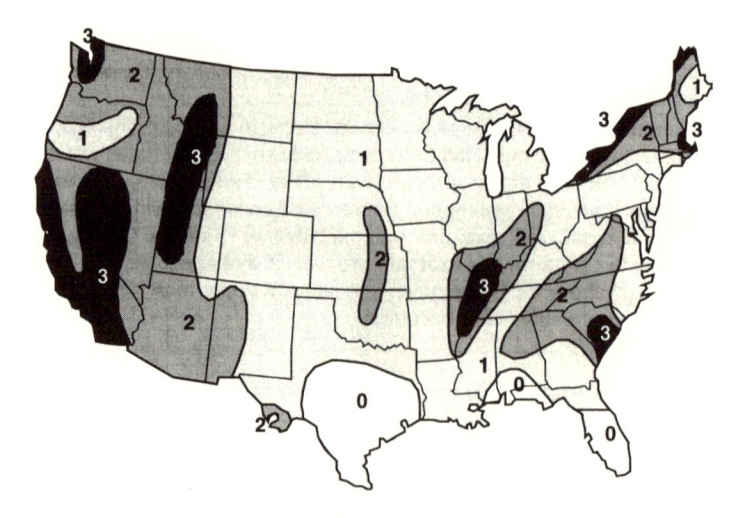

図 5.19　米国大陸のサイスミックゾーンと対応する震度
　　　　（Algermissen 1960）

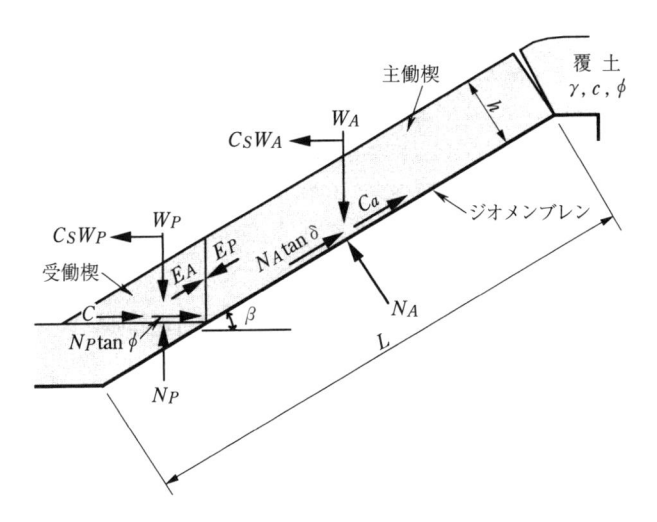

図 5.20 平均震度を用いた震度法における作用力の極限つり合い

解析の第 1 段階で行う震度法は，予測される地震活動に応じて水平力を覆土の重心に与えることを除いては，これまでに述べた解析方法と同じである。図5.19 は米国のさまざまなサイスミックゾーンにおける平均震度を示したものである。同様なマップが世界レベルでも入手可能である。C_S は基盤の加速度と重力加速度の比を示す無次元数である。C_S の値は，図5.20 に示すような廃棄物処分場カバーへの適用には伝播を考慮するため，SHAKE (Schnable ら 1972) のような入手可能なコンピューターコードを用いて修正される。ほとんどの場合，修正によって値は増幅する。詳細な考察は，Seed と Idriss (1982) および Idriss (1990) を参照されたい。解析は以下のとおり行う。

図5.20 に用いられている記号はすべてすでに定義されており，安全率を求めるための式は以下に従って導かれる。主働楔を考え，水平方向の力のつり合いにより，以下の式が得られる。

$$E_A \cos\beta + \frac{(N_A \tan\delta + C_a)\cos\beta}{FS} = C_S W_A + N_A \sin\beta \tag{5.51}$$

したがって，主働楔に作用する楔間力は

$$E_A = \frac{(FS)(C_S W_A + N_A \sin\beta) - (N_A \tan\delta + C_a)\cos\beta}{(FS)\cos\beta} \tag{5.52}$$

受働楔についても同様に考えることができ，以下の式が得られる。

$$E_P \cos\beta + C_S W_P = \frac{C + N_P \tan\phi}{FS} \quad (5.53)$$

したがって，受働楔に作用する楔間力は

$$E_P = \frac{C + W_P \tan\phi - C_S W_P (FS)}{(FS)\cos\beta - \sin\beta \tan\phi} \quad (5.54)$$

再び，$E_A = E_P$ とおくことにより，以下のように $ax^2 + bx + c = 0$ の形に整理され，

$$a(FS)^2 + b(FS) + c = 0 \quad (5.13)$$

ここに，

$$\begin{aligned}
a &= (C_S W_A + N_A \sin\beta)\cos\beta + C_S W_P \cos\beta \\
b &= -[(C_S W_A + N_A \sin\beta)\sin\beta \tan\phi \\
&\quad + (N_A \tan\delta + C_a)\cos^2\beta + (C + W_P \tan\phi)\cos\beta] \\
c &= (N_A \tan\delta + C_S)\cos\beta \sin\beta \tan\phi
\end{aligned} \quad (5.55)$$

求めるべき FS 値は次式から得られる。

$$FS = \frac{-b + \sqrt{b^2 - 4ac}}{2a} \quad (5.15)$$

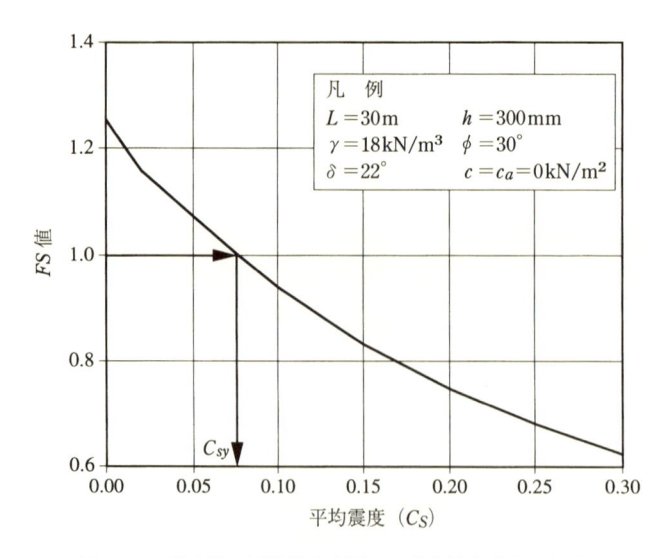

凡 例
$L = 30\text{m}$ $h = 300\text{mm}$
$\gamma = 18\text{kN/m}^3$ $\phi = 30°$
$\delta = 22°$ $c = c_a = 0\text{kN/m}^2$

図 **5.21** 震度法で平均震度を用いて安定性を求めるための設計曲線

この考え方を用いて，震度の関数として FS 値を示す典型的な設計曲線が得られる（図5.21参照）。曲線は凡例に記した変数の特定の値について求められていることに注意されたい。例題6(a)は，この曲線の利用を説明している。

例題 6(a): 18kN/m^3 の単位体積重量で 300mm の均等厚さの覆土を伴った 30m 長の斜面を仮定する。この土は摩擦角が $30°$，粘着力はゼロ，すなわち砂である。図5.20に示すように，覆土はジオメンブレンの上にある。直接せん断試験の結果，接触面摩擦角 $22°$，付着力ゼロが得られた。傾斜角は $1V:3H$ すなわち $18.4°$ である。この場所における設計地震は平均震度 0.10 である。FS 値はいくらになるか？
解: 図5.21（例題の条件について求められている）の設計曲線を用いて，$FS = 0.94$ が得られる。
コメント: 上で求めた FS 値が 1.0 よりも大きければ解析は終了で，覆土の安定性は地震の短期的な励起に耐えることができ，破壊しないということになる。しかし，FS 値が 1.0 よりも小さい場合は，第2段階の解析が必要となる。

解析の第2段階は，考察の対象となる構成断面の中で最小のせん断強さを与える接触面についての予測変形量を計算することによる。変形量は，最終カバーシステムに課せられる起こりうる被害と照らし合わせて査定される。

永久変形を求める解析では，設計過程で地震波形を選ばなければならない。これは，マグニチュード（スペクトル）だけでなく，考察の対象となっている現場がどこにあるかという点も考慮して選ばれるもので，クリティカルな決定となる。いったん地震波形を選んだら（そして関与するすべての当事者がそれを合意したら），(a) スペクトル記録を実際の現場の位置に水平に伝播させ，(b) 伝播スペクトルを上載土層および廃棄物層を鉛直に伝播させて最終カバーに至らせるため，コンピューターモデルを利用する。コンピューターモデルのうち多くのものは商業的に入手可能であり，たとえば米国では SHAKE がよく用いられる。

永久変形解析を始めるには，震度法から $FS = 1.0$ と仮定したときの加速

度，すなわち降伏加速度 C_{sy} を求める．図5.21 には凡例に記した仮定条件に対して C_{sy} の求め方を説明しており，$C_{sy} = 0.075$ の値が得られている．一方，実際の現場の位置ならびに構成断面に対して求められた加速度スペクトルは図5.22a のようになる．

　もし地震加速度スペクトルが C_{sy} 値をこえなければ，予測される永久変形はない．しかし，スペクトルのいかなる部分でも C_{sy} をこえる場合は，永久変形が予測される．加速度スペクトルを積分してまず速度を，さらにもう一度積分して変位を得ることにより，変形の予測値を求めることができる．この値が永久変形であると考えられ，最終カバーシステムへの被害の現場特有の推定値に基づいて査定される．例題6(b) は先に述べた震度法の続きで変形計算を行っている．

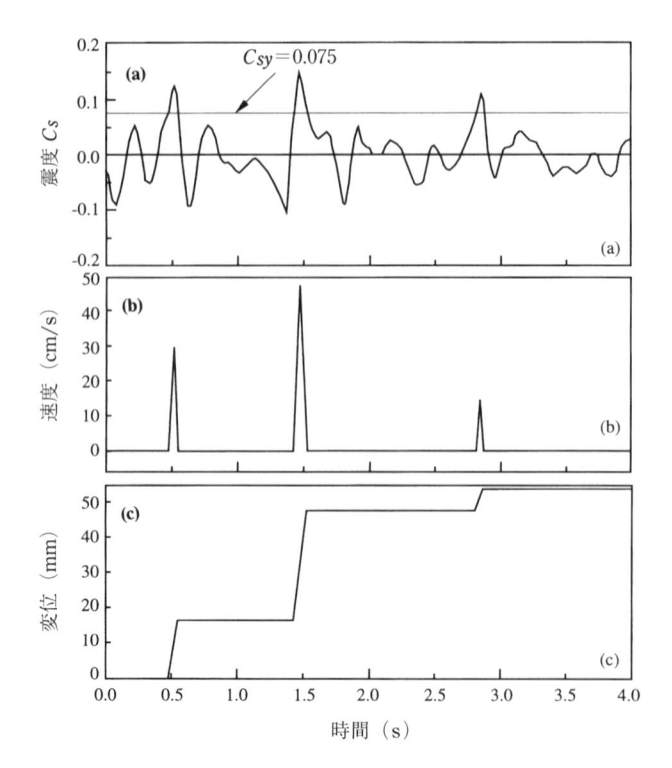

図 5.22　(a) 加速度曲線；(b) 速度曲線；(c) 変位曲線を用いて永久変形を求めるための設計曲線

> **例題6(b)**: 例題6(a)の続きで，覆土システム中の最も弱い接触面で予測される永久変形を求めなさい．場所固有の設計スペクトルは図5.22aに与えたとおりである．
>
> **解**: この事例において懸念される接触面は，覆土とジオメンブレンの表面である．図5.21から求められた降伏加速度0.075と図5.22aに示したサイト特有の設計スペクトルを用いて，二回積分によって図5.22bと図5.22cが得られる．降伏加速度0.075をこえる3本のピークは，約54mmの永久変形を生じる．この値は，この現場で用いられるジオメンブレン上の覆土の変形可能量と照らし合わせて検討されることになる．
>
> **コメント**: 変形の推定（この例では54mm）の査定はきわめて主観的である．たとえば，いっそう大きな永久変形を生じるように問題を設定することもできる．このような変形は，地震活動の高い地域で容易に想定される．覆土システムのこのような査定においては，最低でも付属物や付属配管に対する関心が向けられなければならない．

5.6 まとめ

　本章は工学的な廃棄物処分場や廃棄物の投棄場，あるいは廃棄物投棄による汚染修復現場の最終カバーの一部として，斜面解析の手法に焦点を当てた．すべての節で設計曲線を展開し，包括的 FS 値を求めた．各節は，最も単純なものから始まって順々に高度になるよう，設計者の視点で説明した．表5.1は，解析条件の違いによる洞察が得られるよう，類似の問題設定によって得られた安全率をまとめたものである．

　本章全体を通して，すべりが起こりうるのとまったく同じ方向に，弱い接触面を有する材料の上に比較的急な斜面を構築することによる特有の危険が明らかとなった．標準例題は，安全率の値は低いが破壊を生じないよう意図的に設定した．安全率は斜面上に施工装置があって，特にそれが斜面に下降して移動する場合に低下することが認められたが，このような状況は回避されなければならない．層厚をテーパー化することやジオシンセティックスを

表 5.1 本章節の例題で類似の条件で求めた斜面安定解析結果の要約

例題	条件	FS 値
1	標準*	1.25
2(a)	重機の斜面上昇	1.24
2(b)	重機の斜面下降	1.03
3	層厚のテーパー化	1.57
4	合成層補強	1.57
5	浸透力	0.93
6	地震	0.94

* 長さ 30 m, 傾斜角 $\beta = 18.4°$ の斜面に, 層厚 300 mm, $\phi = 30°$ の覆土（砂）が, ジオメンブレン（$\delta = 22°$）上にある。

用いて合成層補強を行うことは，斜面の安定性を有意に改善するが，前者では追加の土の費用と斜面先の余地が必要であり，後者ではジオシンセティックスの費用が必要となる。

与えられた状況下で安全性を高めるために設計者が行いうるその他の選択肢として，以下が挙げられる。

1. 斜面の傾斜角を減らす。一定量一様に傾斜角を減らす，あるいは斜面先から斜面頂に向かって徐々に減らす（すなわち覆土地形を凸形にクラウンをとる），いずれでもよい。
2. 侵食が確実に予想される場合は，中間に段切り（場合によっては犬走りも）を設けて，長い斜面長を中断させる。
3. 覆土の地表面形を，さまざまな傾斜変化のパターンの区画に分ける。一様な表面地形ではなく，アコーディオンのように折りたたんだような形の地形とする。
4. 廃棄物層の主要な沈下が終了するまでは（おそらく 5〜10 年待つことになる），仮設の覆土を設ける。この沈下は，斜面先と斜面頂の高低差を減少する効果をもつ。その後，最終覆土を設ける。
5. 閉鎖後の期間については典型的な安全率よりも低く取り扱う。もしすべりが発生しても，バリア層には影響が及ばないように構成断面を設計しておき，破壊斜面はしかるべく修復する。

最後に，浸透力と地震荷重が FS 値を減少することを説明した。明らかに，バリア層の上に適切な排水を施すことによって，浸透力の発生は回避されなければならない。一方，地震活動度は現場特有の問題であり，しかるべく検討されなければならない。これらについての技術的提案は Soong と Koerner (1996) に示されている。

最後に，安全率 (FS 値) に関する考察をもってまとめたい。なお，われわれは包括的 FS 値を照査しているのであり，ジオシンセティック補強材を用いる際の修正係数を照査するのではない。一般に，要求されるサービスライフ（すなわち期間）ならびに斜面破壊の潜在的重要性（すなわち重要度の程度）の現場特有の問題として，包括的 FS 値を考えることができる。表5.2に一般的概念を定性的な表現で示した。この表を概念的な指針として用いるのに，著者らは，カバー層が覆うべき廃棄物に応じて，表5.3に示すような包括的安全率の最小値を使用することを提案する。

表 5.2 最終カバーシステムの安定解析を行う際の包括的安全率の値の定性的ランク

期間 → ↓重要度の程度	仮 設	永 久
非重要	低 い	中程度
重 要	中程度	高 い

表 5.3 最終カバーシステムの安定解析を行う際に推奨される包括的安全率

廃棄物の種類 → ↓ランク	有害廃棄物	非有害廃棄物	放棄された ゴミ捨場	修復された 廃棄物堆積場
低 い	1.4	1.3	1.4	1.2
中 位	1.5	1.4	1.5	1.3
高 い	1.6	1.5	1.6	1.4

「低いランク」は比較的重要でない構造物に当てはまり，斜面破壊の影響があまり重大でない（たとえば，環境インパクトがなく，人々への危害もない）ため，そのリスクが許容される。低いランクの例としては，小さな仮設の斜面がある。「中位のランク」はよりリスクがある状況が当てはまり，たとえば，

斜面破壊がある程度の環境インパクトを生じる（ただし厳しいインパクトではない）場合が相当する．ランクを設定する上で最も重要な要因は，人々へ危害を及ぼす可能性である．斜面破壊が人々を危険に曝すときは，ランクを高くしなければならない．また，その他の破壊がもたらす結果が重大である場合も（たとえば環境インパクトなど），ランクはやはり高くしなければならない．有害廃棄物の処分場や放棄されたゴミ捨場にはより高い安全率が推奨されるが，これは，これらの廃棄物が一般に健康に重篤な脅威を及ぼすことが明らかなためである．しかしながら，もしすべりが人命を失う可能性のあるものであれば（たとえば，住民が長くて高い廃棄物処分場カバーの斜面の足端に隣接して居住している場合），廃棄物の種類に関係なく高いランクと表5.3の安全率の最大値（すなわち $FS = 1.6$）を用いることが推奨される．

これらの値は最終カバーの斜面安定性を決定するのに適当な指針を与えていると期待するが，法規制と調和をはかり工学的な審査を行うことがすべての状況において必要とされる．本章では典型的な論点や問題を確認したのであり，ここで言及しなかったその他の事象が発生しうることは避けられない．本章の範囲をこえるとしても，起こりうる全問題を明らかにすることは設計技術者の責務である．

5.7 文　献

Algermissen, S. T. (1969). "Seismic Risk Studies in the United States," Proc. 4th World Conference on Earthquake Engineering, Vol. 1, Santiago, Chile, pp. A1-14 to 27.

Daniel, D. E., Shan, H.-Y., and Anderson, J. D. (1993). "Effects of Partial Wetting on the Performance of the Bentonite Component of a Geosynthetic Clay Liner," Proc. Geosynthetics '93, IFAI Publ., pp. 1483 – 1496.

Giroud, J. P., and Beech, J. F. (1989). "Stability of Soil Layers on Geosynthetic Lining Systems," Geosynthetics '89 Proceedings, IFAI Publ., pp. 35 – 46.

Idriss, I. M. (1990). "Response of Soft Soil Sites During Earthquakes," Proc. Synposium to Honor Professor H. B. Seed, Univ. of California, Berkeley, CA.

Koerner, R. M. (1994). *Designing with Geosynthetics*, 3rd Ed., Prentice Hall Book Co., Englewood Cliffs, NJ, 783 pgs.

Koerner, R. M., and Hwu, B.-L. (1991). "Stabilty and Tension Considerations Regarding Cover Soils on Geomembrane Lined Slopes," Jour. of Geotextiles

and Geomembranes, Vol. 10, No.4, pp. 335 – 355.
Mckelvey, J. A., and Deutsch, W. L. (1991). "The Effect of Equipment Loading and Tapered Cover Soil Layers on Geosynthetic Lined Landfill Slopes," Proceedings of the 14th Annual Madison Waste Conference, Madison, WI, University of Wisconsin, pp. 395 – 411.
Poulos, H. G., and Davis, E. H. (1974). *Elastic Solutions for Soil and Rock Mechanics*, J. Wiley & Sons, Inc., New York, NY, 411 pgs.
Schnabel, P. B., Lysmer, J., and Seed, H. B. (1972). "SHAKE: A Computer Programs for Earthquake Response Analysis of Horizontally Layered Sites." Report No. EERC 72-12, Earthquake Engineering Research Center, University of California, Berkeley, CA.
Seed, H. B., and Idriss, I. M. (1982). "Ground Motions and Soil Liquefaction During Earthquakes," Monograph No. 5, Earthquake Engineering Research Center, University of California, Berkeley, CA, 134 pgs.
Soong, T.-Y., and Koerner, R. M. (1996). "Seepage Induced Slope Instability," Jour. of Geotextiles and Geomembranes, Vol. 14, No. 7/8, pp. 425 – 445.
Stark, T. D., and Poeppel, A. R. (1994). "Landfill Liner Interface Strengths from Torsional Ring Stress Tests," Jour. of Geotechnical Engineering, ASCE, Vol. 120, No.3, pp. 597 – 617.
Wilson-Fahmy, R. F., and Koerner, R. M. (1993). "Finite Element Analysis of Stability of Cover Soil on Geomembrane Lined Slopes," Proc. Geosynthetics '93, Vancouver, B. C.: IFAI Publ., pp. 1425 – 1437.

第6章

関連する設計と新規の概念

　前章までは，ほとんどの工学的な設計をされた廃棄物処分場，放棄されたゴミ捨場，ならびに修復廃棄物投棄場に共通する問題を論じてきた。本章では，著者らが個人的に携わったり，文献で公表されていて興味深いと思われる廃棄物処分場最終カバーのより特別の興味ある例について述べる。

6.1　概　説

　著者らの知る限りでは，すべての連邦当局は，最終カバー設計の規制の特例を，技術的等価性と照合させて一般概念に基づき認めている。技術的等価性とは，代替の設計，材料，構成要素，あるいはシステムが，法規制で要求されている（あるいは指針とされている）設計，材料，構成要素，システムと比べて技術的に等価である（あるいは優れている）として許認可当局に提案された場合に，代替案として承認されるということである。このような考え方は多くの状況下で興味をそそられるものではあるが，少なくとも解決しなければならない2つの主要なハードルがある。

- 規制には，技術的等価性をどのように評価するかという方法（概略の枠組みでさえも）がまれにしか示されていない。
- 連邦政府がおおもとの規制あるいは指針を設け，その下で州，群あるいは行政地区単位で規制が実現されるのが一般的である。実際に規制を遂行する立場の官僚は，その規制の当初の立案者ほどには，技術的等価

性の査定に基づいた代替案を快く受け入れないし，悪い前例を残す恐れを避けようとしてことを進める人が多い。規制官僚は，一施設のために等価性の立証をひとたび認めれば，他の施設にも同様の立証を認めなければならないことを知っている。まったく当然のことではあるが，このことが規制官僚をして，等価性の立証をきわめて慎重に評価するようにさせている。

これらのハードルがあるにもかかわらず，今日まで，新規性のある設計法，材料，概念，そしてシステムが，正当な論拠に基づいて現われ，許認可当局に認められ，性能を満たしてきた。ジオシンセティッククレイライナー（GCL）を用いた方法は，その最も成功したものである。廃棄物処分場で GCL が最初に用いられたのは 1986 年で，廃棄物処分場底部の一次ライナーの下部構成要素として，上部ジオメンブレンを通過する漏洩を減衰させるために用いられた。これまでの経験で，GCL は意図したとおりに機能することがわかっている（Bonaparte ら 1996）。さらに最近では，GCL を締固め粘土ライナー（CCL）と比較するため，ライナーやカバーにかかわる技術的等価性の枠組みが開発されており（Koerner と Daniel 1994），これら特殊材料の技術的等価性を評価するため広く用いられている。

技術的等価性を評価する過程は時間がかかり難しいと思われがちであるため，適正なアイデアが合理的かつわかりやすく示されれば，規制当局によって受け入れられよう。このような受け入れが継続的なものとなるためには，あらゆる根拠が必要である。

6.2　その他の設計

第 3 章で示したカバーの一般的な断面構成では，カバーを通って下層の廃棄物中への水の浸透を防止するバリア層が重要である。それらの評価は，バリア層に含まれる土質構成要素ならびに表層や保護土層が飽和状態にあるという仮定に基づいている。このような設計は，乾燥地帯や半乾燥地帯においては最適とはいえない。なぜならば，土は決して飽和に達しないからである。

6.2.1 キャピラリーバリアの概念

代替設計案を評価するための試験がサンディア国立実験所 (Sandia National Laboratories) で継続されている (Dwyer 1995)。図6.1 に示すように，これらの代替設計案では，以下の点が強調される．

- 土質構成要素の不飽和透水係数．
- 結果として蒸発をもたらす貯水ポテンシャルの増大．
- 工学的に設計された植生カバーを通しての蒸散量の増大．
- 施工を容易にし，実質的に費用を節減するため，地域の材料を用いて利益を得る必要性．

水理バリアの代わりにキャピラリーバリアを組み入れるのが，多くの乾燥および半乾燥地域特有の最終カバー設計となる（図6.1a 参照）．この概念は先

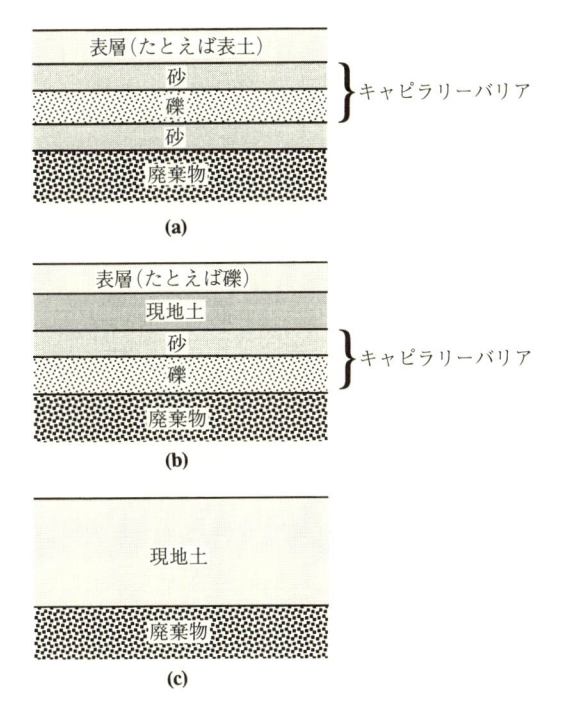

図 6.1　乾燥および半乾燥地帯での代替最終カバー (Dwyer 1996)

に考察してきた。これにきわめて近いのがいわゆる異方性バリア（図6.1b 参照）である。両者とも細粒土層が粗粒土層の上に配置されているが，キャピラリーバリアと異方性バリアの違いは，それぞれの構成要素が占める位置にある。キャピラリーバリアは表層下に材料を直接に配置するが，異方性バリアでは材料は現地土層の下にある。両者とも，砂層と礫層の間にジオテキスタイルセパレーターを配置することを考慮しなければならない。蒸発散性を高めた覆土とするためには，図6.1c に示すように，全断面が現地土からなる（比較的厚い）単一層とする。現場試行試験が継続されている。

6.2.2 浸出水の再循環

廃棄物処分場底部から浸出水を取り除き，それを処分場上部表面からあるいは内部に再導入させる可能性があり，その方法の適用が増大する傾向にあることを1.3.2で述べた。1.3.2では，廃棄物層に予測される沈下の量と速度に焦点を当てた。しかしながら，この手法の目的は，廃棄物処分場をバイオリアクターに変換し，それによって廃棄物の分解を速め，地域社会ならびに周辺環境に対する長期間の懸念を低減することである。このようにして，廃棄物処分場反対派によってしばしば叫ばれている「乾いた墓場」創出への非難がおおいに静まる。

廃棄物処分場のバイオリアクターを創り出せるよう浸出水の再循環を実際に行うには，浸出水を廃棄物中に再導入しうるいくつかの異なる方法がある（Shaw と Carey 1996）。

1. 表面から適用：
   - タンクトラックから直接散水。
   - トラックに付属したスプレーバーから配水。
   - マニホールドパイプから散水。
   - 伝統的な散水灌漑。
2. 重力浸透：
   - 開放トレンチから。
   - 浸出床から。
   - 鉛直井から。

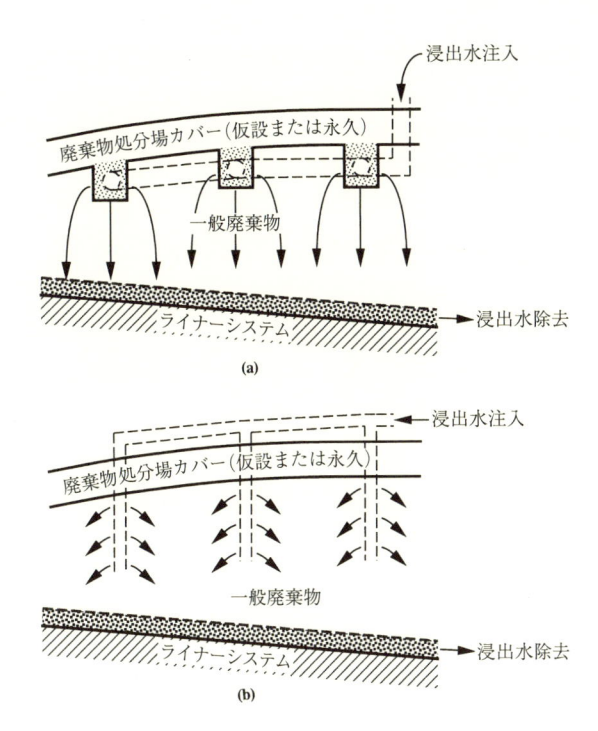

図 6.2 一般廃棄物処分場で浸出水を再循環する
ためための積極的注入システム

3. 積極的に注入するシステム：
   - マニホールドシステムから。
   - 鉛直井から。

最後の2つの方法を図6.2に図示した。Pohland (1996) は，基本的な反応原理だけでなく，適切に設計するための注意点や運用上の詳細に関する示唆を示している。この手法に関して米国EPAが開催したセミナーの論文集（1996）には，豊富な情報が提供されている。

6.2.3 鉱滓と土地の再生

貴金属と卑金属（硬岩）の鉱滓は，工学的な設計をされた廃棄物処分場や放棄されたゴミ捨場，廃棄物投棄現場の修復のための最終カバーに関する本書の脈略のなかで興味深い逆説を提示している。つまり，これら鉱滓は含ま

れていないのである。とりわけ，深部採鉱や露天掘りからの鉱滓は原鉱といわれており，第1章で説明した法規制からは除外されている。しかし，このような鉱滓材料に関しても懸念がある。Miller (1996) は，露天掘り採掘において以下のような問題点を示している。

- 露天掘り採掘はしばしば地下水位より下まで行われるが，その場合，鉱床の排水や水管理を必要とする。閉山の際には，露天掘りピットは部分的にあるいは完全に地下水と地表水で満たされる可能性がある。
- 露天掘り採掘は比較的急勾配で高い壁をつくる結果となる。この壁の長期安定性と住民への安全性は，閉山後のピットの問題点である。
- 露天掘りによる景観への悪影響が住民の懸念として認識されつつある。
- 岩壁や岩床で酸を生じる物質が暴露され，水質の悪い水がピット貯蔵池や貯蔵池からの流出水に含まれる可能性が懸念される。
- 安全上の問題や，急勾配の壁に再植生したり安定化することが不可能なため，露天掘りピットの跡地利用はしばしば限界がある。

以下は坑内採掘に関する問題点である。

- 坑内採掘は坑道排水や水管理を必要とするような地下水位より下まで行われることが多い。閉山の際には，坑道は部分的にあるいは完全に地下水で満たされる可能性がある。
- 坑内採掘は空間をつくることとなり，長期の安定と沈下の問題を生じる。
- 規制当局は閉山の際の坑内採掘からの排出水を工程水とみなすため，排水が許可され，長期間の管理がなされることが要求される。

まとめれば，露天掘り採掘や坑内採掘を操業する場合は，ここに述べたような最終閉山時のことを認識して行われなければならない。採鉱事業終了時の予期せぬ閉山費用が，そのプロジェクト全体の経済性にマイナス影響を与えるのは明らかである。適正な土地再生を考えるならば，このような費用は，採掘の初期計画・設計に取り入れられ，活動期間中の操業に組み入れられなければならない。さらに，環境上の懸念と生じうる責任を継続的に更新・再評価することの必要性が，鉱山所有者や操業者に慎重な経営姿勢をとらせるものである。

6.3 新規の材料

第3章に示した多層の断面構成は，それぞれ特有の機能が要求されるもので，さまざまな置換材料の魅力的な候補が提供される．事実，このような置換材料が，規定に基づいて査定され使われつつある．以下に，最終カバーの断面構成での相対位置に従って，すなわち表層から下方の順に説明する．

6.3.1 天然の侵食防護材

天然の植生は明らかに，湿潤地域や比較的湿度の高い地域の最終カバーの表層における侵食制御システムの主軸となるものである．このテーマに関しては地域特性の観点から，たとえばヴァージニア州の侵食堆積制御ハンドブック（1992）などにまとめられている．天然植生による安定化は以下のように分類されている．

- 一年草（Annual Grasses）
    - ライムギ（winter rye）
    - イタリアンライグラス（ネズミムギ，annual ryegrass）
    - ドイツキビ（German millet）
    - スーダングラス（Sudangrass）
    - 一年生ハギ（ヤハズソウやマルバヤハズソウ，annual Lespedeza）

- 多年草（Perennial Grasses）
    - トールフェスク（オニウシノケグサ，tall fescue）
    - ケンタッキーブルーグラス（ナガハグサ，Kentucky bluegrass）
    - レッドトップ（コヌカグサ，redtop）
    - バミューダグラス（ギョウギシバ，Bermudagrass）
    - センチピードグラス（Centipedegrass）

- マメ科植物（Legumes）
    - クラウンベッチ（crown vetch）
    - メドハギ（sericea Lespedeza）

224 / 第 6 章　関連する設計と新規の概念

(a) ヤナギ杭のために穴あけしたジオテキスタイル

(b)

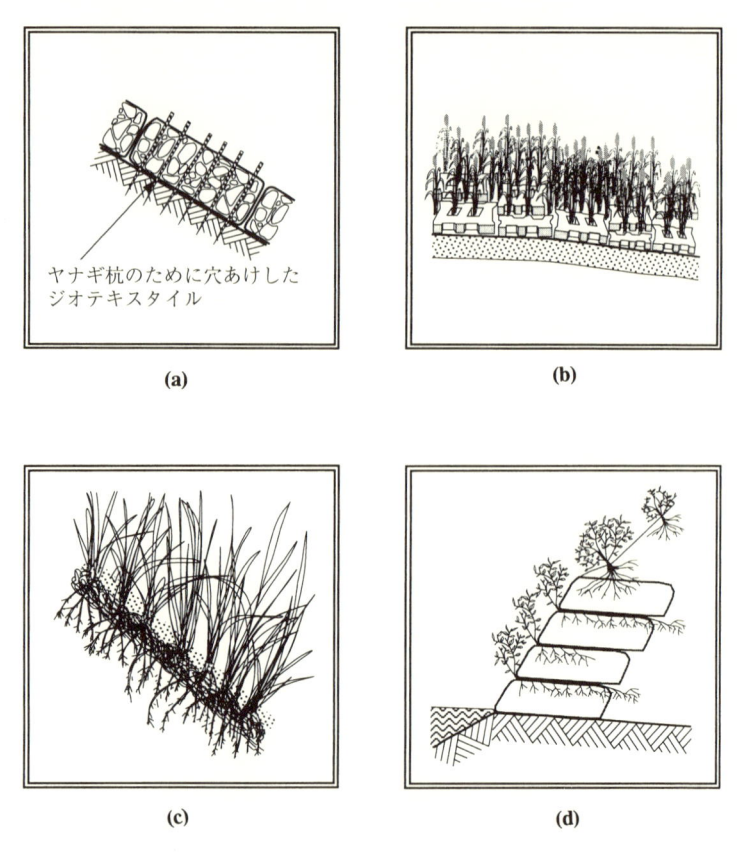

(c)

(d)

図 6.3　深根性の天然植生を用いる侵食防護のさまざまな計画（PIANC 1996）

　このような伝統的な取り組みをこえて，図6.3に図示するように，より丈夫で深根性の植生を利用することを復活させようという傾向がある．Gray と Sotir（1996）による著書は，この分野に関して特に詳しく解説している．

6.3.2　ジオシンセティック侵食防護材

　多くの最終カバーでは，播種前，播種中あるいは播種後にジオシンセティック侵食防護層を表層に配置することで，植物種の定着がおおいに助けられる．ジオシンセティック侵食防護材は廃棄物処分場で広く使われてきたとはいえないが，もっと使われるべきと著者らは考えている．侵食による大きなトラ

表 6.1 ジオシンセティック侵食防護材（Theisen 1992）

(a) 仮設の侵食防護・再植生材（TERM）
　　麦わら，乾草，および水理マルチ
　　粘着性付与剤および土壌安定剤
　　水理マルチジオファイバー
　　侵食防護用メッシュネット（ECMN）
　　侵食防護用ブランケット（ECB）
　　繊維粗紡（ファイバーロービング）システム（FRS）

(b) 永久的な侵食防護・再植生材（PERM）――軟質被覆材関係
　　耐紫外線繊維粗紡システム（FRS）
　　侵食制御再植生マット（ECRM）
　　芝張り補強マット（TRM）
　　不連続長ジオファイバー
　　植生したジオセルラー封じ込めシステム（GCS）

(c) 永久的な侵食防護・再植生材（PERM）――硬質被覆材関係
　　ジオセルラー封じ込めシステム（GCS）
　　ファブリック製リベットメント（FFR）
　　植生コンクリートブロックシステム
　　コンクリートブロックシステム
　　捨石工（被覆石工）
　　石がまち工（蛇籠工）

ブルはめずらしいことではない。植物の成長が終わる季節にカバーの施工を終えることが多いが，これは侵食による危険性をおおいに高めている。侵食は，単に維持管理費用がかさむだけでなく，損害をも与えるものである。たとえば，侵食された土が斜面先の排水層・管を詰まらせてしまう。これらの問題を解決する方法は，ジオシンセティック侵食防護材を用いてこれを適正に配置することである。

　このような材料の選択は，斜面傾斜角，斜面距離，水文，時機などに基づく。事実，現場特有のニーズを満たすための多くの材料がある。Theisen（1992）はこれらの材料を表6.1に示すように分類している。以下に，それぞれの分類ごとに，最終カバーへの典型的な利用方法を説明する。

6.3.2.1 仮設の侵食防護・再植生材. 仮設に用いる侵食防護・再植生材（Temporary Erosion and Revegetation Materials, TERM）は，全部または部分的に分解性の材料で構成される．それらは一時的な侵食防護の働きをして所要の期間が過ぎれば使い捨てられるか，植生の成育を促すのに十分な期間だけ機能する．植物の成育が達成されれば，TERM はうち捨てられる．このような製品には完全に生分解性のものと，部分的に生分解性のものとがある．

改めていうまでもないが，表6.1 の最初の 2 つの製品は，アスファルトや接着剤で緩く結合した麦わら，乾草，あるいはマルチを用いた土壌侵食防護の伝統的方法からなっている．それらの定着性はまったく貧弱である．ジオファイバーは短繊維またはマイクログリッドの形で機械または回転耕耘機によって土に混合され，連続性を得る．ファイバーやグリッドの挿入は，麦わら，乾草，または地面に単に散布されるマルチよりも大きな安定性を与える．

侵食防護用メッシュネット（Erosion Control Meshes and Nets, ECMN）は，ポリプロピレンまたはポリエチレンから製造される二軸配向のネットである．それらは水分を吸収することがなく，長期にわたって寸法の変化がない．軽量であり，フック形釘または U 形ピンを用いて，あらかじめ播種された地表面にピン止めされる（これは連続シート製品の多くで行われる方法である）．前述の製品よりも，定着性がおおいに改善されることが明らかである．

侵食防護用ブランケット（Erosion Control Blankets, ECB）も同じくポリプロピレンまたはポリエチレンから製造される二軸配向のネットで，麦わら，木毛，コットン，ココナツあるいは高分子繊維を敷き詰めたブランケット層の片面または両面に敷設される．繊維は糊，鍵スティッチ，その他の針縫い法によって保持される．

繊維粗紡システム（Fiber Roving Systems, FRS）は，連続ストランド（より糸）またはヤーン（紡ぎ糸）であり，一般にポリプロピレンからなっていて，保護されるべき地表面に手作業で敷設されるか，圧縮空気を用いて分散される．地表面に配置した後は，アスファルトエマルジョンまたは土壌安定剤が用いられる．TERM は，小段があって比較的傾斜が水平な，たとえば図6.4a に示すように斜面横断水路の勾配 1～2°の最終カバーに用いられる．

6.3.2.2 永久的な侵食防護・再植生材料：軟質被覆材関係. 表6.1 に示す

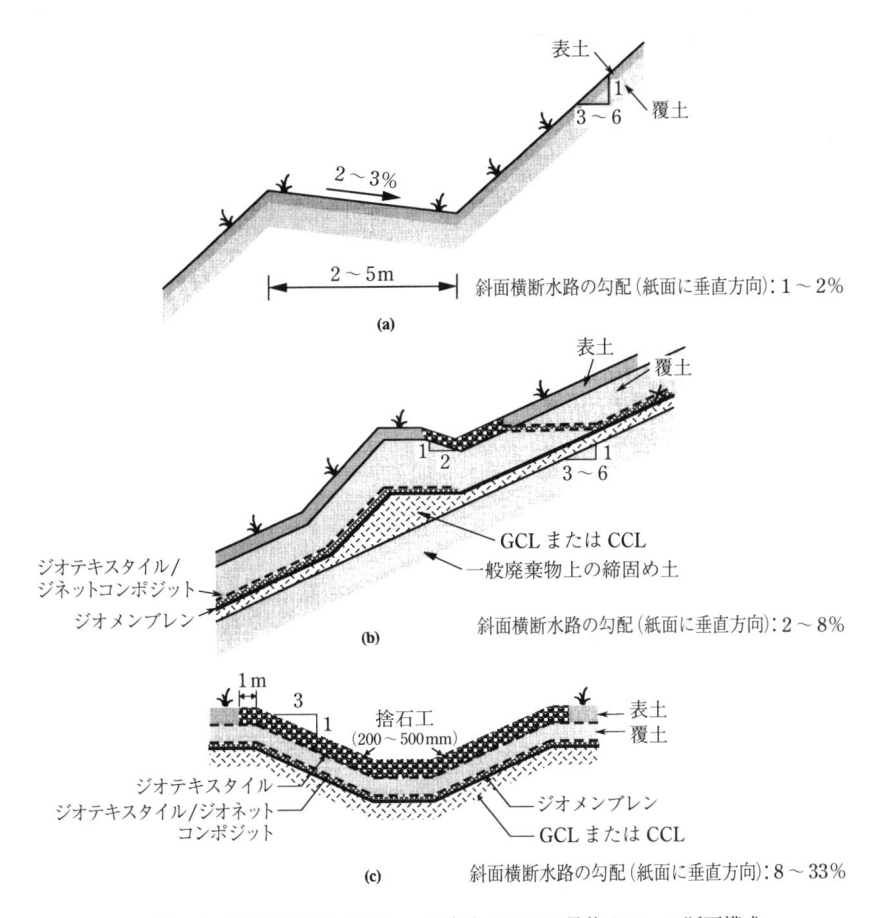

図 **6.4** 表面流出水を遮断し，排水するための最終カバーの断面構成

ように，永久的な侵食防護・再植生材（Permanent Erosion and Revegetation Materials, PERM）のなかに軟質被覆材類が分類される。これらの高分子製品は侵食を防護して植物の成育を促進し，結果として植生と絡みあって植物根組織を補強するようになる。この材料は遮光や土被覆によって日光から防御される限り，劣化しない（少なくとも他の高分子材料製品と同程度）であろう。播種は PERM を配置した後に行う場合がほとんどで，直接裏込め土中に混ぜ込む場合もある。

繊維粗紡（FRS）は，構成している高分子をカーボンブラックおよび/また

は化学安定剤で安定化できるので，PERM の分類に属すとみなしうる。

　侵食制御再植生マット（Erosion Control Revegetation Mats, ECRM）と芝張り補強マット（Turf Reinforcement Mats, TRM）はよく似ているが，ECRM は内部にのみ土が充填されるのに対して，TRM は内部に土を充填するだけでなく，その上にも土を敷設して配置される。したがって，TRM はより良好な植物根の絡みと長期性能が提供されると期待できる。その他の小さい差異は，ECRM が一般に高い密度と小さいマット厚さからなることである。播種は，ECRM の場合はその敷設に先立って行われるが，TRM ではその内部に裏込めを行う際になされる。

　不連続長ジオファイバーとは，最終カバーの上を重機が往来する場合など突然の荷重に対して引張抵抗要素をもたせるために，土に混合する高分子ヤーンの短繊維である。ジオセルラー封じ込めシステム（Geocellular Containment System, GCS）はジオメンブレンまたはジオテキスタイル片の 3 次元セルからなり，侵食防制のために使用する場合は，セルに土を充填して植生を施す。

　軟質被覆 PERM は，図 6.4b に示すように，斜面横断水路の勾配 2～8 ％で小段水路をもつような最終カバーに用いられる。

6.3.2.3　永久的な侵食防御・再植生材料：硬質被覆材関係.

本質的に硬質被覆システムである多くの PERM は，不活性材料として別のカテゴリーに分類できる（表 6.1 参照）。

　充填物が，たとえばコンクリートやグラウトのように永久的なものであれば，GCS はこの分類に入れることができる。ファブリック製リベットメント（Fabric-Formed Revetments, FFR）は，裁縫によって不連続間隔にドロップスティッチまたはギャザー付けの方法で 2 層に縫い合わされた織布である。この 2 層材料は，流動性の良いグラウトまたはコンクリートミックスを現場でポンプ注入することによって膨張される。硬化した表面は均一かあるいはキルト状になる。硬化したグラウトやコンクリートが硬質被覆材となるため，布自体は仮設物である。

　多くのコンクリートブロックによるシステムが侵食防御に役立っている。手置きのインターロッキング煉瓦ブロックも可能である。ブロック中の空隙とブロック間のスペースは一般に植生される。代わりとして，ユニットごと

に工場で製作され，現場に運ばれて整地ずみの土の上に配置されるようなシステムもある。プレハブブロックは，高強度ジオテキスタイルの基材の上に敷設されるかあるいは接着される。ブロックはジョイント，編み合わせ，あるいはケーブルによって連結されるため，完成したマットにはたわみやトルクを与えることができる。このようなシステムは普通は植生されない。

捨石工はきわめて効果的な侵食防御法であり，大きな石をジオテキスタイルの上に配置するものである。石の敷設前に所定の地表面に敷設されるジオテキスタイルは，フィルター（濾過）とセパレーター（分離）の働きをする。石は，手で置くような小さいサイズのものから機械置きによる巨大なサイズまで変えることができる。捨石工（被覆石工）については第2章に述べた。

捨石工にきわめて類似しているのが石がまち工（蛇籠工）である。手置き石を詰めたワイヤネットの不連続なセルからなっている。ワイヤは一般に亜鉛めっきスチールの六角形ワイヤメッシュであるが，プラスチックジオグリッドでもよい。裏込め土のフィルターおよびセパレーターとしての機能を提供するため，ジオテキスタイルを石がまち工の背後に敷設することが必要である。

硬質被覆PERMは図6.4cに示すように，斜面傾斜が8～33％の降下水路をもった最終カバーに用いられる。

6.3.3 ジオフォーム

ジオフォームは，下位のレベルの適用性を有しており，膨張ポリスチレン(EPS)または押出しポリスチレン(XPS)などが一般的に用いられている(Horvath 1994)。この軽量材は$10〜20\,\mathrm{kg/m^3}$の密度をもち，ユニークな工学的性質を有する。White (1995)は最も一般的に使用されている代表的なEPSジオフォームについて，以下に示すようなデータを報告している。

- 吸水率は非常に低く，体積率で最大2％である。
- 低温環境，水面下または湿潤環境，および凍結-融解サイクルに暴露しても，力学的な性質には影響しない。
- EPSの絶縁性は優れており，数箇所の廃棄物処分場で利用された実績をもつ。
- 弾性係数，ポアソン比および強度といった力学的特性が，静的および繰

り返し載荷試験によってすでに測定されている。

ジオフォームは絶縁特性および軽量性をもつため，最終カバーのなかで排水バリア層の上に用いられている（Gasper 1990）。また，放棄された採石場の急斜面で，斜面を平滑にして直上のジオメンブレンを保護するための層としても用いられている。

6.3.4 破砕タイヤ片

使用ずみ自動車やトラックのタイヤは，廃棄物封じ込め施設の構成断面に利用できるきわめて多量の廃棄物材料である。米国における廃棄タイヤの推定量は年間2億本である。長さ100〜250 mm の小片に破砕された破砕タイヤ片は，廃棄物処分場の底部で保護層と排水層の組み合わせとして用いられている（Whitty と Billod 1990）。破砕タイヤ片の比較的厚い層は，保護すなわちクッションの効果を実に明確に発揮する。排水効果は，特に高い垂直応力下ではあまり明瞭ではない。Narejo と Shettina (1995) は図6.5に示す透水係数のデータを求めている。

しかしながら，最終カバーは，このような高い垂直応力を受けることは普

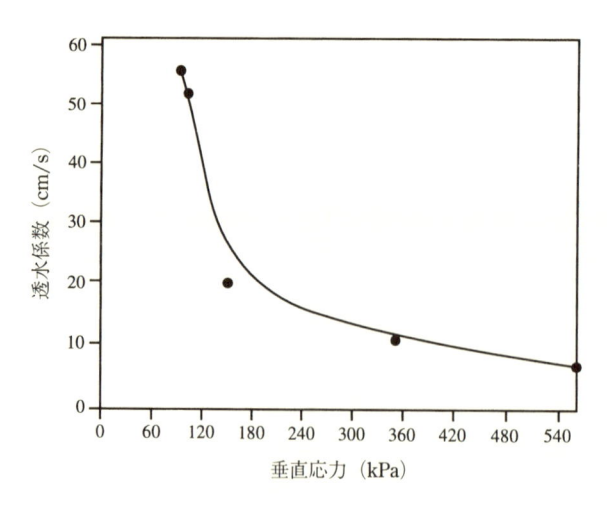

図 6.5　60 mm と 100 mm のゴムタイヤチップの定水位透水試験結果（ASTM D2434, Narejo と Shettima 1995）

通ない。したがって，破砕タイヤ片は排水層として利用でき，また，多量に入手可能であれば保護層の一部（または全部）として使用できるであろう。著者らの知る限りでは，破砕タイヤ片を廃棄物処分場の最終カバーに利用した例が少なくとも1つはある。しかしながら，最終カバーへのタイヤの使用に関して，1つ懸念が指摘されている。時間が経つとタイヤはもとの建込み高さから高度を上げることが知られている。これは，土や岩石の応用問題におけるハイドロフラクチャリングとは対照的に，固形物質のフラクチャリング（割裂）の一形態である。このような傾向の現象がおこっても，タイヤあるいはタイヤ片は固定されるよう維持されなければならない。

タイヤ中の補強スチールは，ジオメンブレンあるいはその他のジオシンセティックが直接真下にある場合は常に懸念となる。このような場合には，適当な保護層の設計に注意深い配慮が払われなければならない。

6.3.5 吹付けエラストマーライナー

最終（および仮設）カバーに水理/ガスバリアの働きをもたせるために，各種の吹付けエラストマーを使用する研究が進められている。エラストマーは整地された地盤に直接敷設される場合もあるが，（より一般的には）あらかじめ敷かれたジオテキスタイル支持層の上に吹き付けられる。このジオテキスタイルには通常ニードルパンチ不織布が用いられ，普通は角や端が継ぎ合わされる。しわや折れ重ねがないように平坦に敷設されなければならない。

Cheng ら (1994) によって検討された特殊吹付けエラストマーはポリ尿素であった。ポリ尿素は2固体成分を無触媒で結合することによって生成するエラストマーである。これは，2成分を混合，加熱および加圧しながら，吹き付けされる。用いられた2成分はアミン末端基レジンとイソシアネート基をもつ鎖状エクステンダーであった。Primeaux (1991) によれば，化学式は以下のとおりである。

$$\underbrace{O{=}C{=}N{-}R{-}N{=}C{=}O}_{\text{ジイソシアネート}} + \underbrace{H_2N{-}R'{-}NH_2}_{\text{ジアミン}} \longrightarrow \underbrace{-[-R'{-}NHCONH{-}R{-}NHCONH{-}]_n{-}}_{\text{ポリ尿素}}$$

Cheng ら (1994) はこの特殊エラストマーの物理的および力学的特性に関するデータを示している。しかしながら，この種の吹付けライナーに対しては，数多くの問題の可能性があることを認識しておかなければならない。

6.3.6 製紙スラッジライナー

副産物として製紙スラッジが入手できる地域では，最終カバーに対するバリア層として製紙スラッジが1995年以来利用されている。しかしながら，使用されたスラッジの工学的性質に関する性能データはほとんどない。Moo-Young と Zimmie (1995) は7種の製紙スラッジについて室内試験を行い，含水比，有機物含有量，比重，透水性，締固め，圧密，および強度を求めている。彼らは，スラッジは150〜270％の初期含水比，約 $1 \times 10^{-7} \sim 5 \times 10^{-6}$ cm/s の透水係数を有し，高有機質土に類似した挙動を示すことを見出している。

Moo-Young と Zimmie (1995) は，さらに，バリア層材料として用いられたスラッジ6試料について室内試験を行っている。3試料は施工後間もなくサンプリングされ，他の3試料は施工後9，18，および24ヶ月後にサンプリングされた。これら不攪乱試料の室内試験結果から，スラッジの含水比と透水係数は，時間の経過とともにスラッジが圧密され生分解されるにつれて幾分か減少していることがわかっている（すなわち，無機物化して，より土のようになった）。また，スラッジバリア層の凍結侵入深さが1992年以来モニタリングされている。上載土層による保護効果とスラッジの高い含水比のため，現在までのところ凍結層はスラッジ層に侵入していない。ある含水比の範囲で行われた彼らの室内試験結果に基づけば，スラッジ層は凍結−融解サイクルを受ければ透水係数は1〜2オーダー増大する可能性がある。

6.4 新規の概念とシステム

ドイツの TA-A 規制が第3種有害廃棄物処分場の最終カバーに漏水検知能力を要求していることもあって，多数の原位置漏水モニタリングの方法が現在開発されている。電気式漏水検知の手法が底部ライナーに用いられているが，通電させるためにはバリアシステムが水で満たされている必要がある。したがって，凸型をしているほとんどのカバーシステムにはこの方法は通常不可能である。

その代わりに，通常の方法は，バリアシステムの下部構成要素の真下，つまりガス収集層あるいは締固め粘土ライナーの下部に，格子パターン状に電極システムを配置するものである。格子間隔の決定が重要なのはいうまでも

ない。狭い間隔の格子パターン，たとえば1m間隔などでは，漏水検知解像度には優れているが高価である。広い間隔，たとえば10m間隔などでは，低い漏水検知解像度となるが低廉ですむ。この技術は，2つの異なるモニタリングの考え方を有することになる。

ステンレススチールまたは銅電極を用いると，電気送信を行って時間域リフレクトメトリー（time-domain reflectrometry）に基づいて解析できる。直交信号の検出によって，格子間隔パターンの精度の範囲内で漏水の位置を探し当てることができる。Peggs (1996) が示しているように，この技術は1985年から利用できるようになったが，室内および実験レベルでのみ用いられてきた。

これに代わりうるものとして，電極を非金属導電体，たとえば光ファイバーでつくって，光学信号送信に基づいて解析することができる。これは現在ドイツで活発に進められているシステムのタイプである（Rödel 1996）。

6.5　一般廃棄物処分場のための最終カバー施工の時機

一般廃棄物（Municipal Solid Waste, MSW）処分場ではほとんどすべての場合，処分場のセルが収容能力を満たした直後に最終カバーを施工する。その結果として，多重層の精巧で高価なカバーが，基本的に不安定な廃棄物層の上に配置されることになる。時間が経つと廃棄物は分解してカバーは変形する。不同沈下が著しくなるので，カバーはしばしば補修を要することになる。

われわれは，別な方法がより合理的と考える。1つのセルを満たした直後に工学的に設計された最終カバーを施工するよりも，水の制御浸入（と，おそらく浸出水の再循環も）が可能な仮設カバーを施工する方が，多くの場合において得策であろう。仮設カバーはその場所で3～10年間そのままにされることになるが，その期間で沈下は大部分完了するであろう。そうなってから最終カバーを施工すればよい。なぜならば，基盤（すなわち下のMSW層）がより安定になっており，最終カバーの長期性能が改良されるからである。しかしながら，現行の規制は最終カバーの迅速な施工を要求しているから，この提案を実践することは非合法になる。われわれは，最終カバー施工のタイミングを再考するよう規制者ならびに廃棄物処分場の所有者に勧告するもの

である。

6.6 最終カバーシステムの現場性能

いくつかの最終カバーの現地調査が米国とヨーロッパで実施されてきた。Daniel と Gross (1996) に従ってそれら調査結果を述べる。

6.6.1 カバーの破壊

カバー破壊の多数の事例が記録されているが，破壊の大部分は施工中あるいは施工後間もなく発生しており，著しい侵食，カバー層中の浸透力の増大，排水層の欠如，排水層の容量不足，あるいは断面を構成する要素間のせん断強さの不正確な「予測」などの結果として起こっている。ほとんどの破壊事例でバリア層の破壊は生じていないが，補修は高価なものとなった。ある事例では，カバー斜面が比較的長く（180 m），排水層が斜面先に唯一の流出口を有するよう設計されたため，著しい侵食が発生した。表層と保護土層が粘土バリア上部まで侵食されたところもある。排水層流出口が斜面先に施工されなかったため，侵食を悪化させた事例もある。これらの事例では，閉じ込められた水は過剰間隙水圧をもたらし，斜面先の上敷き土層の脱落をひき起こしている。別の廃棄物処分場では，地表水を流去させるための蛇籠工補強水路が，高い間隙水圧によってひき起こされたその下の細砂の液状化によって，カバー斜面をすべり落ちた。ほとんどの破壊は，柔軟な目的指向型性能設計を行った場合よりもむしろ，比較的融通性がなく規範的な最終カバー設計が行われた場合において発生していることが注目される。このことは，規範的最終カバーの設計においては，設計そのものよりも規制遵守の方により大きな注意が向けられた可能性を示唆している。

6.6.2 現地調査——ドイツ・ハンブルグ (Hamburg, Germany)

異なる形態のカバーの現地での性能を評価するために，6 つの試験カバー（10 m 幅×50 m 長）が 1987 年に施工された（Melchoir と Miehlich 1989；Melchoir ら 1994）。カバーは，層厚 750 mm の砂質ロームの表土層をもち，その下に層厚 250 mm の細礫排水層が配置されるよう施工された。排水層の

下には，次の4種類のバリア層のいずれかが配置された。(1) 層厚600 mm の締固め粘土ライナー，(2) HDPE ジオメンブレンと締固め粘土による複合ライナーで，ジオメンブレンパネルは融着したもの，(3) ジオメンブレンと締固め粘土の複合ライナーで，ジオメンブレンパネルは重ね合わせたもの，(4) 層厚600 mm の細砂ウイッキング層（wicking layer）と層厚250 mm の粗砂/細礫キャピラリーバリアの上に締固め粘土層が配置されたもの。

　4つの形態のカバーは4％または20％の勾配の斜面に施工され，さらに両斜面にはいくつかの形態の施工がなされた。気象，表土と排水層からの側方排水量，流出水量，浸透量のデータが取得された。土中の水分量のデータも中性子プローブとテンショメーターを用いて試験カバーから収集された。これら現地調査の中間結果は以下のように要約される。

　締固め粘土バリア層を有するカバーは，施工後最初の20ヶ月間は浸透がほとんど認められなかった。1989年8月初めに浸透量が増加するようになり，降水量との相関を示した。1992年夏はきわめて乾燥していて，テンショメーターは粘土層が異常に乾燥したことを示した。この乾燥のため，1992年秋に測定された浸透量は，前年に記録された全浸透量のほぼ10倍に達する結果となった。同じ時期に，締固め粘土層の下のキャピラリーバリアに水が流れているのが最初に観測された。1993年にそのカバーを掘削した際，粘土層に小さなひび割れがあり，植物根があることがわかった。1993年以来，植物根のネットワークが優先的な流路と乾燥ひび割れをもたらしながらさらに発達した。締固め粘土層を通過する浸透量がさらに増加し，1994年には約200 mm となった。

　複合バリア層を有するカバーはきわめて良好な性能を示しており，浸透はみられなかった。しかしながら，夏季から秋季には，粘土層のマトリックポテンシャルが低下し，粘土層からの排水が記録された。この排水はだいたい1.0 mm/年以下であったが，温度勾配に起因するものであった。夏と初秋期は，粘土層上部の温度は底部のそれよりも高く，おそらく水および水蒸気が高温域から低温域に流れ，検出されうるだけの排水量をもたらした。温度勾配に起因する脱水は粘土の収縮をもたらさなかったが，将来の収縮をもたらす可能性を有している。

6.6.3 現地調査——メリーランド州ベルツビル (Beltsville, Maryland)

締固め粘土バリア層，岩石キャピラリーバリア，あるいはバイオエンジニアリングマネジメントのいずれかを組み込んだ最終カバーを評価するために，6つのライシメーター（14 m 幅 ×21 m 長 ×3.0 m 深さ）が 20 ％勾配の斜面に1987 年 5 月から 1990 年 1 月の間に施工された（Schultz ら 1995）。バイオエンジニアリングマネジメントとは，水の流出性能を高めるとともに，植物による蒸散を活用するもので，カバーの表層 90 ％にはアルミニウムファイバーグラスパネルを置き，パネルの隙間には水分緊張性植生（すなわちプフィッツアービャクシン属）を用いた。この工法は周期的なメンテナンスを必要とするもので，下層の廃棄物の著しい沈下が予想されるときに採用されることを意図している。6つのライシメーターには次に示すようなカバーが施工された。(1) ライシメーター底面より 900 mm の水位を初期にもったバイオエンジニアリングマネジメント，(2) ライシメーター底面より 1900 mm の水位を初期にもったバイオエンジニアリングマネジメント，(3) ライシメーター1に類似した参照のためのライシメーターで，ただし表面パネルがなくウシノケグサを有する，(4) 捨石表層，礫排水層，締固め粘土層を設けたもの，(5) 植生土表層，礫排水層，締固め粘土層，礫キャピラリーバリアを設けたもの，(6) 植生土表層，礫排水層，締固め粘土層を設けたもの。いずれのカバーも廃棄物層の上でなく現地土の上に施工された。降雨量，流出水量，深部の排水量，および土の含水比のデータがライシメーターごとに収集された。

1994 年に収集されたたデータによると，ライシメーター1と2で初期に貯留されていた水は，施工後 2 年以内に植物によって除去されたことがわかった。これらのライシメーターの土は，概して時間の経過に伴い乾燥していった。ライシメーター3の水位は地表面近くまで上昇してしまい，ポンプアップを必要とするまでになった。このライシメーターでは，深部の排水が調査期間中に毎年測定された。ライシメーター5で1994年に深部の排水が発生したが，ライシメーター4と6からは深部の排水が認められなかった。ライシメーター4の粘土層の含水比は増加しており，将来的にこの粘土を通過しての浸透の可能性が示唆される。ライシメーター4と6の粘土層の含水比は季節的周期性を示し，夏季に最低の含水比が測定された。

6.6.4 現地調査——ワシントン州イースト・ヴェナッチー（East Wenatchee, Washington）

2種類のカバー（30 m×30 m）の施工とモニタリングが行われた（Khire 1995）。1つは層厚600 mmの締固め粘土バリア層の上に層厚150 mmの植生土表層を施したもので，もう1つは締固め粘土バリアの代わりに層厚750 mmの砂質土のキャピラリーバリアを用いたものである。気象，流出水量，浸透量，および土の含水比のデータが1992年以来継続して収集された。収集データより，締固め粘土層およびキャピラリーバリア層を通る浸透量はそれぞれ31 mmと5 mmであった。キャピラリーバリアを通過する水移動の大部分は1993年の冬季に発生したが，基本的にはその年の比較的多い降雪量（1 700 mm）からの融雪によるものであった。

6.6.5 現地調査——ワシントン州リッチランド（Richland, Washington）

1985年以来，パシフィック・ノースウエスト研究所とウエスティングハウス・ハンフォード社はハンフォード（Hanford）核用地で廃棄物用カバーの設計の開発に取り組んできた。過去7年間にわたって，さまざまなカバー用材料と形態を評価するために，ライシメーターを用いて現場試験が実施されてきた（Petersonら 1995）。降水，表土，および植生条件の違いの効果を評価するため，現在24のライシメーターのモニタリングが行われている。平年並みの降水量であれば，植生のある表層あるいは植生をもたないシルト－ローム表層の場合，ライシメーターから排水はみられなかった。しかし，平年の3倍にも達するような激しい降水条件下では，植生を持たないシルト－ローム表層のライシメーターから幾分かの排水が発生した。礫と砂の表層をもつライシメーターからは有意な水量の排水があった。植生をもたないライシメーターの性能がHELPおよびUNSAT-Hモデルを用いて6年間分にわたって模擬実験された。HELPモデルのシミュレーション予測結果は，観測された排水量よりも1 800 %大きかったが，UNSAT-Hモデルシミュレーションの予測結果は観測排水量の52 %にすぎなかった。

実大規模のカバー（0.6 ha）が，頂部から底部の順に下記に示す層を用いて1994年に施工された（Geeら 1994, WingとGee 1994, Petersonら 1995）。

- 層厚 1000 mm の礫混じりシルトローム表層
- 層厚 1000 mm のシルトローム保護層
- 層厚 150 mm の砂のフィルター層
- 層厚 300 mm の礫のフィルター層
- 層厚 1500 mm の破砕玄武岩捨石キャピラリーバリアとバイオバリア
- 層厚 300 mm の礫クッションと排水層
- 層厚 150 mm の複合アスファルトバリア層
- 層厚 100 mm のコーシングジョイント（coursing joint, 2 つの層を継ぎ合わせるためのモルタル接合）
- 締固め土の基層

複合アスファルトバリア層についてはすでに述べた。水と風による侵食，植物侵入，再植生，ならびにカバーの水収支のモニタリングは継続されている。記録されている水収支要素は，降水量，流出水量，土の含水量，および浸透量である。水収支は定常的および強制的（すなわち潅水）条件下で評価されている。

6.6.6　現地調査——アイダホ州アイダホフォールス（Idaho Falls, Idaho）

4 種類の設計のカバーの水理性能を比較するため，アイダホ国立技術研究所において多くの試験プログラムが進行中である。4 種類とは，(1) GM と CCL の複合ライナーの上に層厚 1000 mm の植生土層をもつもの，(2) 層厚 2500 mm 厚さの植生土層で，そのなかに地表面より下 500 mm に厚さ 500 mm のバイオバリアをもつもの，(3) 2 と同じ設計，ただしバイオバリアは地表下 1000 mm に配置されたもの，(4) 2000 mm の植生土層，である。これらの試験プロットは 1993 年に施工された。植生として，地生の混合植物群落としたものと，単一栽培のカモジグサの単一植生としたものの，2 種類が用いられた。単一栽培種を植え付けたものには地生の植物種が将来侵入する可能性があること，地生の混合植物群落は環境的変動に対して抵抗力が高いと考えられうることから，これら 2 種類の植生カバーが考慮された。試験プロットは，時に動物や蟻による穿孔や高レベルの潅水といった影響を受けると考えられる。気象，土の含水量，浸透量のデータが収集されている。土の含水量

は中性子プローブと TDR（時間域リフレクトメトリー）で測定されており，モニタリングが進められている。

6.6.7　現地調査——ニューメキシコ州アルバカーキ（Albuquerque, New Mexico）

3種類のカバー（各 13 m 幅×100 m 長）の性能を比較するために，サンディア国立研究所で大規模現場試験のプログラムが実施されている。3種類のカバーとは，(1) 締固め粘土，(2) ジオメンブレンと締固め粘土の複合バリア，(3) ジオメンブレンと GCL の複合バリア，である。試験プロットは 1995 年に施工された（Dwyer 1995）。これらのカバーの水収支と侵食状況がモニタリングされている。1996 年には別の3種類の試験プロットの施工が計画された。3種類はいずれもキャピラリーバリアを有し，そのうち1つは蒸発散を高めるために植生がなされた（図 6.1 参照）。蒸発散が制限された条件下での別の現地調査では，礫を用いた2種類のキャピラリーバリアの性能が比較された（Stormont 1995）。均一粒度の砂層が礫バリアの上，シルト質砂層の下にはさまれて配置された場合，礫層を通過する排水量は減少し，バリアの上の層での側方排水量は増加した。

現時点で性能データは未回収である。今後数年間のモニタリングの継続が期待されている。

6.7　技術の評価

最終カバー用材料のいろいろな態様，すなわち，HDPE ジオメンブレンのサービスライフ，GCL の内部せん断強さ，アスファルトと製紙廃棄物の性質，カバーの斜面安定性，ならびに水収支のモデル化といった，最終カバーの材料やデザインについてのいくつかの課題が Daniel と Gross (1996) によってまとめられている。彼らの見解は以下のとおりである。

- HDPE ジオメンブレンの長期室内試験のこれまでの結果から，ジオメンブレンのサービスライフは製品および現場特有の条件によって，少なくとも数百年であることがわかっている。HDPE ジオメンブレンがこのようなサービスライフを発揮するのであれば，締固め粘土のような高

価な他のバリア層材料に比較して有利な投資と思われる。
- GCL を組み込んだ基本型カバーの進行中の現場試験に基づけば，$1V:3H$ の斜面上の GCL の内部せん断破壊に対する安全率は 1.5 以上であることがわかった（Koerner ら 1996）。GCL を有するカバーは締固め粘土ライナーを有するカバーよりも水の浸入に対して一段と効果的であるから，上記の結果は有望である。GCL がカバー斜面で安定であるのなら，締固め粘土ライナーよりもむしろ GCL が選択されるべきである。
- アスファルトと製紙廃棄物がカバー用バリア材料として用いられている。しかし，これらの材料のサービスライフはよくわかっていない。アスファルトは旧来のバリア層材料よりも長いサービスライフを有する可能性はあるが，かなり高価になる。また，アスファルト継ぎ目に沿った流れの重要性についてはわかっていない。製紙廃棄物はある種の廃棄物製品の再使用を含むもので，締固め粘土ライナーに悪影響を与えるのと同じプロセス（たとえば凍結融解サイクル）によって，影響を受けることが考えられる。
- カバー構成要素のせん断強度特性は，プロジェクト特有の試験を予期される現場条件下で実施して評価されなければならない。また，凍結融解繰返し，加温冷却繰返し，ならびに長期のせん断強度特性に及ぼすクリープの影響は，より高い安全率を用いたり，あるいは問題となる層の上の覆土の厚さを増やして断熱効果と環境からの隔離を確保するなどして，考慮される必要がある。
- 数ヶ所の廃棄物処分場の耐震性能の調査によると，廃棄物処分場が比較的よくできていても，仮覆土の亀裂や幾分かのすべり移動，およびガス収集システムの崩壊が発生している。カバーに組み込まれた締固め粘土層やジオシンセティックスの健全性に及ぼす地震動の影響は，十分に調査記録されてはいない。しかし，締固め粘土層は亀裂を生じやすく，また，2 層のジオシンセティックス間やジオシンセティックと土との間の接触面に沿って変位が発生する懸念がある。
- 廃棄物，特に一般廃棄物の動的性質や，動的載荷条件下でのジオシンセティックスに関する適切なせん断強さの値について，無視できない不確実性が残っている。

- 地震条件下のカバーの許容変形は，厳密な解析よりもむしろ実務的な考察に基づいている。問題とならないカバーについては，カバーの地震変形を維持補修の問題としてよいであろう。
- 通過する水の浸透に関してカバーの性能を予測するために使用される水収支モデルは多くの単純化の仮定を含んでおり，現場データによって十分に検証されていない。これらのモデルは現場特有の条件下での水の浸入について広い幅の予測値を与えるため，それらの主たる有用性は，異なるカバーの材料と形態をもつ代替設計を比較することと考えられる。

試験カバーとカバーの破壊の現場検討結果に基づいて，カバーの性能に関する以下の所見が述べられている。

- 不適切に保護された締固め粘土バリア層で乾燥，植物根の侵入，あるいはその両者の結果，2～3年後に性能劣化を来たした事例のいくつかが，業界で知られている。ジオメンブレンで締固め粘土層を被覆すると保護効果の著しい改善となるが，熱誘因による流れがジオメンブレンで被覆した締固め粘土バリア層でさえもついには乾燥させうることを示唆する事例もある。
- ジオメンブレンと締固め粘土層を有するカバーの性能に関してはわずかなデータしかなく，キャピラリーバリアを有するか蒸発散を向上させるために表面植生を採用しているカバーに関しては，さらにわずかなデータしかない。
- 最終カバーのサービスライフは確立されていない。カバーシステムのいくつかの構成要素の材料の寿命は予測できるとはいえ，表層とバリア層の機能耐用期間は十分に記録されておらず，施工されたカバーシステムの長期性能も適切に記録されたものはない。
- 多数のカバー破壊事例が記録されている。しかし，これら破壊のほとんどが適切な設計と施工によって予防できたであろう。いくつかの失敗は，工学設計上の理由というよりもむしろ規制遵守に伴う偏見の結果であったかもしれない。

最終カバーにおける基本的な層構成要素の各々に関して，カバーの性能に

表 6.2 最終カバーの性能に影響を及ぼす要因（Daniel と Gross 1996）

層	要因
表　層	● 水および空気による侵食 ● 蒸発散 ● 地生植生に対する外来植生 ● 乾燥地での側方法面の被覆石工
保 護 層	● 水による侵食 ● 間隙水圧増加による斜面破壊 ● 動物の巣穴 ● 深い植物根侵入
排 水 層	● 著しい目詰まり ● 不十分な流量容量 ● 不十分な排水層流出口あるいはその容量
バリア層	● 乾燥収縮，廃棄物層の沈下，あるいは地震動（粘土について）による亀裂の発生 ● 植物根の侵入 ● ガス移動に対する抵抗 ● 斜面安定性 ● 全材料のクリープ（粘土，ベントナイト，ジオメンブレン，アスファルト） ● サービスライフ（ジオメンブレンとアスファルト）
ガス収集層，基層	● 廃棄物層の上の適切なカバー ● 適当な強度 ● 適正な整地

影響を及ぼす一次的要因を表6.2に要約した。

6.8 現場のモニタリング

　最終カバーシステムは一般に計測やモニタリングがほとんどなされない状態で施工されてきた。モニタリングがあまりなされないため，現場性能のデータは概して特定の試験施設に限定して収集されている。最終カバーシステムの実際の性能に関してさらに多くのデータが得られれば，このようなシステムに関する規制や設計の改善におおいに有益となるであろう。
　最終カバーシステムの主たる目的の1つは，下層の廃棄物への水の浸透を

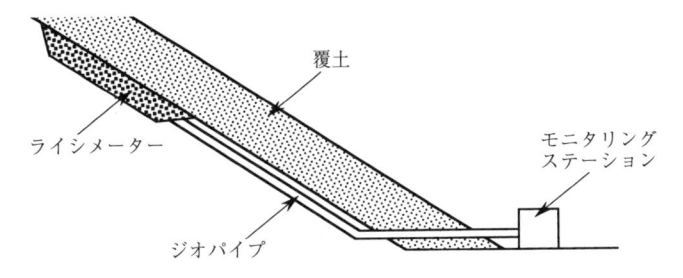

図 6.6 覆土を通過する浸透をモニターするための
ライシメーター

抑制することである．ライシメーター（図6.6）を用いれば，実際の浸透のモニタリングは比較的容易でかつ低廉に行いうる．ライシメーターは，不透水性材料（たとえばジオメンブレン）を用い，粒状土を充填するか，ジオシンセティックで被覆するかして施工される．ジオネット/ジオテキスタイル複合排水材は，砂や礫からなる厚い層よりも保水容量が著しく小さいので，好ましいと考えられる．ライシメーターからはモニタリングステーションに向かって重力作用で排水させ，そこで集水され定期的に測定される．ライシメーターは幅1～2mで測定できるが，非常に大きくして10m以上の幅で測定することもできる．ライシメーターは，最終カバーシステムの底部からの液体のフラックスを直接に測定することができる，きわめて有力な手段である．

全沈下と沈下速度が多くの廃棄物処分場で測定されてきたが，不同沈下が測定されたり記録されたことはほとんどなかった．クレーターや落ち込み空洞のような不同沈下は，沈下によるカバーシステムの大部分の欠陥の典型である．廃棄物処分場カバーシステムにおける最も厳しい不同沈下の大きさに関するより多くの情報が，おおいに価値あるものになるであろう．

6.9 文 献

Bonaparte, R., Othman, M. A., and Gross, B. A. (1977). "Preliminary Results of Survey of Field Liner System Performance," Proc. GRI-10 Conference on Field Performance of Geosynthetics, GII Publ., Philadelphia, PA, pp. 115–142.

Boschuk, Jr., J. (1991). "Landfill Covers An Engineering Perspective," Geotechnical Fabrics Report, Vol. 9, No. 4, IFAI, pp. 23–34.

Cheng, S. C. J., Corcoran, G. T., Miller, C. J., and Lee, J. Y. (1994). "The Use of a Spray Elastomer for Landfill Cover Liner Applications," Proc. 5th IGS Conference, Singapore, pp. 1037 – 1040.

Daniel, D. E., and Gross, B. A. (1996). Caps, Section 6, in *Assessment of Barrier Containment Technologies*, R. R. Rumer and J. K. Mitchell, Eds., National Technical Information Services (NTIS), PB96-180583, Springfield, VA, pp. 119 – 140.

Dwyer, S. F. (1995). "Alternative Landfill Cover Demonstration," Landfill Closures Environmental Protection and Land Recovery, Geotechnical Special Publication No. 53, R. J. Dunn and U. P. Singh, Eds. ASCE, pp. 19 – 34.

Gasper, A. J. (1990). "Stabilized Form as Landfill Daily Cover," Proc. MSW Management: Solutions for the 90's, U. S. EPA, Washington, DC, pp. 1113 – 1121.

Gee, G. W., Freeman, H. D., Walters, Jr., W. H., Ligotkr, M. W., Campbell, M. D., Ward, A. L. Link, S. O., Smith, S. K., Gilmore, B. G., and Romine, R. A. (1994). "Hanford Prototype Surface Barrier Status Report: FY 1944," PNL-10275, Pacific Northwest Laboratory, Richland, Washington.

Gray, D. H., and Sotir, R. B. (1996). *Biotechnical and Soil Bioengineering Slope Stability*, J. Wiley and Sons, Inc., New York, NY, 310 pgs.

Horvath, J. S. (1995). "EPS Geofoam: New Products and Marketing Trends," GFR, Vol. 13, No. 6, IFAI, St. Paul, MN. pp. 22 – 26.

Horvath, J. S. (1994). Proc. Intl. Geotechnical symposium on Polystyrene Foam in Below Grade Applications, Honolulu, Hawaii, Res. Rept. CE/GE-94-1, Manhattan College, Bronx, NY.

Khire, M. V. (1995). "Field Hydrology and Water Balance Modeling of Earthen Final Covers for Waste Containment," Environmental Geotechnics Report No. 95-5, University of Wisconsin-Madison, 166 pgs.

Koener, R. M., Carson, D. A., Daniel, D. E. and Bonaparte, R. (1996). "Current Status of the Cincinnati GCL Test Plots," Proc. GRI-10, on Field Performance of Geosynthetics and Geosynthtic Systems, Geosynthetic Information Institute, Philadelphia, PA, pp. 153 – 182.

Koerner, R. M., and Daniel, D. E. (1994). "A Suggested Methodology for Assessing the Technical Equivalency of GCLs to CCLs," Proc. GRI-7 on Geosynthetic Liner Systems, IFAI Publ., St. Paul, MN, pp. 265 – 285.

Melchoir, S., Berger, K., Vielhaber, B., and Miehlich, G. (1994). "Multilayered Landfill Covers: Field Data on the Water Balance and Liner Performance," *In-situ Remediation: Scientific Basis for Current and Future Technologies*, G. W. Gee an N. R. Wing, eds., Battelle Press, pp. 411 – 425.

Melchoir, S., and Miehlich, G. (1989). "Feild Studies on the Hydrological Performance of Multilayered Landfill Caps," Proceedings of the Third International Conference on New Frontiers for Hazardous Waste Management, EPA/600/9-89/072, USEPA, pp. 100 – 107.

Miller, S. H. (1996). "Environmental Mine Design and Implications for Closure," Land and Water, September/October, pp. 32 – 34.

Moo-Young, H. K., and Zimmie, T. F. (1995). "Design of Landfill Covers Using Paper Mill Sludges," Proceedings of Research Transformed into Practice Implementation of NSF Research, J. Colville and A. M. Amde, eds., ASCE, NY, pp. 16 – 28.

Narejo, D. B., and Shettina, M. (1995). "Use of Recycled Automobile Tires to Design Landfill Components," Geosynthetics Intl., Vol. 2, No. 3, pp. 619 – 625.

Peggs, I. D. (1996). "Defect Identification, Leak Location and Leak Monitoring in Geomembrane Liners," Proc. Geosynthetics: Applications, Design and Construction, DeGroot, Den Hoedt, and Termaat, Eds., Balkema Publishers, Rotterdam, pp. 611 – 618.

Peterson, K. L., Link, S. O., and Gee, G. W. (1995). "Hanford Site Long-Term Surface Barrier Development Program: Fiscal Year 1994 Highlights," PNL-10605, Pacific Northwest Laboratory, Richland, Washington.

PIANC. (1996). Permanent International Association of Navigation Congresses, Report of Working Group No. 12, Brussels, Belgium, 36 pgs.

Pohland, F. G. (1996). "Landfill Bioreactors: Historical Perspectives, Fundamental Principles, and New Horizons in Design and Operations," EPA/600/R-95/146, September, pp. 9 – 24.

Primeaux, D. J. (1991). "100 % Solids Aliphatic Spray Polyurea Elastomer Systems," *Polyurethanes World Congress 1991, SPI/SOPA*, Nice, France.

Rödel, A. (1996). "Geologger——A New Type of Monitoring System for the Total Area Monitoring of Seals on Landfill Sites," Proc. Geosynthetics: Applications, Design and Construction; DeGroot, Den Hoedt and Termaat, Eds., Balkema Publishers, Rotterdam, pp. 625 – 626.

Schultz, R. K., Ridky, R. W., and O'Donnell, E. (1995). "Control of Water Infiltration into Near Surface LLW Disposal Units, Progress Report of Field Experiments at a Humid Region Site, Beltsville, Maryland," U. S. Nuclear Regulatory Commission, NUREG/CR4918 Vol. 8, 20 pgs.

Shaw, P., and Carey, P. J. (1996). "Leachate Remediation Consideration for Design and Implementation," Conf. on Landfill, Design Construction and Operations, ESD, Detroit, March 18-20, 13 pgs.

Stormont, J. C. (1995). "The Performance of Two Capillary Barriers During Constant Infiltration," Landfill Closures Environmental Protection and Landfill Recovery, Geotechnical Special Publication No. 53, R. J. Dunn and U. P. Singh, Eds., ASCE, NY, pp. 77 – 92.

Theisen, M. S. (1992). "The Role of Geosynthetics in Erosion and Sediment Control: An Overview," Jour. Geotextiles and Geomembranes, Vol. 11, Nos. 4-6, pp. 199 – 214.

U. S. Environmental Protection Agency. (1996). *Landfill Bioreactor Design* and Operation, EPA/600/R-95/146, September, 230 pgs.

Virginia Erosion and Sediment Control Handbook, 3rd Edition, 1992, Virginia Department of Conservation and Recreation, Division of Solid and Water Conservation, Richmond, Virginia.

White, R. (1995). "EPS Geofoam: Unique Solutions for Forming Steep Landfill Embankments," Geosynthetics World, Vol. 5, No. 2, pg. 2.

Whitty, P. A., and Ballod, C. P. (1990). *Tire Chip Evaluation: Permeability of Leachabilty Assessments,* Final Report by Waste Management of North America, Inc. to Pennsylvania Dept. of Environmental Resources, Norristown, PA, February 28, 1990.

Wing, N. R., and Gee, G. W. (1994). "Quest for the Perfect Cap," *Civil Engineering,* ASCE, Oct., pp.38 – 41.

第7章

その他の考慮すべき事項と要約

　前章まででは述べなかったが，最終カバーシステムの成功のためにきわめて重要な多くの考慮すべき事項がある。それらには，品質管理と品質保証，各種材料の耐用年数の評価，ジオシンセティック材料の保証，長期的維持管理のための閉鎖後の管理預託基金が含まれる。本章では，それぞれのトピックスについて各節で展開する。要約では本書の結語を述べ，著者らの視点でとらえた研究のニーズについて言及する。

7.1 品質に関する最新の概念—ISO 9000

　製造および施工における品質管理とは，あらかじめ決めた品質目標に関して，可能な限り最良の製品を提供しようとする当該組織の要求に帰するものである。これは通常，組織の品質管理 (QC) マニュアルに記述することであるが，単に会社や組織の経営者によって書かれた文書以上のものである。品質管理の本質は，職務階層を通じて社長から新入社員のレベルに至るまで具現化されるべき上意下達の哲学である。品質管理の特有の体系を検討する場合，国際標準化機構（International Organization for Standardization, ISO）によって記されたプログラムに注目することが多い。
　ISO 9000 シリーズは，会社やその他の組織の品質管理システムに向けた要求を確立するための個別の5つの基準からなっている。これらの要求を遵守することが，すなわち製品とサービスを提供するために用いられたプロセス

とシステムが，規格化あるいは公表された品質レベルを現実に首尾一貫して提供していることを保証することになる。この標準は包括的なものであり，品質管理システムの必要要素を規定している。

ISO 9000 シリーズは 1980 年代に制定された。それらは，あらかじめ確立されていた品質システム標準から進化したものである。特に，ISO 9000 は英国規格協会（British Standards Institute）によって開発された BSI-5750，ならびに米国国防省（United States Department of Defense）によって用いられた Mil-Q 9858A の影響を受けている（Jenkins 1993）。

これらの標準は，欧州共同体（EC）に取り入れられ，大きな信頼性が与えられることになった。ISO 9000 シリーズ（あるいは，欧州の等価標準である欧州標準規格 EN 29000 シリーズ，European Normalization Standard 29000 series）は，EC 内の国々の境界をこえて品質を保証するための手段であるとして，EC によって理解されたのである。欧州の消費者と規制者は，適切な ISO 9000 の要求に対する適合を保証するため，第三者登録機関を利用することを要求する。第三者登録機関は，会社の品質システムが文書とその履行に関して，適切な ISO 9000 標準の要求を満たしていることを保証するために，会社を監査する。

ISO 9000 シリーズには 5 つの標準がある。第 1 シリーズ，すなわち ISO 9000 はロードマップである。それはまた重要な用語，定義，および関連情報の定義を明らかにしている。ISO 9001, 9002, および 9003 は契約の立場において用いられるべき品質システムの方法を規定する品質標準である。これらの 3 つの標準は図7.1 に示すとおり，共集合系で成立している。ISO 9004 は実行のための手引きを示している。

- ISO 9001 は最も包括的なもので，設計，開発，生産，設備，およびサービスにおける品質を保証するために用いられる。代表的なものとしては，自動車メーカーのように自らの製品を設計し，その設計に合うように製造するような組織体によって利用される。
- ISO 9002 は，仕様に示された生産や設備の要求に対する適合が保証されるべきことを必要とする場合，たとえば外部機関や契約者が与えた仕様に対して製品を製造する場合に用いられる。ポリマーやジオシンセ

7.1 品質に関する最新の概念—ISO 9000 / 249

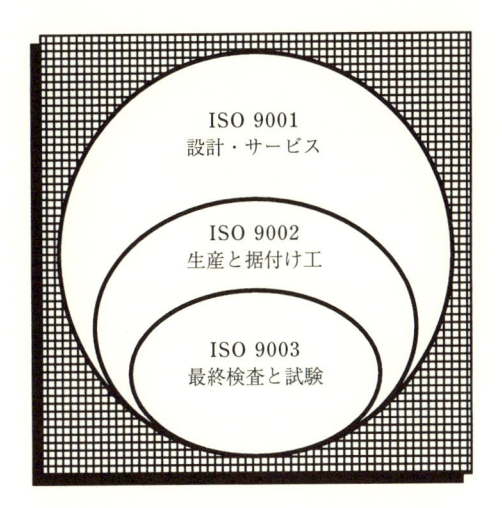

図 **7.1** ISO 9000 品質標準 (Jenkins 1993)

ティック材料の製造のような加工産業が専ら ISO 9002 に信頼を置いている。

- ISO 9003 は最小で詳細な標準であり，保証される最終試験と検査における適合だけを要求している。典型的には，供給された製品を検査し試験する試験研究所，検定所，および装置のディストリビューターのような組織によって用いられる。
- ISO 9004 は契約の立場としてでなく内部的に用いられる。マネジメント，マーケッティング，調達，矯正活動，人材活用，製品の安全性，および統計的方法の利用を含めて，完全な品質システムをつくり上げるための本質的な要素を記載している。これらの要素の多くは前の3つの標準に含まれる概念を詳細にしたものである。

Spizizen (1992) は上記の標準のそれぞれについて，より詳細に述べている。

ISO 9000 標準は品質システムのなかに個別の 20 の要素を示して，各要素にかかわる要求を独立項目として記載している。この 20 要素は包括的なものであり，そのなかで設計から契約サービスまで，品質に影響を及ぼす企業におけるあらゆる活動を網羅している。英国では技術者，弁護士，医者，および大学が ISO 9000 のプロセスのもとで登録を得ようとしていることに注目

されたい。

ISO 9000 の最も特徴的な性格の1つは，徹底的な文書化が求められることにある。それは品質システムに影響を及ぼすすべてのポリシー，目標，活動，手続き，作業規則，形式，ならびに記録の完璧で綿密な文書化を要求している。また，この文書化が持続され更新されることを要求している。

会社や組織がいったん ISO 9000 カテゴリーの目標と基準に合致するならば，その会社や組織は「ISO 認証」であるといわれる。しかし，会社や組織の製品やサービスが実際に認証されるのではないから，もともとの呼称「ISO 登録」の方が適切であると著者らには思える。達成されるべき，そして最も重要なことは，会社や組織の内部に品質管理システムが実在していることへの認識である。言い換えればこのことが，会社や組織が高品質の材料やサービスを産み出しうることを強く示している。

7.1.1 品質管理

米国 EPA 技術指針（EPA 1993）に述べられているように品質管理とは，天然土質材料を取り扱うときには施工品質管理（CQC）をさし，ジオシンセティクスを取り扱うときは製造と施工における品質管理（MQC と CQC）をいう。最終カバーシステムに関する本書の範疇では，CQC は締固め粘土ライナーや砂/礫排水材にかかわる土工建設業者の問題となる。天然の土は製造されるものでなく，通常現地で採取するか輸送されるから，天然土質材料のための MQC は存在しない。CQC は本質的に天然土質材料にかかわるプロセスによって始まる。ジオシンセティックに関しては，MQC は製品メーカーの問題であり，CQC は敷設業者の問題となる。同一組織であっても1つ以上の品質管理の状況をつくり出すことがある。たとえば：

- 土工建設業者がジオシンセティックスを敷設することもある（これはごくまれである）。
- ジオシンセティックスのメーカーが現場でのジオシンセティックス敷設業者であることもある（これはごく一般的である）。

組織内の品質管理計画とその文書化は，廃棄物処分場カバーシステムの建設業者や敷設業者のような組織にとっては通常のことでない。逆に，ジオシ

ンセティックスメーカーにとっては品質管理計画は普通のことであり，多くのメーカーが ISO 9002 の認証を取得している。ジオシンセティックスメーカーのこの種の認証取得は欧州では普通のことであり，米国では増加の傾向にある。品質管理の自己的実行のためのこのような努力は，きわめて建設的でおおいに奨励される。

品質管理におけるこのような促進活動がある一方，米国とドイツの連邦や州の環境規制における傾向は，廃棄物処分場システムにモニタリングを追加基準として要求していることである。これを品質保証と呼ぶ。

7.1.2 品質保証

米国 EPA 技術指針（EPA 1993）に述べられているとおり，品質保証は，天然土質材料とジオシンセティックス両者の施工や敷設（CQA）にも，またジオシンセティックスの製造（MQA）にも関係する。このような関係においては，ジオシンセティックスの MQA は，製造組織内部の独立したグループが行う場合（内部 MQA とも呼ばれる）と，外部の独立したコンサルティンググループが行う場合（外部 MQA とも呼ばれる）とがある。いずれの場合も，MQA グループはジオシンセティックスの製造経験を明らかに有していなければならない。天然土質材料とジオシンセティックスの CQA は，ほとんどの場合，独立したコンサルティンググループに頼っている。「検査（inspection）」という用語は，このような MQA および CQA を行うグループに関するものであるが，より正しくは「モニタリング」に分類される。

ジオシンセティックスの適切な敷設が重要であることと，ジオシンセティックスが建設材料として比較的新しいことのため，CQA モニタリングを行うコンサルティング組織の選択は重要な事項である。EPA は，少なくとも，ある人数の要員が表 7.1 に示す水準に認定されているよう薦めている。この表は，CQC 担当者への勧告も含んでいるが，CQA のための要員数よりも少なくてよいことが注目される。ジオシンセティックスのモニタリングと敷設工の担当者のための上記認定水準に関する試験は，ヴァージニア州アレキサンドリアの国立工学技術認定機関（National Institute for Certification of Engineering, NICET）を通して利用できる。天然土質材料のモニタリングと敷設工の担当者の認定試験の上記と同類のプログラムは，いくつかの組織体によって開発され

表 7.1 米国 EPA (EPA 1993) によって推奨されている CQA および CQC の認定水準

各現場での現場要員数	CQA モニタリング組織	CQC 敷設工組織
1～2 人の場合	水準 III が 1 名	水準 III が 1 名
3～4 人の場合	水準 III と水準 I が 1 名ずつ	水準 III が 1 名
5 人以上の場合	水準 III，水準 II，水準 I それぞれ 1 名ずつ	水準 III と水準 I が 1 名ずつ

ノート： 水準 I＝わずかな経験をもち限られた数の成功した試験結果を有する初級レベルの者
　　　　 水準 II＝中程度の数の成功した試験結果を有する 2 年程度の経験レベルの者
　　　　 水準 III＝多くの成功した試験経験を有する 5 年経験レベルの者，あるいはジオシンセティックスの実用的な経験をもつ技術士 (PE) 資格を有する者

つつある。また特に CQC 担当者向けの新規の認定試験プログラムが，ミネソタ州セントポールにある国際ジオシンセティックス敷設業協会 (International Association of Geosynthetic Installers, IAGI) によってつくられている。

7.2 耐用年数

本書で考察してきた多面的な技術的事項に加えて，とりわけ最も議論されるべき点はおそらく，完了した廃棄物処分場が意図した機能を遂行するために求められる耐用年数であろう。これは純粋に技術的な問題であるが，物理的定量化の問題をはるかにこえており，技術はもちろんのこと，社会，経済，政治，ならびに法律の観点をも含むことが多い。しかしながらこの節では技術的問題についてのみ述べる。というのは，それらが本質的に材料依存性の問題であるからである。この節では天然土質材料とジオシンセティックスの両方について考察する。

7.2.1 天然土質材料

天然土質材料は，最終的に閉鎖した廃棄物処分場，放棄されたゴミ捨場，および修復プロジェクトの長期性能に本質的な役割を演じる。天然の土は，表土，保護土，排水材用土，締固め粘土バリア，ガス排気層（土の場合），および基層の基本的な要素となる。土そのものは，われわれがもちうる永久的な工学的材料である。すなわち，土は耐久性と寿命に関する限り地質学レベルの

物質である。しかしながら，天然の土には考慮されなければならない2つの点がある。それらは締固め粘土ライナーの内部の水と，いくつかの種類の排水材用土質材料である。

7.2.1.1 締固め粘土ライナーの土. 第3章の各種の断面構成にみたように，多くの場合，締固め粘土ライナーが最も重要なバリア材料となっている。規制は粘土ライナーの使用を規定していることが多い。締固め粘土ライナーの耐用年数を考察する際には，低透水係数が完全な飽和または近飽和状態の土と水との混合体から得られていることを理解しなければならない。低い透水係数を達成するためには，締固め粘土は常に最適含水比より湿潤側で施工される（EPA 1993）。締固め後の土の間隙は80～90％が飽和している。

締固め粘土ライナーの土粒子部分は，明らかに地質学的時間に耐えるであろう。問題は水相である。乾燥地帯あるいは季節的に乾燥する地域では，土中の間隙水が蒸発や，他の土や物質への移動によって徐々に失われる。乾燥の進行につれて収縮が生じ亀裂発生限界に達する。乾燥によって生じるこの亀裂はブロック形状で生じ，徐々に深くまで発達して締固め粘土ライナーのなかで水の移動が可能になるまでになる。土の乾燥密度は，乾燥亀裂に対する土の脆弱性にほとんど影響がなく，含水比が亀裂に対する感受性の主支配パラメーターである（DanielとWu 1993）。高塑性粘土は乾燥によって大きな収縮を生じ，粘土質砂は比較的微小な収縮しか生じない。収縮と亀裂は，わずか2～5％の含水比変化の結果として発生しうる。この程度の含水比変化は，ほとんどの現場で土層の上部1～2mで避けることができない。何十年，何百年の間には，2～5％の水分変化はもっと深部にまで生じうる。水が再び導入されれば膨潤が起こり亀裂は閉じる。しかし，膨潤による亀裂の閉鎖の程度は，土被り圧にきわめて敏感である（BoyntonとDaniel 1985）。40～100kPa以下の土被り圧では，土が水浸した後であっても亀裂は残る。廃棄物処分場の土被り圧は，通常25kPa以下であり，したがって最終カバーシステムにおいては，乾燥亀裂が残っていて，透水係数はもとの値よりも大きくなっていることがおおいにありうる。

凍結温度も締固め粘土ライナーに亀裂を生じさせうる（Othmanら 1993）。乾燥亀裂と同じように，凍結融解繰返し作用によって生じた亀裂は，粘土が

表 7.2 締固め粘土ライナー (CCL) のサービスライフに影響を及ぼす要因

CCL のサービスライフを長くする要因	CCL のサービスライフを短くする要因
● 地表面下深く（1〜2 m 以上）CCL を埋設	● 地表に近接して CCL を配置（覆土下の 1 m 以内に埋設）
● ジオメンブレンまたはその他の水蒸気バリアによって提供される乾燥保護	● ジオメンブレンまたはその他の水蒸気バリアの不備
● 粘土質砂の利用	● 高い可塑性粘土または乾燥によって大きな収縮を受けるような土の使用
● 比較的低い含水比で土の敷設と締固め	● 比較的高い含水比で土の敷設と締固め
● 年間を通じて，渇水期の持続が短く，多雨気候	● 時に長期の渇水期の発生を伴う，変わりやすい降雨性気候
● 蒸発散を最小化する涼しい気候	● 温暖できわめて高い蒸発散を伴う年間の周期

低い土被り圧下で水浸される場合では十分に回復することがない。したがって，締固め粘土ライナーが凍結融解を受けると粘土ライナーは，施工されたときの意図された低透水係数を失うことがおおいにありうる。このような所見に対する1つの例外は締固めたベントナイト混合土であり，それは凍結融解作用からの損傷に対して脆弱性を示さない（Wong と Haug 1991）。

締固め粘土ライナーの（土と水の複合混合物と考えたときの）耐用年数は明らかに材料特有かつ現場特有のものである。締固め粘土ライナー（CCL）のサービスライフに影響を及ぼす要因を表7.2 に要約した。

7.2.1.2 砂/礫 排水土材． 天然の土からなる排水材を考えるにあたって，土は石灰石のような潜在的に可溶性の物質でなく，安定な鉱物（たとえば石英）から構成されていると想定すると，土粒子の寿命が問題となる。いくつかの砂や礫に関して問題となっているのは，土粒子から沈殿物が溶脱し，粒子と粒子の接触点で付着堆積物を形成する可能性である。時間が経つと，この付着堆積物は排水材のもともとの透水係数を低下させうる。石灰石や苦灰石，苦灰岩，カルサイトその他，炭酸塩鉱物で構成される土質排水材は，土の溶解による問題がないとしても，固形分沈殿によって問題を生じる可能性がある。炭酸塩鉱物含有量の最大値は現場特有の条件で定められた量によって指定されなければならない。炭酸塩鉱物の通常の含有率最大値は 20 %であ

る。このような問題があるため，短期の排水能を考えて求めたよりも粗い排水材，つまり，より大きな径の粒子をしばしば使用することとなる。

土質排水材の耐久性の定量化に関して米国工兵隊（1996）では，ロサンジェルス摩耗試験（ASTM C131）と粒子安定性のためのアルカリ浸漬試験（ASTM C88）を使用している。

ロサンジェルス摩耗試験は，摩耗（abrasion）と摩滅（attrition）の組合せ作用がもたらす骨材のデグラデーション（degradation）を測定するものである。この試験は，骨材粒度に応じて規定されている個数の鋼球が入った規定のスチール製回転ドラムのなかで行われる。ドラムが回転するのに伴い，ドラム内部の棚板が骨材と鋼球を集めておいて，回転によってドラム内部の反対側に落下させるようになり，衝撃クラッシング（impact-crushing）効果が生じる。骨材と鋼球は研摩と摩砕（grinding）作用を受けながらドラム内部で回転させられ，その間に棚板で回収される。一般的には，500回転のドラム回転数が規定されている。試験開始時の骨材試料の重量に対する損失重量のパーセンテージを求め，デグラデーション損失として報告する。

安定性試験 は風化作用に対する抵抗性を測定するものである。この試験は，硫酸ナトリウムまたは硫酸マグネシウム飽和溶液中に骨材試料を浸漬し，続いて骨材内部の細孔空間に沈殿した塩を部分的にあるいは完全に脱水するために炉乾燥することを繰り返すことによって実施される。塩溶液中での再水和によって膨張力が働くが，これは水の凍結によって骨材に持続的に働く膨張力をシミュレートしている。5回の浸漬乾燥サイクルの後，骨材試料は洗浄，篩い分けされて損失量を定量する。

米国工兵隊によって推奨されている，ASTM C33 クラス 5S に一致する摩耗（ロサンジェルス）試験と風化（安定性）試験で求められる最大許容損失量は次のとおりである。

- ロサンジェルス：50 % 損失。
- 安定性　　　：18 % 損失。

7.2.1.3 サンドフィルター用土質材料. 廃棄物処分場における排水システムの失敗の最もありふれた原因は，適切なフィルターを設けていないことの結果であることが事例によって示されている。排水材が土に接して配置さ

れる場合，適切なフィルターが常に設けられなければならない。フィルターの基準については，天然土質材料とジオテキスタイルの両方について第2章に要約した。もし排水材が隣接する土に対してフィルターの基準を満たさないのであれば，1つ以上のフィルターを設けなければならない。これが一般的な例である。適切なフィルターが提供されるならばフィルターのサービスライフは問題にはならない。

7.2.2 ジオシンセティックス

ジオシンセティック材料のエージング過程は，土のエージングに比べても比較的ユニークである。ジオシンセティックの劣化は，延性材料から脆性材料への緩慢な遷移と関係している。脆性化が生じるとしてもジオシンセティック材料は消滅するわけではないが，沈下，変形，地震振動などによって脆性亀裂を生じ，材料の機能面でのサービスライフが終わることになる。このような破壊をもたらすようなメカニズムは明らかに，廃棄物処分場や放棄されたゴミ捨場，修復プロジェクトにおける最終カバーに想定されうる。

この脆性化をもたらす劣化のメカニズムには多くのものがあるが，深刻な劣化は適切な時機にジオシンセティックスを被覆することによって排除できる。たとえば，紫外線と温度上昇による劣化はこの方法で排除できる。さらに，化学的なものによる悪影響は，廃棄物処分場，放棄されたゴミ捨場，あるいは修正プロジェクトのカバーにおいては，その位置は廃棄物より上方であるから起こりにくい。一方，ポリマーの酸化という懸念の主たるメカニズムをもたらし，長期にわたっての脆性化の原因となる。

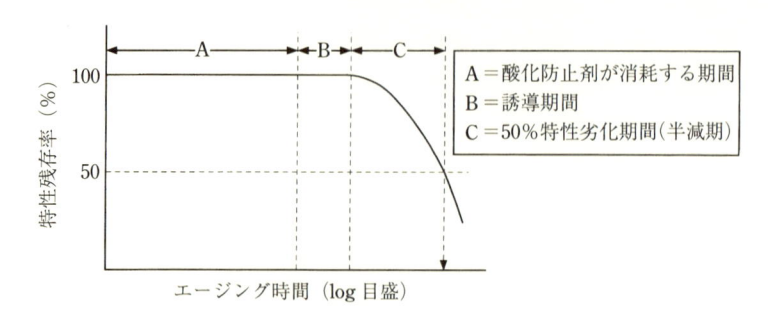

図 **7.2** HDPE ジオメンブレンの化学的エージングにおける3つの概念的段階

概念的には，ジオシンセティックスの酸化は3つの別個な段階と考えることができる。図7.2に示すようにこれらの段階とは，(a) 酸化防止剤の消耗期間，(b) ポリマーの劣化が開始するまでの誘導期間，(c) ある特性が任意の水準，たとえばその初期値の50％まで低下するまでのポリマーの劣化期間，として表される。

7.2.2.1 酸化防止剤の消耗. ジオシンセティックスに処方される酸化防止剤の目的は，加工中の劣化を防止することと，サービスライフの最初の段階で起こる酸化反応を防止することである。しかしながら，どのような場合においても，酸化防止剤は限られた量しか処方されない。それゆえ，酸化防止剤の消耗段階の期間は，用いられた酸化防止剤の量によって制限される。酸化防止剤が完全に消耗すると，酸素はポリマーを攻撃し始め，誘導期間段階となり，さらに特性の劣化をもたらす。酸化防止剤消耗段階の持続時間は，使われている酸化防止剤にも依存する。さまざまな酸化防止剤を選ぶことができるから，消耗時間は処方によって変化することとなり，ジオメンブレンの耐用年数に影響を及ぼすこととなる。酸化防止剤を適正に選択すれば，ジオメンブレンの全般的な寿命の延長におおいに寄与することとなる。たとえばHsuanとKoerner (1996) は，約0.5％酸化防止剤パッケージを用いた高密度ポリエチレン（HDPE）ジオメンブレンについて，酸化防止剤の消耗時間が次のとおりであることを見出している。

(a) 表面貯水で生じるような，水が絶えず動いているような水中浸漬の条件では，酸化防止剤消耗時間は原位置温度25°Cとして41～44年。

(b) ジオメンブレンの下に乾燥砂を，上に300 mmの水を設けた，圧縮応力下の廃棄物処分場での環境を模擬した条件下で，酸化防止剤消耗時間は原位置温度25°Cとして126～128年。

これらの消耗時間はHDPEに対する値であり，HDPEはおそらくジオシンセティックスに用いられる最も安定なポリマーである。米国では，HDPEが廃棄物の下（ライナー）に用いられるジオメンブレンである。廃棄物の上（カバー）には，ポリエチレン，ポリプロピレン，およびポリ塩化ビニルなどが用いられる。一方ドイツでは，HDPEが廃棄物処分場のライナーおよびカバーに使用が許されている唯一のポリマーである。

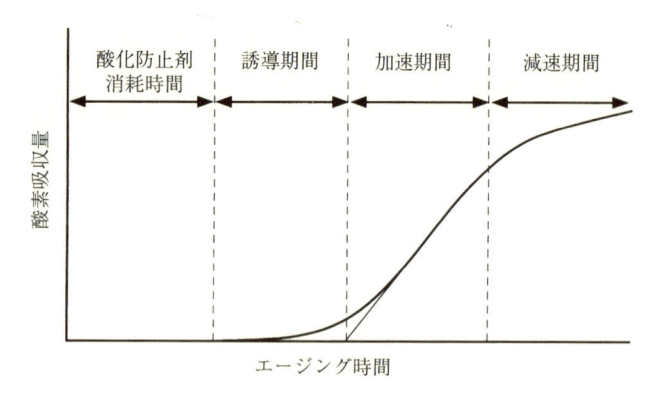

図 7.3 酸化の各段階を示す曲線

上記の研究は約5年間継続されており，最近になってようやく酸化防止剤の消耗時間に関するデータが得られるようになった。他のジオシンセティックスについても同様の方法で評価が行われれている。高温水槽と強制エアオーブンのなかでの定温放置試験が，以下の材料について行われている。

(a) 高密度ポリエチレン（HDPE）ジオグリッド。
(b) ポリエステル（PET= Polyethyleneterephtalate）ジオグリッドとジオテキスタイル。
(c) ポリプロピレン（PP）ジオテキスタイル。

ポリマーの種類や定温放置の方法にかかわらず，酸化防止剤の消耗は誘導段階を導く。

7.2.2.2 誘導時間． レジン，酸化防止剤，およびカーボンブラックを用いて正しく処方されたジオシンセティックスでは，酸化防止剤が消耗した後，酸化が生じ始める。この現象は，地下に埋め込まれた環境ではきわめて緩慢に起こる。このプロセスは図7.3に示すように，酸素吸収曲線の軌跡を描くことによって表現できる。

酸化防止剤の消耗の後の，酸素吸収曲線の初期部分は誘導段階と呼ばれる。これは，ジオシンセティックスの物理的・力学的性質に測定できるほどの変化がない期間である。その理由は以下の化学的酸化反応によって説明できる。

酸化防止剤が消耗した後の酸化の初期段階は，フリーラジカル[1]の生成である。このフリーラジカルは酸素と反応して連鎖反応を開始させる。この反応は Grassie と Scott (1985) に従って式 (7.1)～(7.6) により説明される。

連鎖開始反応段階

$$RH \rightarrow R\cdot + H\cdot \quad (エネルギー支配または触媒残留物支配) \qquad (7.1)$$

$$R\cdot + O_2 \rightarrow ROO\cdot \qquad (7.2)$$

連鎖成長反応段階

$$ROO\cdot + RH \rightarrow ROOH + R\cdot \qquad (7.3)$$

連鎖加速反応段階

$$ROOH \rightarrow RO\cdot + OH\cdot \quad (エネルギー支配) \qquad (7.4)$$

$$RO\cdot + RH \rightarrow ROH + R\cdot \qquad (7.5)$$

$$OH\cdot + RH \rightarrow H_2O + R\cdot \qquad (7.6)$$

上記反応式中，RH はポリエチレンポリマー鎖を表し，シンボル「・」はフリーラジカルの不対電子を表す。フリーラジカルはポリマー骨格鎖の切断を生じるので反応性が高く，ついには材料が脆性化する結果となる。

　誘導段階では，ハイドロパーオキサイド（ROOH）がほとんど存在していないが，いったん生成すると分解しない。したがって，この段階では酸化の連鎖加速反応が達成されない。酸化がゆっくりと伝播するにつれて付加的な ROOH 分子が生成する。いったん，ROOH の濃度が臨界水準に達すると ROOH の分解が起こって連鎖加速反応が始まり，誘導期の終了となる（Rapoport と Zaikov 1986）。この反応は，また，ROOH の濃度が誘導期の持続時間に主要な効果を及ぼすことを示している。

　Viebke ら (1994) は，安定化されていない中密度ポリエチレンパイプの誘導時間について研究した。このパイプは，外部は 70°C から 105°C までの温度範囲で空気を循環することにより，内部は水を用いて加圧して試験された。彼らは誘導期における酸化の活性化エネルギーが 75 kJ/mol であることを見出した。評価された材料に対するこの実験値を用いて，使用条件下の代表的

---

[1] 遊離基ともいう。1 個またはそれ以上の不対電子を有する分子あるいは原子をいう。

な温度25°Cに対して誘導時間12年間が外挿値として得られた。この値は，廃棄物処分場から掘り出された20年前の古いHDPE製の水筒やミルクビンの状態に照らしてみれば控えめである。というのはそれらには，破壊強度や伸びの値に約30%の低下があったものの，降伏応力，降伏ひずみ，弾性係数に変化がなく，劣化の徴候がみられなかったからである。

7.2.2.3 ポリマーの劣化. 誘導期の終わりは，比較的速やかなる酸化の開始を意味する。これがジオシンセティックス劣化の第3，すなわち最終段階である。この比較的に速やかな酸化は，式(7.4)～(7.6)に示したように，ROOHの分解によってフリーラジカルが著しく増加するからである。これらのフリーラジカルの1つは，1個のフリーラジカルを含んだポリマー鎖を表すアルキルラジカル（R·）である。連鎖加速反応の初期段階では，酸素が不足しているためこれらのアルキルラジカル中で架橋が生じる。関連する反応は式(7.7)と式(7.8)に示されるとおりである。材料の物理的および力学的性質は，このような分子レベルの変化に応じたものである。最も著しい変化はメルトインデックス(ポリエチレンの溶融流動性の尺度)であって，それはポリマーの分子量と関係するからである。この段階では相対的に低いメルトインデックスが検出される。対照的に，力学的性質は架橋に対してきわめて敏感であるとはみなされない。引張性質は，概して変化がないか，あるいは変化が検出されない。

$$— CH_2 - CHR_1 - CH_2 —$$

$$\swarrow RO· \qquad \searrow \times 2$$

$$\begin{array}{c} — CH_2 - CHR_1 - CH_2 — \\ | \\ O \\ | \\ — CH_2 - CHR_1 - CH_2 — \end{array} + R· \qquad \begin{array}{c} — CH_2 - CHR_1 - CH_2 — \\ | \\ — CH_2 - CHR_1 - CH_2 — \end{array}$$

$$(7.7) \qquad\qquad (7.8)$$

酸化がさらに進行するにつれて豊富な酸素を利用できるようになり，このアルキルラジカル反応はポリマー鎖切断に変化し，式(7.9)と(7.10)に示す

ように分子量の減少がもたらされる。この段階で材料の物理的および力学的性質はポリマー鎖切断の程度に従って変化する。メルトインデックス値は先の低い値から逆転してもともとの値よりも高い値となり，分子量の減少を表す。引張性質に関しては，破壊応力と破壊ひずみが低下する。わずかではあるが，引張弾性係数と降伏応力は増大し，降伏ひずみが低下する。前述したように結局，ジオシンセティックス材料は引張性質が著しく変化して脆くなり，工学的性能が危うくなる。これが，ジオメンブレンのいわゆるサービスライフの終わりを意味する。

$$—CH_2 - CHR_1 - CH_2— \xrightarrow{O_2 \text{ と } RH} —CH_2 - \underset{\underset{OOH}{|}}{CHR_1} - CH_2— + R\cdot$$

$$\downarrow$$

$$—CH_2 - \underset{\underset{O\cdot}{|}}{CHR_1} - CH_2— + \dot{O}H \quad (7.9)$$

$$—CH_2 - \underset{\underset{O\cdot}{|}}{CHR_1} - CH_2— \longrightarrow —CH_2 - \underset{\underset{O}{\|}}{CR_1H} + \cdot CH_2— \quad (7.10)$$

まったく任意的ではあるが，ジオシンセティックスのサービスライフの終わりとして，重要な設計特性値の50％低下を採用することが多い。これは一般に「耐用年数半減期」，略して単に「半減期」と称されている。特定の特性値としては，HDPEの降伏応力，降伏ひずみ，弾性係数，あるいは明白な降伏点を示さないジオシンセティックスレジンの同様な破壊性質などが考えられる。半減期に達しても，ジオシンセティックスはたとえ性能水準が低下したとしても，なお存在して機能しうることに注目されたい。Koernerら (1991) とHsuanら (1993) は活性化エネルギーを文献に求めており，この段階のジオシンセティックスの耐用年数が200〜300年である可能性を見出した。

7.2.2.4 予測される耐用年数. いままで述べてきたように，正しく処方されたジオシンセティックス，たとえばHDPEジオメンブレンの耐用年数は，酸化防止剤の消耗時間と誘導時間と特定の工学的性質の50％低下に要する時間として得られる。これは，図7.1のグラフではA，B，およびCの合計

として示される。現時点におけるわれわれの最善の知見によれば，これらの値は以下のとおりである。

段階A：酸化防止剤の消耗期間＝50〜150年
段階B：誘導期間＝10〜30年
段階C：半減期＝未知，ただし200〜300年と考えられる

したがって，正しく処方されたHDPEジオメンブレンのようなジオシンセティックスに対する耐用年数は，ともかく2, 3世紀で，ひょっとしたら千年かもしれない。他のジオシンセティックス，特にジオメンブレンよりも大きな比表面積をもったもの，たとえばジオテキスタイルの耐用年数は，上記予測値よりも小さくなることは確かである。他のジオシンセティックスに関する耐用年数は低いと想像しうるが，なお未知であり，研究が進められている。

7.3 保証能力

廃棄物処分場，ゴミ捨場，および修復プロジェクトのための最終カバーに用いられる各種材料のなかで唯一，ジオメンブレンが使用と性能に関連した保証能力を有している。この特別な事情は，建築物の屋根に類似のポリマー製品が用いられていること，すなわちルーフィングメンブレンの使用から生じている。米国におけるフラットルーフメンブレンの代表的な保証能力は20年である。このような保証能力によって，メーカーはその期間に対して材料を保証する。もし材料が正常に性能を発揮しないようであれば，すなわち材料が保証能力よりも短期間に劣化すれば，その材料の費用は比例配分され，返済額が支払われる（あるいは新品価格から割り引かれる）。20年間の保証能力のものについて15年間満足な性能が得られたのであれば，比例配分によって元の価格の25％だけが返済されるか新品から割り引きされる。その金額は材料保証だけであって敷設費用は含まれない。ルーフィングメンブレンとジオメンブレンとが類似しているため，保証の概念が廃棄物処分業界にも持ち込まれた。このことは，ジオメンブレンのもともとのメーカーのいくつかはルーフィング業界に製品を販売していたから，いくらかは自然のなりゆきである。たとえば，CSPE-R（クロロスルホン化ポリエチレン－スクリム補

強)，CPE-R（塩素化ポリエチレン），EPDM-R（エチレンプロピレンジエンモノマー三元共重合体）といったジオメンブレンは，フラットルーフ施工にも用いられている。これらの材料のなかでCSPE-Rだけが廃棄物処分の用途に使用が続いているが，最終カバーにはほとんど使用されない。

著者らの意見としては，ルーフィング業界からジオメンブレン業界に同じ保証能力を持ち込むのは間違っている。その理由は簡単である。ルーフィングメンブレンは屋外暴露されるが，処分場の最終カバーに用いられるジオメンブレンは暴露されない。暴露されるルーフィングメンブレンについては，ポリマーは以下に示すような多くの種類の劣化のメカニズムに抵抗しなければならない。

- 紫外線。
- 温度上昇。
- 水の移動。
- 氷と雪（北部地方）。
- 熱によってもたらされる繰返し応力。
- 直接作用する活荷重（衝撃が多い）。

7.2.2.4に示したように，地中に埋め込んだ条件ではジオメンブレンの耐用年数は数百年であろう。したがって20年間の保証能力は，ジオメンブレンの予測耐用年数に照らせば，まったく論外である。

さらに，ジオメンブレンの保証能力を提供することは，さまざまなジオメンブレンメーカーに関する標準のない事業分野を意味する。保険を掛けていないか自家保険を掛けているメーカーは，懸念や恐怖をもたないでこのような保証能力を提供するであろう。自主的に保険を掛けるメーカーは保険を購入し，実際には保証能力期間に対して資金を確保しておかなければならないであろう。このような行為は資金の転用を凍結し，不均衡な財務負担となる。

一方，めったに要請されることはないが，別な種類の保証能力も考えられる。それは，ここで述べたような材料に対しての保証能力でなく，敷設工に対しての保証能力である。ジオメンブレン，さらに全ジオシンセティックス材に関する懸念は，製造によるものだけでなく（7.1の品質管理と品質保証に関する考察を参照），同じように敷設工にもある。孔穴，剥離，裂傷，パンク

など，いずれもがジオシンセティックスの利用を無効にするか，あるいはシステムの性能をおおいに制限してしまう。その結果，施設の所有者や操業者（個人または公共）は，ジオシンセティックスのいくらかあるいは全部に対して敷設工の保証能力を要請できる。このような敷設工保証能力が有効である。一般には敷設施工後1ヶ年間の保証能力が敷設工建設業者によって提供される。建設業者がメーカーであることもあるが，多くの場合は独立の建設業者か敷設施工会社である。

天然の土質材料，たとえば締固め粘土ライナーや粒状土質排水材に関しては，材料にも敷設工にも保証能力が適用できない。

7.4 閉鎖後の諸問題

工学的に設計された廃棄物処分場，放棄されたゴミ捨場あるいは修復プロジェクトの最終カバー施工の完成と同時に，多くの閉鎖後の問題が起きてくる。それらは保護と維持管理，財政負担および不測の事故に対する保証の問題である。きわめて係争問題になりやすく，国，州，あるいは廃棄物ごとにさまざまである。

工学的に設計された廃棄物処分場に関しては，米国の規制は一般廃棄物については実に詳しく示されているが，有害廃棄物に関しては妙に寡黙である。一般廃棄物に関しては，40 CFR 265.147 は，作為的または無作為的事故に対する財政責任は当該廃棄物処分場の所有者によって明らかにされるべきである，としている。この規定は，保証の要求種別，信用状，責任範囲のための信託資金に対しても詳しく記している。閉鎖後の通常の保護期間は，最終カバーが完成してから30年間である。これらの連邦規制は州規制によって代えることができる。たとえば，カリフォルニア州の第14章3.4条は，閉鎖後の維持管理費用の算出に対しても厳格に記されており，それには以下に対しての見積もり費用が含まれる。

- 最終カバー。
- 最終整地。
- 排水システム。
- ガスモニタリング・制御システム。

- 浸出水制御システム。
- 地下水モニタリングシステム。
- 保安（たとえばフェンス，ゲート，標識など）。
- 火災防止。
- 散乱物防止。

さらに3.5条には，信託資金，事業資金，ならびに保証の確定方法に沿って，財政負担が述べられている。

著者らには，この詳細な規定はゆきすぎと思われる。工学的に設計された廃棄物処分場，放棄されたゴミ捨場，あるいは修復プロジェクトは，他の工学システムと同じように部分の集合によるものであり，多くの標準的な管理は長期間の懸念と財政償還に対するものである。作為的あるいは無作為的事故については，係争は関係する当事者間で相互解決しうる。より係争的な事件は仲介までいくか，あるいは訴訟問題になりうる。このような方式を採ることによって，少ない規定でかつより性能指向型の方法論が創出できる。

放棄されたゴミ捨場と修復プロジェクトに関しては，所有者や廃棄物を処分した者は通常は確定できないから，状況はまったく異なる。米国の総合環境対策補償責任法（CERCLA）の修復事業については，最終カバー完成後の初年度には最終カバーの建設業者が，それ以降の29年間については州が保全責任を負うことになっている。しかし，5年後には州とEPAは現場視察を行う。もし問題が発見され，そしてそれらが設計または施工欠陥の結果であるならば，州は修復のためにEPAに資金を請求できる。この方法は著者らには合理的と思われ，もし結果が不満足であれば関係する当事者は常に法定訴求を負う。

7.5 要約

工学的に設計された廃棄物処分場，放棄されたゴミ捨場および修復プロジェクトの最終カバーに関する本書を終えるにあたり，著者らが有する全体を貫いている哲学と，さらなる究極の閉鎖システムに対する研究のニーズについて再び強調したい。

7.5.1 終わりにあたって

本書は工学的に設計された廃棄物処分場，放棄されたゴミ捨場，および修復プロジェクトのための最終カバーの設計のために，技術に基礎をおいた統一的な取り組み方を示そうとした。これら2つの点について，さらに強調しておきたい。

第1の要点は，本書は技術に基礎をおいている。可能な限り完璧になるように詳細に記述した。たとえば，以下に関する考慮すべき諸項目が，本書で示されている。

- さまざまな層の構成（第2章）。
- 断面構成の例（第3章）。
- 水収支解析（第4章）。
- 斜面安定性の考察（第5章）。
- 新規の概念と材料（第6章）。

本書は技術に基礎をおいているが，第1章では規制の問題を，第7章ではその他の非技術面を論説している。第1章の規制の議論に関しては，米国とドイツにおける最終カバーの必要条件を述べた。それは，この両国が廃棄物処分場施設について，間違いなく最も熟慮された必要条件を有しているからである。第7章における非技術面の議論に関しては，施工の問題と耐用年数の予測が最終カバーの長期性能に関して重要であるとみなされた。第7章では閉鎖後の保護と維持管理に関する財政問題についても注意を向けた。

第2の要点として，本書は最終カバーの設計について統一的な取り組みを示した。最終カバーの下層の廃棄物としては以下を含んでいる。

- 有害および非有害廃棄物処分場。
- たとえば焼却灰，低レベル放射性廃棄物，建設ガラなど，異種物質群を含む廃棄物処分場。
- 放棄されたゴミ捨場。
- 最終カバーを必要とする修復プロジェクト。

廃棄物の特性，および地下水や大気公害に対する現場特有の潜在的可能性が，最終カバーの設計の種類を決めるうえでなくてはならない重要なものである。

規制がこの点を考慮するべく試みられている——たとえば米国のサブタイトルCとD，およびドイツの第1～3種——が，最も困難な仕事である。その理由は，分類が本質的に難しく，かつ現場特有の条件は著しく変化するからである。

この点に関して著者らは概して，法令規範に基づいた規制よりも性能に基づいた規制を志向するべきと考える。後者は，いうまでもなく，設計技術者ならびに必要な許可証を交付する規制者グループに大きな信頼を置くものである（規制者グループは一般に，連邦機関というよりもどちらかといえば州機関である）。これは米国とドイツにおける事例である。性能に基づく規制が有利になるための暗黙の仮定としては，工学設計者のグループと規制官僚が考慮中の仕事を達成することに十分に精通していることが挙げられる。本書が，必須の知識を提供するための一段階を与えることを心から願っている。

7.5.2 研究のニーズ

工学的に設計された廃棄物処分場，放棄されたゴミ捨場，および修復プロジェクトの最終カバーを設計する際に必要な知識のすべてが，現在有用であるとするのは明らかにいいすぎであろう。したがって，本書の内容を補うものとして，著者らは今日の知見のレベルをさらに向上させるために重要と考えられる研究のニーズのリストを示す。詳細はDanielとGross (1996)を参照されたい。

- カバー中の締固め粘土バリア層の性能は時間の経過に伴って劣化することを立証するのに有用なデータがある。しかし，たとえそうであるとしても，締固め粘土バリア層はなお使用され続けるであろう。その主な理由は，締固め粘土バリア層が規制に明記されているからである。バリアの代替材料の利用には，規制の認可を得ることが難しいであろうと考えられてもいる。このことは，特にカバー中のGCLや，少ないがジオメンブレンに当てはまる。もしカバー構成要素の異なる選択肢に対して性能の等価性を明らかにするための指針が有用となるならば，このような状況は改善されるであろう。

- 抵抗性バリアを有する伝統的なカバーの水理性能に関するデータは，わ

ずかしか入手できない。キャピラリーバリアを有するカバーの性能データについては，いっそう少ない。総合的にカバーの性能を評価するためには，より多くのデータを収集することが必要である。カバーの形態の代替案を規制当局や地域社会に是認されるために，特にデータが必要である。これらのデータのいくつかは計測機器が敷設されている現場で収集できるが，他の現場についてもモニタリングが必要である。

- 最終カバーの予測される耐用年数は不確実である。いくつかの個別のカバー構成要素のサービスライフを評価するための研究が進められている。しかし，施工されたシステムの中でのこれら構成要素の長期のサービスライフについては，いまだ十分に研究されていない。このことは，カバーシステムのバリア構成要素のすべて，すなわち締固め粘土ライナー，ジオシンセティッククレイライナー，ジオメンブレン，およびその他の補助的なジオシンセティックスに当てはまる。

- 多くのカバーの破壊の事例の記録があるが，これらの破壊のほとんどは適切な設計や施工によって回避できたものである。カバー設計固有の特徴についてのより多くの教育，ならびに施工に先立つ設計について，独立した専門家による評価が必要である。規制の遵守は，完成した最終カバー設計に対しての十分な照査とはならない。

- 締固め粘土ライナー，ジオシンセティッククレイライナー，あるいはジオシンセティックス材料を含んだカバーの健全性に及ぼす地震動の影響に関して，より多くの現地調査が必要である。

- 材料間（特にジオシンセティックス）の接触面せん断強さは，斜面上のカバーの物理的安定性に影響を及ぼす重要な要因であることがわかっている。せん断強さは，凍結融解繰返し，加熱冷却繰返し，およびクリープによっても影響を受ける。接触面せん断強さを評価するための標準試験方法の開発が必要である。

- ジオシンセティックスの層状材料に使用される動的せん断強さの値に関して，より多くの情報が必要とされている。

- 全沈下と不同沈下が同定できるよう，廃棄物の静的および動的性質に関して，より多くの情報が必要とされている。不同沈下のデータはバリア材の設計を支配するものであるから，そのようなデータの不足は特に懸

念される事柄となる。
- アスファルトや製紙スラッジのような代替バリア材は，将来の利用に可能性があると考えられる。しかし，これら材料の長期性能に関して，より多くの情報の収集が必要である。
- カバーの水文学的および水理学的性能をシミュレートするための有用なコンピューターモデルが現場データとの比較によって検証され，必要に応じて修正されねばならない。

7.6 文　献

Boynton, S. S., and Daniel, D. E. (1985). "Hydraulic Conductivity Tests on Compacted Clay," Jour. of Geotechnical Engineering, Vol. 111, No. 4, pp. 465 – 478.

Daniel, D. E., and Gross, B. A. (1996). "Caps," Section 6 in Workshop Proceedings on Containment of Solid Waste, R. Rumer, Ed., NTIS Publ. No. PB96-180583, pp. 119 – 140.

Daniel, D. E., and Wu, Y. K. (1993). "Compacted Clay Liners and Covers for Arid Sites," Jour. of Geotechnical Engineering, Vol. 119, No. 2, pp. 223 – 237.

Grassie, N., and Scott, G. (1985). *Polymer Degradation and Stabilization*, Cambridge University Press, New York, U.S.A.

Hsuan, Y. G., and Koerner, R. M. (1996). "Long-Term Durability of HDPE Geomembranes: Part I — Depletion of Antioxidants," GRI Report #16, 37 pgs., Philadelphia, PA, December 11, 1995.

Hsuan, Y. G., Koerner, R. M., and Lord, Jr., A. E. (1993). "A Review of the Degradation of Geosynthetic Reinforcing Materials and Various Polymer Stabilization Method," *Geosynthetic Soil Reinforcement Testing Procedures*, ASTM STP 1190, S. C. Jonathan Cheng, Ed., American Society for Testing and Materials, Philadelphia, PA, 1993, pp. 228 – 244.

Jenkins, M. (1993). "A Look at ISO 9000," ASTM Standardization News, July, pp. 50 – 52.

Koerner, R. M., Lord, Jr., A. E., and Halse-Hsuan, Y. (1991). "Degradation of Polymeric Materials and Products," Proc. Intl. Symp. on Research Development for Improving Solid Waste Management, U.S. EPA, Cincinnati, OH, pp. 1 – 11.

Othman, M. A., Benson, C. H., Chamberlain, E. J., and Zimmier, T. T. (1994). "Laboratory Testing to Evaluate Changes in Hydraulic Conductivity of Compacted Clays Caused by Freeze-Thaw: State-of-the-Art," *Hydraulic Conductivity and Waste Containment Transport in Soil*, ASTM STP 1142,

American Society for Testing and Materials, Philadelphia, PA, pp. 227 – 251.

Rapoport, N. Ya., and Aaikov, G. E. (1986). "Kinetics and Mechanism of the Oxidation of Stressed Polymer," *Developments in Polymer Stabilization — 4,* Chapter 6, edited by Scott, G., Published by Applied Science Publishers Ltd., London, pp. 207 – 258.

Spizizen, G. (1992). "The ISO 9000 Standards: Creating a Level Playing Field for International Quality," National Productivity Review, Summer, 1992, pp. 331 – 346.

U. S. Corps of Engineers (1996). Draft Specifications for Rocky Mountain Arsenal Landfill, Denver, Colorado, November 18, 1996.

U. S. EPA (1993). "Quality Assurance and Quality Control for Waste Containment Facilities," Technical Guidance Document, EPA/600/R-93/182, September, 1993, 305 pgs.

Viebke, J., Elble, E., and Gedde, U. W. (1994). "Degradation of Unstabilized Medium Density Polyethylene Pipes in Hot Water Applications," Polymer Engineering and Science, Vol. 34, No. 17, pp. 1354 – 1361.

Wong, L. C., and Haug, M. D. (1991). "Cyclical Closed System Freeze-Thaw Permeability Testing of Soil Liner and Cover Materials," Canadian Geotechnical Journal, Vol. 28, pp. 784 - 793.

索 引

【あ】

RCRA(資源保全再生法)　7,8,9
RCRA サブタイトル C　7
RCRA サブタイトル D　7
RBCA(リスク規定型修復活動プロジェクト)　168
ISO 9000 シリーズ　248
アスファルト　29,52,239,240
アスファルトコンクリート　26,29,52
圧力水頭　158
穴あき収集管　98
穴付きパイプ　99
アルカリ浸漬試験　255
アルミニウムファイバーグラスパネル　236
UNSAT–H モデル　237
安全率　34,61,86,99,152,154

【い】

ECRM(侵食制御再植生マット)　228
ECMN(侵食防護用メッシュネット)　226
ECB(侵食防護用ブランケット)　226
EPA(米国環境保護庁)　6,11,12,13,14
EPS(膨張ポリスチレン)ジオフォーム　229
石がまち工(蛇籠工)　229
異種材料　27
位置水頭　158
一年草　223
一般廃棄物(MSW)　1,7,9
一般廃棄物最終カバー　108
一般廃棄物処分場最終カバー連邦規制コード　9
一般廃棄物処分場　15
移動性　14
異方性バリア　220
インターロッキング煉瓦ブロック　228

infiltration　123

【う】

雨溝　38
雨水流出係数　48
雨裂　38,48,56,57,58

【え】

ARAR(適切適用の原則)　14
永久的な侵食防護・再植生材料
　　　(PERM)：硬質被　228
永久的な侵食防護・再植生材料
　　　(PERM)：軟質被　227
永久変形解析　206,209
$AbfG$(廃棄物法)　8
液状化　234
液性限界　87
液体管理　20
液体遮蔽性能　12
液体制御戦略　22
SHAKE コンピューターコード　207
SHAKE コンピューターモデル　209
SCS カーブナンバー法　128
XPS(押出しポリスチレン)　229
exfiltration　123
HELP プログラム　150,156,166
HELP モデル　237
HSR(水平水深率)　200
HDPE(高密度ポリエチレン)　17,79,92
HDPE ジオメンブレンのサービスライフ　239
HDPE ジオメンブレンの耐用年数　261
HDPE/VFPE/HDPE(共押出しポリエチレン)　79
エネルギー勾配　130
FRS(繊維粗紡システム)　226

272 / 索 引

FS(包括的安全率) 172,173
FFR(ファブリック製リベットメント) 228
fPP(フレキシブルポリプロピレン) 79,92,111
MSW(一般廃棄物) 7
MQA(製造品質保証) 19,41,251
MQC(製造品質管理) 41,250
MTG(最低限の技術手引書) 8
LLDPE(線状低密度ポリエチレン) 79,112
LDLPE(低密度線状ポリエチレン) 79,112
延性 87
鉛直遮水壁 2,3
鉛直浸透層 158
鉛直スタンドパイプ 102
鉛直井 220,221
鉛直マンホール 21

【お】

応力クラック 17
大きなせん断箱 178
押出し継ぎ合わせ 95
押出しポリスチレン (XPS) 229
汚染液体 1
汚染源 2
オゾン消耗 29
折り重ねひずみ 94
温度勾配 235

【か】

カーボンブラック 227,258
懐疑主義 6
開渠 72
改正メルカリ震度階 206
化学的/生分解にかかわる修正係数 198
化学的不適合性 93
拡散速度 80
拡散第一則 132
過剰間隙水圧 234

ガス拡散 68
ガス収集井戸 2
ガス収集層 4,25,30,36,93,98,112,116,120
ガス収集層/基層 107
ガス制御通気口 37
ガス通気口 94
ガス透過性 30
ガス抜き層 17,18
ガス抜き層/基層 15
ガス排気層 100
ガスバリア 67,79,92
ガス噴出 117
ガス放出の防止 16
ガス放出抑制 1
ガス放出量 100
仮設カバー 233
仮設の侵食防護・再植生材 (TERM) 226
下層土 11
加速度スペクトル 210
可塑性粘土 63
活荷重 172,184
割線摩擦角 174
可燃性廃棄物 114
カバー材 53
カバーの破壊 234
ガラス繊維ジオテキスタイル 69
ガリ 38,48,49,56,57,58,
可利用水分 130
乾いた墓の廃棄物処分場 20,220
環境地盤工学 5
間隙径分布指数 159
間隙水圧 27,61,201
間隙水圧の合力 202
監査機関 5
緩衝層 93,96
緩衝層厚さ 94
含水比 143
含水比変化 253
含水比-密度の基準 88
含水比/密度パラメーター 91
完全接触 12
乾燥 111

乾燥土　129
乾燥割れ　29
乾燥割れ抵抗　63
間断降下溝　32
潅木 (低木)　54, 57, 65

【き】

擬似静的解析 (震度法)　206
技術的等価性　6, 83, 217, 218
技術標準　9
規制分類　9
規制要求　5, 9
基層
　　4, 17, 18, 25, 31, 32, 102, 112, 116, 121
寄託基金　6
機動式ロックピッカー　88
揮発性有機物　30
基盤　233
気泡ドーム　36, 37
キャップ　1, 19, 67
キャピラリーバリア　68, 219, 220, 239
キャンベル (Campbell) の式　159
急勾配斜面　84
吸湿水分　129
急斜面　118
吸蔵　68
共押出しポリエチレン
　　(HDPE/VFPE/HDPE)
　　79, 112
共集合系　248
凝縮水排水パイプ　94
強侵食　49
極限つり合い　34, 172, 173
許容浸透　108
亀裂　26
均等厚さ覆土　180
近飽和状態　253
近隣居住者　5

【く】

クッション層　28
グラウト　228

グラウト充填マットレス　110
クラウン　212
クラック　115
クリープにかかわる修正係数　198
クレーター　243
クロロスルホン化ポリエチレン (CSPE)
　　80, 262
群葉　25, 126

【け】

傾斜角　51
軽量骨材　49
軽量材　229
軽量土　49
軽量覆土材　113
軽量盛土　116
下水スラッジ　55
頁岩　49
月間降水量　138, 152
月間日照持続時間　138
月間熱指数　137
欠陥頻度　133
原位置透水試験　91
原位置漏水モニタリング　232
減少見積り　75
建設/解体廃棄物　1
建設廃材屑/無機固形廃棄物　9
懸濁固形分　22
現地調査——アイダホ州アイダホフォールス　238
現地調査——ドイツ・ハンブルグ　234
現地調査——ニューメキシコ州アルバカーキ　239
現地調査——メリーランド州ベルツビル　236
現地調査——ワシントン州イースト・ヴェナッチ　237
現地調査——ワシントン州リッチランド　237
現地発生土　4, 26
現場修復プロジェクト　29
現場の造園　16

【こ】

274 / 索　引

耕運機　88
工学カバー　1
光学信号送信 (光ファイバー)　233
工学設計者　5
工学的最終カバーシステム　28
工学的制御　13
工学的廃棄物処分場　3,5,6
高含量アスファルト　52
高強度ジオテキスタイル
　　27,33,119,179
硬質装着システム　110
硬質短繊維　16
硬質防御材料　26
降水量　138
合成層補強 (Veneer reinforcement)
　　116,119,175,179,195,199
高塑性粘土　253
工程水　222
高透水性粗粒土　99
坑内採掘　222
勾配　33
降伏加速度 (C_{SY})　210
高分子除草剤キャリヤー/放出システム
　　66
高密度土　162
高密度ポリエチレン (HDPE)　17,79
コーシングジョイント　238
国際標準化機構 (ISO)　247
極柔軟性ポリエチレン (VFPE)
　　79,111
極低密度ポリエチレン (VLDPE)
　　79,112
固形廃棄物 (MSW)　1
小段 (ベンチ)　35,48
小段間距離　56,119
骨材のデグラデーション　255
ゴムタイヤー機　90
ゴムタイヤチップの透水係数　230
コンクリートブロック　58
混合植物群落　238
混合土　87
根帯貯留水量　142,146
コンパクター　32
コンピュータースプレッドシート　134

【さ】

最高勾配　16
最高水頭　161
細砂ウイッキング層 (芯材層)　235
最終カバーシステム　1,10
最終カバーシステム基本構成要素　25
最終カバーシステム構成要素層　4
最終カバーシステムの主目的　3
最終カバーシステムの二次目的　4
最終カバー施工の時機　233
最終カバー設計　10
最終 (製品) 補強材強さ　198
最終頂部勾配　55
最小厚さ　10
最小安全率　182
最小許容厚さ　92
最小許容浸透　113
最小蒸発深度　142
最小浸透　108,111,118
再植生　39
最新式の技術　6
最新式の実践　6
破砕玄武岩捨石キャピラリーバリア
　　238
最先端の実践技術　115
最大許容勾配　116
最大許容炭素分　15
最大遮断貯留容量　127
最大蒸発深度　142
最大浸出水水頭　20
最大浸透　109,111,112
最大凍結侵入深さ　61
最低厚さ　12
最低限の技術手引書 (MTG)　8
最低勾配　16
最適含水比　88,253
細粒土　60
細粒分　87
細礫排水層　234
サクション　130
砂質土　60,61
砂質土キャピラリーバリア　237
砂質ローム　234

砂漠鋪石　52
サブタイトルC廃棄物　8,9
サブタイトルD廃棄物　8,9
酸化防止剤の消耗　257
産業廃棄物　7
散水灌漑　220
酸素吸収曲線　258
暫定扱い施設　10,11,12,13
残留含水率　159
残留せん断強さ　176
残留強さ　177,178

【し】

ジアミン　231
CERCLA(総合環境対策補償責任法)
　　7,9,231,265
CFR(連邦規制コード)　9,13
GM(ジオメンブレン)
　　4,9,12,17,19,66,67,78,79,92,132
GM/CCL(ジオメンブレン/締固め粘土ライナー)　18,78,92,111,112,113
GM/GCL(ジオメンブレン/ジオシンセティッククレイライナー)
　　78,86,92,111,112,113
GM/GCL/CCL(ジオメンブレン/ジオシンセティッククレイライナー/締固め粘土ライナー)　78
CQA(施工品質保証)　5,11,19,40,251
CQC(施工品質管理)　5,40,251
GCS(ジオセルラー封じ込めシステム)
　　228
GCL(ジオシンセティッククレイライナー)　12,17,78,82
CCL(締固め粘土ライナー)
　　4,29,78,86
GCLの内部せん断破壊に対する安全率
　　240
ジイソシアネート　231
seepage　123
SHAKEコンピューターコード　207
SHAKEコンピューターモデル　209
ジオグリッド　16,18,19,27,33,119,179
ジオコンポジット　16,28,30

ジオコンポジット排水コア　75
ジオコンポジット排水材　19
ジオシンセティッククレイライナー
　　(GCL)
　　4,12,19,29,78,82,95,218
ジオシンセティック侵食防護材
　　224,225
ジオシンセティック侵食防護層
　　45,224
ジオシンセティック侵食防止材　25,39
ジオシンセティックス　4,19
ジオシンセティックスのエージング
　　256
ジオシンセティックスの耐用年数　261
ジオシンセティックの材料特性　164
ジオシンセティック排水材　16,75
ジオシンセティックフィルター　102
ジオシンセティック補強　117
ジオセルラー封じ込めシステム(GCS)
　　228
ジオテキスタイル　19,30,82
ジオテキスタイルセパレーター　220
ジオテキスタイルの耐用年数　262
ジオテキスタイル/排水コア/ジオテキスタイル　112
ジオテキスタイルフィルター　70,71
ジオテキスタイルフィルター/セパレーター　119,120
ジオテキスタイルマットレス　26
ジオネット　16,28,30,120
ジオファイバー　226
ジオフォーム　229
ジオメンブレン(GM)
　　4,9,12,17,19,66,67,78,79,92,132
ジオメンブレン/ジオシンセティッククレイライナー(GM/GCL)
　　78,86,92,111,112,113
ジオメンブレン/ジオシンセティッククレイライナー/締固め粘土ライナー(GM/GCL/CCL)　78
ジオメンブレン下の土の傾斜角　181
ジメンブレン接触面における影響率
　　186
ジオメンブレン層　162

ジオメンブレンに沿って測定される斜面
　　長　　181
ジオメンブレン/粘土複合水理バリア層
　　52
ジオメンブレン/粘土複合バリア　　13
しおれ点　　129,144,159
紫外線放射　　26
時間域リフレクトメトリー (TDR)
　　233,239
時間降水量　　153
時間平均値　　150
時宜と配慮　　97
軸対称非平面引張試験　　80
試験パッド　　91,94
資源保全再生法 (RCRA)　　7,9
地震解析のプロセス　　205
地震活動度　　34
地震波形　　209
地震力　　34,175,205
止水壁　　24
自然下層土　　12
下地緩衝層　　93
実行可能性　　15
実際蒸発散量　　147
湿潤乾燥サイクル　　29
質量保存則　　124,148
芝張り補強マット (TRM)　　228
締固めエネルギー　　88
締固め含水比　　91
締固め方法　　88
締固め重機　　91
締固め施工層　　89
締固め粘土　　17
締固め粘土層　　12,17
締固め粘土ライナー (CCL)
　　4,29,78,86,96
締固め粘土ライナー (CCL) の耐用年数
　　253,254
蛇籠工 (石がまち工)　　229
蛇籠工補強水路　　234
弱侵食　　49
遮断貯水容量　　126
斜面安定　　5,111
斜面安定解析　　18,30,172

斜面安定性　　27,84,117,125
斜面安定破壊　　36
斜面横断水路　　226,228
斜面解析の手法　　211
斜面滑降水路　　46,48,56
斜面勾配　　46
斜面先排水　　28
斜面の鉛直高さ　　202
斜面破壊　　27
斜面不安定性　　61
斜面崩壊　　69
斜面補強　　16,119
砂利　　28
州標準　　7
州規制機関　　7
収集パイプ　　18
収縮クラック　　88
集水井戸　　2
自由水面の鉛直高さ　　202
重錘落下締固め工法　　112,121
修正係数　　75,197
州独自の規制　　8
柔軟性　　12
柔軟性ポリプロピレン (fPP)　　111
重粘土　　63
修復行為　　3,5,7,13,
修復代替案　　15
重力　　34
重力加速度　　189
重力浸透　　220
種子発芽　　60
受食性　　50
主働楔から受働楔に作用する楔間力
　　181
受働楔から主働楔に作用する楔間力
　　181
主働楔に作用する楔間力
　　181,189,193,196,202,207
受働楔に作用する楔間力
　　182,189,193,202,208
主働楔の全重量　　181
受働楔の全重量　　181
主働楔の破壊面に垂直な有効力　　181
受働楔の破壊面に垂直な有効力　　181

索引 / 277

受働楔の破壊面に沿った粘着力　181
主働楔の覆土とジオメンブレン間の付着応力　181
主働楔の覆土とジオメンブレン間の付着力　181
樹木 (高木)　54,57,65
準安定状態　39
上意下達の哲学　247
昇華　127
蒸気拡散　80
焼却灰　1,15
蒸散　131
蒸散プロセス　125
蒸散量　219
冗長性 (redundancy)　126
蒸発散　26,28,62,125,131
上部緩衝層　94
初期含水率　145
植生　27,38,110
植生土層　238
植生被覆　45
植生表層　54,59
植生表土　25
植生密度　126
植物根　26,60,61,64
植物根組織　57,59,60
植物根の侵入　111
植物根侵入深さ　142
植物密度　54
シルト　48,50
シルトフェンス　56
シルト－礫混合材　52
シルト－ローム表層　237,238
シルト－ローム保護層　238
深根性　65
深根性植生　224
深根性植物　64
深根性植物根　64
芯材層　69
浸出床　220
浸出水　1,4,20
浸出水回収井戸　2
浸出水再循環　23,24,94,220
浸出水最小化　1

浸出水集水　12,16,20
浸出水集水・除去システム　20
浸出水集水層　1
浸出水集水と除去　11,12
浸出水制御　20,23
浸出水抽出井戸　20
浸出水流　22
浸出水を再導入する方法　220
浸潤 (seepage)　125
浸潤 (浸透) 速度　133
浸潤線　132
侵食　10,11,38,125,234
侵食事例　38
侵食性ガリ　59
侵食制御再植生マット (ECRM)　228
侵食制御システム　223
侵食層　10
侵食速度　50
侵食堆積制御ハンドブック　223
侵食速さ　56
侵食防御　46
侵食防護材　55,56
侵食防護用ブランケット (ECB)　226
侵食防護用メッシュネット (ECMN)　226
侵食防止　38
新設廃棄物封じ込め施設　7
深層動的締固め工法　32
浸透　10,13,123,125
振動コンパクター　90
浸透層　10
振動ふるい　88
浸透メカニズム　80
浸透誘発型すべり　199
浸透誘発型破壊　200
浸透抑制　1
浸透流速　168
浸透流量　134,148
浸透力　34,175,179
震度法　34,207,209
浸入 (infiltration)　123,125
侵入生物　60

【す】

278 / 索引

水質法 (WHG)　8
水蒸気拡散速度　80
水蒸気バリア　67
推奨構成断面　109
推奨せん断箱　177
水食　25,51,52
垂直応力 (σ_n)　174
水頭　27
水分緊張性植生　236
水分ポテンシャル　129
水平水浸率 (HSR)　200
水密シール　94
水理アスファルト　52
水理/ガスバリア　79,231
水理/ガスバリア層
　4,25,28,78,111,115,120
水理性能　12
水理バリア　79,92,132
水理バリア層　16,17,18,125
水路変換　56
水和　95,134
水和した GCL　95
スーパーファンド　7,13,14,52,
捨石工 (被覆石工)　229
スティッチボンド　82,92
スティッチボンド型 GCL　86
砂　28,30,48,112
砂/礫排水土材の耐用年数　254
すべり　18
すべりに抵抗しようとする力　173,186
すべりを起こそうとする力　173,186
スリットフィルム織布ジオテキスタイル
　86

【せ】

製紙スラッジライナー　232
製紙廃棄物　239,240
脆性　87
製造品質管理 (MQC)　41,250
製造品質保証 (MQA)　19,41
静的 (死荷重) コンパクター　90
性能モニタリング　6
生物学的反応　15

生物侵入保護層　26
生物的目詰まり　70
生物バリア層　64
生物分解　20
責任主体　5
施工欠陥にかかわる修正係数　198
施工層　17,86,89,91
施工装置重量　185
施工装置接地圧　185
施工装置単位幅当たりの装置力　185
施工品質管理 (CQC)　5,40,250
施工品質保証 (CQA)　5,11,19,40,95
施主　10
積極的注入システム　221
設計曲線 (FS 値を求めるための)
　182,186,190,194,198,204,209
設計浸透速度　168
設計耐用年数　28
接触面せん断強度パラメーター　30
接触面せん断試験　81,175
接触面せん断強さ　16,91,172,174
接触面摩擦　81,173
繊維粗紡システム (FRS)　226,227
穿孔動物　26,59,60,61,63,
穿孔動物の侵入　111
浅根性　65
浅根性植物　53
潜在蒸発散　138
潜在貯留水量　141,146
潜在的悪影響　15
潜在的すべり面　27,173
潜在的せん断面　171
線状低密度ポリエチレン (LLDPE)
　79,112
全深度通気構造物　31
全水頭　158
漸増勾配表面　32
せん断抵抗角　176,177
せん断特性に及ぼすクリープの影響
　240
全沈下　22,23,24,32,79,80,115,125
全般の修復目標　14

【そ】

索 引 / 279

ソイルエア　68
ソイルバリア層　161
操業者　10
総合環境対策補償責任法 (CERCLA)
　　7, 9, 265
層状廃棄物処分場　99
装置加速力　190
装置接地圧　190
装置(ブルドーザー)の加速力　188
装着材　54
総費用　15
草木の成育　16
即日覆土カバー　102
速度　210
側壁竪管　21
側方移動　94
側方排水　125, 131, 153
側方排水層　160
粗砂/細礫キャピラリーバリア　235
塑性限界　87
塑性指数　87
塑性粘土　129
粗石　4, 26, 50, 58, 64, 110
粗石層　64
粗表面(テキスチャード表面)ジオメンブレン　79
ソフトアーマー　39
粗粒土　55

【た】

第1種廃棄物処分場　9, 15, 16, 17
第2種廃棄物処分場　9, 15, 17, 18
第3種廃棄物処分場　9, 15, 18, 232
代替案　14
代替案設計の主要なハードル　217
耐化学特性　12
大気汚染公害　29
耐久性　14
耐震性能　240
体積含水率　143, 144
多構成要素システム　2
多重層カバーシステム　19
多層ライナーシステム　195

多年生植物　54
多年草　223
WHG(水質法)　8
ダブルジオメンブレンライナー　18
ダブルライナーシステム　12
ダルシー式　131, 133, 158
単一植生　238
単一層　25
単位動水勾配　133, 159
短脚ローラー　90
炭酸塩鉱物含有量　254
炭酸カルシウム　18

【ち】

地域社会の受け入れ　15
地下水回収井戸　3
地下水飽和帯　4
地下水面　27
地表水制御対策　46
地表貯蔵池カバー　10
地表面浸入量　141
中間小段　27
中間浸透　108, 111, 118
中間漏水検知層　18
中侵食　49
中性子プローブ　235, 239
中密度土　162
中粒土　60
超音波継ぎ合わせ法　95
長脚重コンパクター　89
長期有効性　14
調査ボーリング　116
長大斜面　48
直接せん断試験　172, 175, 176
貯水ポテンシャル　219
貯水容量　27
貯留容量　24
沈下　11, 15
沈下/陥没　32

【つ】

通気システム　36
土楔　175

280 / 索　引

土楔による土圧　192
土の傾斜角 (β)　173,174
土の水分特性曲線　160
土の農学的分類　48
土-ベントナイト混合土ライナー　90

【て】

定厚覆土　172
TRM(芝張り補強マット)　228
TERM(仮設の侵食防護・再植生材)　226
$TA-A$(ドイツ規制)　232
$TA-A$ と $TA-SI$(規制)　16,18,19
$TA-SI$(連邦命令)　15
TDR(時間域リフレクトメトリー)　239
DDC(深い動的締固め)　102
抵抗層　125,126
低せん断強度　81
低透水係数　82,88
低透水性アスファルトコンクリート　52
低透水性締固め粘土　12
低透水性土　111
底部ライナー　1,10,11,12,20
低密度線状ポリエチレン (LDLPE)　79,112
低密度土　162
低レベル放射性廃棄物　1
テーパー化した覆土　172,175,179,192
テキサス　8
テキスチャードジオメンブレン　17,27,81,174
テキスチャリング (粗面化)　81
適切適用の原則 (ARAR)　14
出口排水渠　72
デフォルトプロパティ　162
デュプイ-フォルヒハイマー　(Dupuit–Forchheimer) の近似　132,160
転圧　32
電気式漏水検知　232
点源土壌流亡　57

テンショメーター　235
天然植生による安定化　223
天然侵食防護材　223
天然土質材料　18,252

【と】

ドイツ環境庁 (UBA)　6
ドイツ規制 ($TA-A$ と $TA-SI$)　16,18,19
ドイツ地盤工学会　8
ドイツ $TA-A$ 規制　232
統一土質分類法 (USCS)　164
透過性試験　100
等価性能　12
凍結侵入　61,111
凍結保護　111
凍結融解サイクル　29,61,111,232
凍上　26
透水係数　10,11,12,16,18,29,131,154
動水経路　123,124
動水勾配　132,152
透水性　10,11,12
透水容量　16
透水量係数　28,72,131
土被り圧　253,254
毒性　14
毒性廃棄物　114
土質材料　10
土質材料特性　87
土壌ガス抽出システム　3
土壌保全サービス (SCS) カーブナンバー法　128
土壌流亡　56
土着植物　10
土中水ポテンシャル　68
ドラム型ローラー　89
drainage　123
トレンチ　20

【な】

内部せん断強さ　82,91
内部せん断破壊　86
内部補強　92

索 引 / 281

内部補強した GCL　174
ナトリウムベントナイト　87
ナトリウムベントナイト GCL　82
波形(アコーディオン)表面　32

【に】

ニードルパンチ　82,92
ニードルパンチ型 GCL　86
ニードルパンチ型不織布
　　28,95,99,112,120,121
二酸化炭素　36
日間降水量　153
ニュージャージー牧草地委員会　40
ニューヨーク　8,22
認可　6
認可済み施設　10,11,12

【ね,の】

熱接合したジオコンポジット排水材
　　174
熱的継ぎ合わせ方法　95
捏和　88
年間浸透量　148
年間熱指数　137
粘着力　177
粘土　48,50,60
粘土質砂　253
粘土バリア　12
粘土バリア材料　84
粘土ライナー　133
農務省分類(USDA)　164
伸び特性　12

【は】

percolation　123
ハードアーマー　39
permeation　123
パーミティビティー　77
バイオエンジニアリングマネジメント
　　236
バイオバリア　238

バイオリアクター　15,220
排気口ベント　101
廃棄物修復プロジェクト　6
廃棄物処分場　1
廃棄物処分場工学　9
廃棄物処分場設計と修復事業の地盤工
　　学:技術指針　8
廃棄物層　4
廃棄物特性　164
廃棄物の飽和透水係数　164
廃棄物封じ込めシステム　9
廃棄物法(AbfG)　8
排水　11,123
排水渠　72
排水コア　70,71,119
排水ジオコンポジット　16,112
排水ジオコンポジット　112
排水システム　34
排水芯　16
排水砂層　52
排水層　4,15,16,17,18,25,27,28,69,
　　107,111,115,119
排水層の容量不足　234
排水溜区画　20
排水用ジオシンセティックス　70
排水容量　153
排水螺旋　32
ハイドロパーオキサイド　259
ハイドロフラクチャリング　231
パイピング　74,76
バウトウエル(Boutwell)試験　91
白色ジオメンブレン　98
薄層補強　35
薄層ライナー　30
パグミル　89
波高　51
破砕タイヤ片　28,230
パッドフットローラー　90
バリア層 15,17,18,107 パンク(刺し穴)
　　93
半減期　261
汎用土壌流亡式　55,56
PERM(永久的な侵食防護・再植生材)
　　227,228

BAM(連邦材料試験研究所)　9,17
BAT(最も有効な技術)　6

【ひ】

PSR(平行水深率)　200
ピークせん断強さ　176
ピーク強さ　177
非意図的な合成層補強　195
PVC(ポリ塩化ビニル)　79,92,112
控え壁　35
光ファイバー　233
引き裂き　93
引き裂き応力　94
非均等クラウン表面　33
微小応力点　94
微生物含有量　22
引張応力　80
引張割れ　29
人の侵入　111
被覆石　50,51,53
被覆石工(捨石工)　229
被覆石の平均重量　50
非平面地表沈下　80
標準凍結侵入地図　62
表層　4,17,18,25,26,45,107,110,114,118
表層の基本機能　45
表層の最小厚さ　53
表層/保護層　15,16
表土　4,25,48
表面からの散水　220
表面植生　55
表面水捕集　56
表面装着　58
表面沈下　22
表面流出　28
表流水　56
品質管理　40,250
品質管理の本質　247
品質保証　40,93,251

【ふ】

貧接触　134
ファブリック製リベットメント (FFR)　228
VFPE(極柔軟性ポリエチレン)　79,92,111,112
VLDPE(極低密度ポリエチレン)　79,112
フィック (Fick) の法則　132
フィルター　31
フィルター層　70
風化 (安定性) 試験　255
封じ込め　2,13,14
風食　25,52,58
深い動的締固め (DDC)　102
吹き付けアスファルト　67
吹付けアスファルトメンブレン　29
吹付けエラストマーライナー　231
複合アスファルトバリア層　238
複合バリアシステム　115
複合ライナー　92,134
複合濾過・分離材　71
覆土　25,26,53,98
覆土とジオメンブレン間の接触面摩擦角　181
覆土の厚さ　181
覆土の乾燥単位体積重量　201
覆土のジオメンブレン上のすべりに対する安全　181
覆土の造成　34
覆土の単位体積重量　181
覆土の粘着力　181
覆土の飽和単位体積重量　201
覆土の摩擦角　181
ブシネスク (Boussinesq) の解　185,189
敷設施工装置の動的な力　184
付着堆積物　254
付着力　177
物理的隔壁　3
物理的隔離　1
物理バリア　3
不透水性カバー　12
不同沈下　2,22,23,24,32,79,80,95,115,125

索　引 / 283

不飽和透水係数　219
フラクチャリング (割裂)　231
フラックス　83,148,155,158,243
フリーラジカル (遊離基)　259
フリーラジカル連鎖反応　259
ブルドーザーの加速力　189
フレキシブルポリプロピレン (fPP)
　　　79
プレハブブロック　229
不連続長ジオファイバー　228
分解性一般廃棄物　18
分級粒状フィルター　73
粉砕機 (パルベライザー)　88
分散性粘土　50
分水路構造物　57

【へ】

平滑スチールドラムローラー　90
平滑表面ジオメンブレン　79
平均月間温度　135
平均震度 (C_S)　206,207
平行水浸率 (PSR)　200
米国 EPA 技術指針　250,251
米国 EPA 規制サブタイトル D　205
米国環境保護庁 (EPA)　6,13,14
閉鎖　10,40
閉鎖後の保護と維持管理　264
閉鎖/閉鎖後規制　11
Veneer reinforcement(合成層補強)
　　　116,119
HELP プログラム　150,156,166
HELP　　モデル 237
変移　210
変形解析　34
変形追随性　35,94
ベントナイト
　　　82,86,88,89,95,96,102,129,177
ベントナイト混合土　90,254
ベントナイト　添加率　87

【ほ】

包括的安全率 (FS)　172,173,211,213

包括的安全率最小値　213
放棄されたゴミ捨場　1,2,5,6,7,9,24
放射性廃棄物　63,67,114
放射性廃棄物処分場　26,52
放射能防御　67
膨潤　253
膨張収縮特性　98
膨張ポリスチレン (EPS)　229
飽和　130,145,253
飽和状態　218
補強材強さの所要値　198
補強転圧　112
牧草　54
保護層
　　　4,17,18,25,26,59,107,111,114,118
保護層厚さ　111
保護土層　52
圃場容水量　130,144
圃場容水量状態　145
保水容量　59
保水量変化量　147
舗装材　26
ホットウエッジ　95
ホットエア　95
ポリ塩化ビニル (PVC)　79,112
ポリ尿素　231
ポリマーの劣化　260
ポリマー劣化のメカニズム　256

【ま】

マイクログリッド　226
巻出し　86
マグニチュード (スペクトル)　209
摩擦抵抗　80,81
マトリックポテンシャル　235
マニホールドシステム　220,221
マメ科植物　223
摩耗剥離　11
丸石　16
マルチ　51,226

【み】

見掛け目開き試験　77

水収支　5
水収支解析　123
水収支計算の検定　148
水収支モデル　241
水収支予測解析　21
水と風による侵食　238
水の浸透速度　5
水の浸透防止　16
密封二重環浸透計　91

【む】

無害産業廃棄物　1,7
無機廃棄物　15
無調整日間潜在蒸発散　137,138

【め】

メタン　36,39
目詰まり　69,72
メルトインデックス　260
面外引張り応力　94
面外変形特性　92
面状侵食　38,58
面内透水量係数　31

【も】

毛管作用　125
毛管力　62
モール・クーロン応力空間　176
モール・クーロンの破壊基準　177
目的指向形性能設計　234
最も有効な技術 (BAT)　6
モニタリング　251
モニタリングステーション　243

【や, ゆ】

屋根板葺き　95
USCS(統一土質分類法)　164
USDA(農務省分類)　164
UNSAT-Hモデル　237
有害効果　27

有害廃棄物　1,9,15
有害廃棄物施設　7,10,18,29,
有害物質対応　13
有限要素法　172
誘導時間　258
UBA(ドイツ環境庁)　6

【よ】

溶剤蒸気拡散速度　80
揚水処理システム　24
予測全沈下量　32
余盛部　35

【ら】

ライシメーター　137,237,243
ライナーシステム　2
ライナー用土質材料　88
ラドン　67,68

【り】

リスク規定型修復活動 (RBCA)　124,168
リスクマネジメント　14
redunadancy(冗長性)　126
リッピング (剥がし削り)　93
リフト　86
流出係数　127,128,138
流出水　57,125,127
流出水量　141
粒状土の層　16
流速安全率　75
流量収容能力　153,154
流路変換　46
良接触　134
リル侵食　38
リング型ねじりせん断試験装置　178

【る, れ】

累積修正係数　198
累積水損失量　141

礫　30,51
礫キャピラリーバリア　236
礫クッション　238
礫–ソイル混合材　54
礫層　64
礫バリア　239
礫分　87
レベル管理　89
連接構造プレキャストコンクリートブ
　　ロック　110
連接ブロック　26
連続クラウン表面　32
連邦規制　8
連邦規制コード (CFR)　13
連邦規制集　8
連邦材料試験研究所 (BAM)　9,17
連邦標準　7
連邦命令 (TA-SI)　15

【ろ】

漏水検知解像度　233
漏水検知システム　18
漏水検知能力　232
漏水流量　134
漏水量　154
ローム　48,55,60,61
濾過材 (濾材)　35
濾過層　28
濾過・分離層　64
濾過目開き試験　77
ロサンジェルス摩耗試験　255
ロックアーマー　39
ロック被覆材　52,54,58
露天掘り採掘　222

監訳者・訳者紹介

● 嘉門 雅史 (かもん まさし)

1968 年　京都大学工学部交通土木工学科卒業
1970 年　京都大学大学院工学研究科修士課程交通土木工学専攻修了
1973 年　京都大学大学院工学研究科博士課程交通土木工学専攻単位取得後退学
1979 年　京都大学工学博士
1973 年　京都大学工学部土木工学教室助手
1975 年　同　講師
1977 年　同　助教授
1991 年　京都大学防災研究所　教授
2001 年　同　大学院工学研究科環境地球工学専攻　教授
2002 年　同　大学院地球環境学堂　教授　現在に至る

【主著】「土の力学（1）―土の分類・物理化学的性質―」(共著，新体系土木工学 16，土木学会編，1988)，「地盤改良工法便覧」(共著，日刊工業新聞社，1991)，「環境地盤工学」(共著，地盤工学会編，1994)，「地盤の科学」(共著，ブルーバックス，講談社，1995)

● 勝見　武 (かつみ たけし)

1989 年　京都大学工学部土木工学科卒業
1991 年　京都大学大学院工学研究科土木工学専攻修士課程修了
1991 年　京都大学防災研究所　助手
1997 年　京都大学博士（工学）
1998 年　1 月～12 月　合衆国ウィスコンシン大学マディソン校　客員研究員
2000 年　立命館大学理工学部土木工学科　助教授
2002 年　京都大学大学院地球環境学堂　助教授　現在に至る

【主著】「知っておきたい地盤の被害―現象，メカニズムと対策―」(分担執筆，地盤工学会，2003)，「廃棄物と建設発生土の地盤工学的有効利用」(分担執筆，地盤工学会，1998)

● 近藤 三二 (こんどう みつじ)

1947 年　大阪府立高津中学校（旧制）卒業
1951 年　白石工業株式会社入社
1972 年　同社本社研究所化学研究室長退職
1973 年　クニミネ工業株式会社入社　参与研究所長
1985 年　同社取締役営業部長
1987 年　同社監査役
1988 年　同社監査役退任
1989 年　株式会社ホージュン取締役就任　同社応用粘土科学研究所長
1994 年　株式会社ホージュン　取締役社長
1997 年　同社取締役会長
1999 年　同社技術顧問　現在に至る

【主著】「有機ベントナイト」(日本粘土学会編，粘土ハンドブック，技報堂出版，1967)，「体質顔料」(色材協会編，色材工学ハンドブック，朝倉書店，1967)，「ベントナイト」(粉体工学研究会編，最新粉粒体プロセス技術集成，産業技術センター，1974)，「ベントナイト」(日本粉体工業協会編，分級装置技術便覧，産業技術センター，1978)，「化粧品用粘土」「医薬用粘土」「農薬用粘土」「鋳物用粘土」「有機ベントナイト」(日本粘土学会編，粘土ハンドブック（第二版），技報堂出版，1987)

廃棄物処分場の最終カバー　　　　定価はカバーに表示してあります

2004年1月25日　1版1刷　発行　　　ISBN 4-7655-3195-3　C3051

監訳者　嘉　門　雅　史
訳　者　勝　見　　　武
　　　　近　藤　三　二
発行者　長　　　祥　隆
発行所　技報堂出版株式会社
〒102-0075　東京都千代田区三番町8-7
　　　　　（第25興和ビル）

日本書籍出版協会会員
自然科学書協会会員　　　　　　電　話　営業　（03）（5215）3165
工　学　書　協　会　会　員　　　　　　　　　　編集　（03）（5215）3161
土木・建築書協会会員　　　　　FAX　　　（03）（5215）3233
　　　　　　　　　　　　　　　振替口座　　00140-4-10
Printed in Japan　　　　　　　http://www.gihodoshuppan.co.jp/

© Masashi Kamon, Takeshi Katsumi, and Mitsuji Kondo, 2004

装幀　冨澤　崇
印刷・製本　三美印刷

落丁・乱丁はお取り替えいたします。
本書の無断複写は、著作権法上での例外を除き、禁じられています。

●小社刊行図書のご案内●

土木用語大辞典	土木学会編	B5・1678頁
微生物学辞典	日本微生物学協会編	A5・1406頁
土木工学ハンドブック（第四版）	土木学会編	B5・3000頁
リサイクル・適性処分のための**廃棄物工学の基礎知識**	田中信壽編著	A5・228頁
環境安全な**廃棄物埋立処分場の建設と管理**	田中信壽著	A5・250頁
地盤環境工学の新しい視点—建設発生土類の有効活用	松尾稔監修	A5・388頁
地盤環境の汚染と浄化修復システム	木暮敬二著	A5・260頁
セメント系固化材による**地盤改良マニュアル**（第3版）	セメント協会編・発行	A5・402頁
土の流動化処理工法—建設発生土・泥土の再生利用技術	久野悟郎編著	A5・218頁
実務者のための**地下水環境モデリング**	岡山地下水研究会訳	A5・414頁
コンポスト化技術—廃棄物有効利用のテクノロジー	藤田賢二著	A5・208頁
あなたは土木に何を求めますか—社会資本整備のあり方	土木学会編	A5・292頁
持続可能な日本—土木哲学への道	吉原進著	A5・246頁
環境にやさしいライフスタイル—生活者のための社会をつくる	和田安彦ほか著	B6・190頁
地球をまもる小さな生き物たち—環境微生物とバイオレメディエーション	児玉徹ほか編	B6・248頁
ごみから考えよう都市環境	川口和英著	A5・204頁
環境問題って何だ？	村岡治著	B5・264頁

技報堂出版 ｜TEL 編集 03(5215)3161 営業 03(5215)3165
FAX 03(5215)3233